EUROPA-FACHBUCHREIHE
für holzverarbeitende Berufe

Mathematik für Schreiner

VERLAG EUROPA-LEHRMITTEL · Nourney, Vollmer GmbH & Co.
Düsselberger Straße 23 · Postfach 2160 · 5657 Haan-Gruiten

Europa-Nr.: 4001X

Bearbeiter der Mathematik für Schreiner:

Herberg, Hans-Peter	Studiendirektor	Witten
Nutsch, Wolfgang	Ing. (grad.), Studiendirektor	Stuttgart

Bildbearbeitung: Wolfgang Nutsch, Stuttgart, Verlag Europa-Lehrmittel OHG, Haan-Gruiten

Vorwort

Mathematik für Schreiner ist ein in seinem Aufbau, seinem Inhalt und seiner stofflichen Darbietung neuartiges Lehr- und Aufgabenbuch, das die seit Jahren gut eingeführte *Fachkunde für Schreiner* im Fachbereich Holz mit Hilfe der Mathematik ergänzt.

Mathematik wird in diesem Buch nicht geisteswissenschaftlich abstrakt behandelt. Hier werden vielmehr die in der Praxis vorkommenden Probleme mit Hilfe der Zahl, der Einheit und mit Hilfe von Diagrammen mathematisch-technisch gelöst. Dabei wird oft von dem herkömmlichen *Bürgerlichen Rechnen* als Beispiel ausgegangen.

Der Inhalt des Buches behandelt den Stoff, der allgemein in Gesellen- und Facharbeiterprüfungen verlangt wird.

Der Stoff wurde sachlogisch in Leitthemen (Themengruppen bzw. Stoffgruppen) unterteilt. Die Folge der Leitthemen und die Folge der Teilthemen wurde zudem unter Berücksichtigung des Schwierigkeitsgrades geordnet.

Zu jedem Teilthema gehören der Ziffernfolge der Teillernziele entsprechend umfangreiche Aufgabenstellungen, die sowohl der Lernzielkontrolle als auch dem Üben der Rechenfertigkeit dienen.

Dieser Aufbau gestattet es, daß Schüler mit unterschiedlicher Leistungsfähigkeit innerhalb einer Stoffgruppe unterschiedlich gefördert werden können.

Hinweis: Zu diesem Buch bietet der Verlag ein Lösungsbuch mit vollständigen Lösungsgängen an.

ISBN 3-8085-4001-X

1. Auflage 1981
Druck 6
Alle Drucke derselben Auflage sind parallel einsetzbar.

Satz und Druck: IMO-Großdruckerei, 5600 Wuppertal 2

Hinweise für den Fachlehrer

1. Stoffumfang

Der Inhalt des Buches behandelt den Stoff, der allgemein in Gesellen- und Facharbeiterprüfungen verlangt wird.

2. Stoffgliederung

Der Stoff wurde sachlogisch nach Leitthemen (Themengruppen bzw. Stoffgruppen) unterteilt.

Die Folge der Leitthemen und die Folge der Themen innerhalb eines Leitthemas wurde unter Berücksichtigung des Schwierigkeitsgrades geordnet.

Jedes Thema enthält wiederum Teilthemen (Teillernziele).

3. Vorkurs oder Begleitkurs

Um die oft mangelhaften Grundkenntnisse der Schüler auf ein ausreichendes Niveau zu bringen, beginnt das Buch mit einem Vorkurs bzw. Begleitkurs „Mathematische Grundbegriffe".

4. Lernzielkontrolle

Zu jedem Teilthema (Teillernziel) gehören der Ziffernfolge entsprechend Aufgaben.

Hier werden nicht nur Lösungen mathematischer Aufgaben verlangt. Der Schüler soll auch Fragen beantworten und grafische Darstellungen zeichnen.

Die Vielzahl der Aufgaben erlaubt vor allem ein Üben der Rechenfertigkeiten.

5. Methode, Stoffauswahl und Folge des Stoffes

Das Buch schreibt dem Lehrer keine Methode vor. Je nach Leistungsfähigkeit der einzelnen Schüler oder der Klasse kann der Stoff bezüglich Umfang und Folge ausgewählt werden.

Schwache Schüler sollten durch Begrenzung des Stoffes auf das unbedingt Notwendige entlastet werden.

6. Sicherung des Gesamtlernziels und des Ausbildungsziels

Es wird empfohlen, regelmäßig Aufgaben bereits behandelter Themen zu stellen, damit die Auszubildenden mit gesicherten Grundkenntnissen ihre Aufgaben in den Gesellenprüfungen lösen können.

Inhaltsverzeichnis

0 Mathematische Grundbegriffe

0.1 Grundrechnungsarten mit ganzen Zahlen und Klammern

0.1.1 Ganze Zahlen und ihre Darstellung

Bei den ganzen Zahlen unterscheidet man folgende Zahlenarten:

Ganze positive Zahlen, ganze negative Zahlen, gerade Zahlen, ungerade Zahlen und Primzahlen.

Ganze positive Zahlen heißen natürliche Zahlen. Sie haben ein positives Vorzeichen. Beispiel: $(+6)$. Zahlen ohne Vorzeichen sind immer positiv. Beispiel: $8 = (+8)$.

Ganze negative Zahlen haben ein negatives Vorzeichen. Beispiel: (-6). **Gerade Zahlen** ergeben bei der Division durch 2 wieder eine ganze Zahl.

Ungerade Zahlen ergeben bei der Division durch 2 keine ganze Zahl.

Primzahlen sind positive Zahlen, die nur durch 1 und sich selbst teilbar sind. Primzahlen sind die Zahlen: 2, 3, 5, 7, 11, 13, 17, 19, 23, usw.

Die *Zahl Null* nimmt eine Sonderstellung unter den Zahlen ein. Sie ist weder positiv noch negativ.

Alle positiven und negativen Zahlen lassen sich durch *Bildpunkte* auf einer waagerecht liegenden *Zahlengeraden* darstellen. Wichtig ist dabei, daß die Zahlengerade in gleich lange Abstände unterteilt wird.

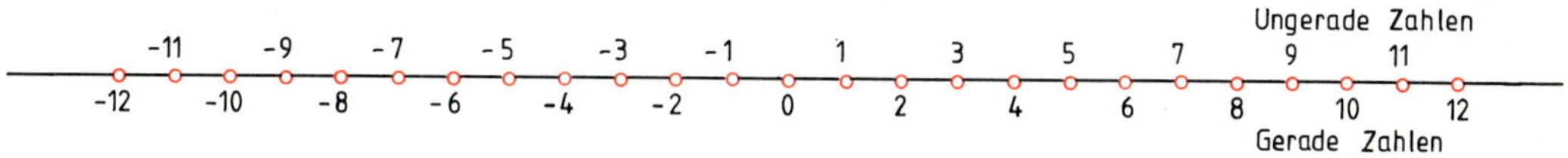

0.1.2 Addition und Subtraktion ganzer Zahlen

Beim Addieren und Subtrahieren von Zahlen sind die **Vorzeichen** der Zahlen von den **Rechenzeichen** zu unterscheiden. Vorzeichen werden allgemein in Klammern gesetzt. Löst man die Klammer auf, so bleibt nur noch ein Rechenzeichen übrig. Eine Zahl ohne Vorzeichen ist positiv. Dabei gelten folgende

Regeln:	$+(+) = (+)$	$+(-) = (-)$	$-(+) = (-)$	$-(-) = (+)$
Beispiele:	$+(+4) = 4$	$+(-4) = -4$	$-(+4) = -4$	$-(-4) = 4$

Die Addition und Subtraktion läßt sich auf der Zahlengeraden mit Hilfe gerichteter Pfeile darstellen. Positive Zahlen sind nach rechts, negative nach links gerichtet. Außerdem ist die Addition nach rechts und die Subtraktion nach links gerichtet.

Beispiel: $+(-7)+(+4)-(-8)-(+5)+(-3) = x$

Wir lösen die Klammern auf. $-7 \quad +4 \quad +8 \quad -5 \quad -3 = -3$

Zeichnerische Lösung auf der Zahlengeraden

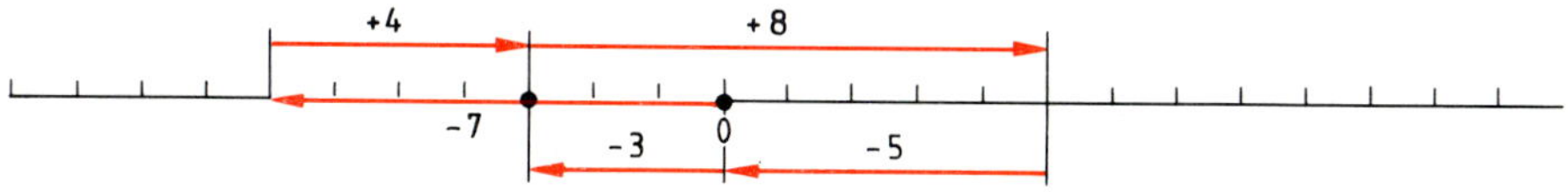

Merke: Beim Addieren positiver und negativer Zahlen kann man die Reihenfolge der Rechenoperation vertauschen (Vertauschungsgesetz).

Wir könnten also auch folgendermaßen rechnen:

$$\mathbf{8+4-7-5-3=-3}$$

Die zeichnerische Darstellung zeigt als Ergebnis wieder -3.

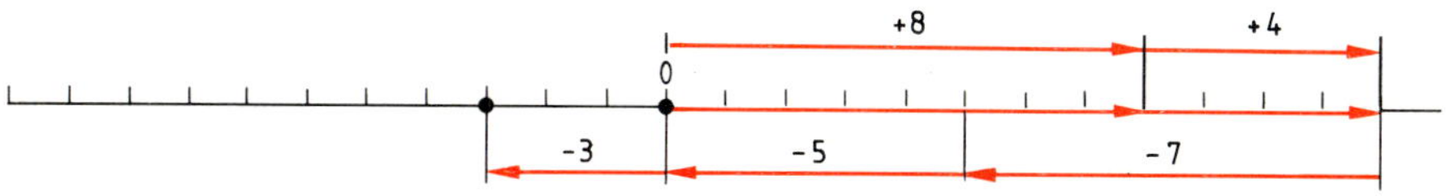

0.1.3 Addition und Subtraktion der Zahl Null

Die Zahl Null hat kein Vorzeichen. Addieren oder Subtrahieren wir die Zahl Null, so ändert sich der Wert einer Zahl nicht.

Man sagt: Die Null ist das neutrale Element der Addition und Subtraktion.

Beispiele: **16 + 0 = 16** **16 − 0 = 16**

0.1.4 Auflösen und Setzen von Klammern beim Addieren und Subtrahieren

Entsprechend den unter 0.1.2 angegebenen Regeln, müssen beim Auflösen einer Klammer die Rechenzeichen verändert werden, wenn vor der Klammer ein Minuszeichen steht.

Beispiel:

$$12 - (7 + 5 + 3 - 10) = x$$
$$12 - 7 - 5 - 3 + 10 = 7$$

Ebenso sind beim Setzen einer Klammer die Rechenzeichen zu ändern, wenn vor der gesetzten Klammer ein Minuszeichen steht.

Beispiel:

$$8 + 4 - 7 - 5 - 3 = -3$$
$$8 + 4 - (7 + 5 + 3) = -3$$

0.1.5 Multiplikation und Division positiver Zahlen

Die Multiplikation ergibt sich aus der Addition gleicher Zahlen.

Beispiel: **4+4+4 = 12 = 3 · 4**

Für die Multiplikation gilt wie für die Addition das Vertauschungsgesetz. Das heißt, man kann die Reihenfolge der Zahlen bei der Multiplikation ändern.

Beispiel: **2 · 3 · 4 = 4 · 3 · 2 = 3 · 2 · 4 = 3 · 4 · 2 = 24**

Die Division ergibt sich aus der Multiplikation durch Umkehrung des Rechenvorgangs.

3 · 4 = 12 Umkehrungen: **12 : 4 = 3** **12 : 3 = 4**

Ebenso wie die Addition und Subtraktion läßt sich auch die Multiplikation und die Division zeichnerisch auf der Zahlengeraden darstellen.

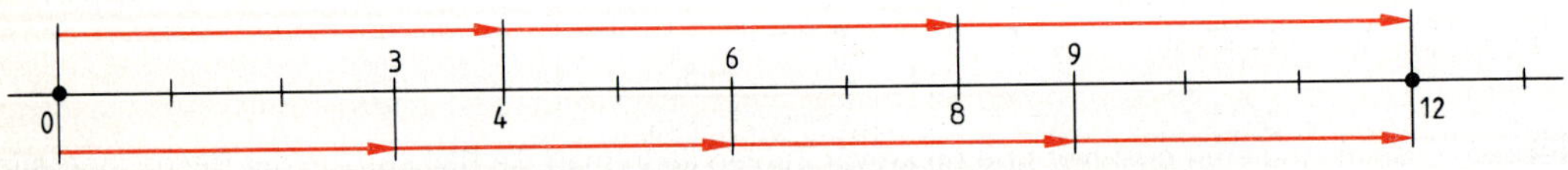

Bei der Multiplikation und Division sind weiter folgende Regeln zu beachten: Die Multiplikation einer Zahl mit der Zahl 1 und die Division einer Zahl durch die Zahl 1 ändert nicht den Wert der Zahl.

Die Eins ist das neutrale Element der Multiplikation und der Division.

Beispiele: **7 · 1 = 7** **7 : 1 = 7**

Beim Multiplizieren und Dividieren mit der Zahl Null gilt:

7 · 0 = 0 **0 : 7 = 0** aber **7 : 0 ist nicht definiert.**

Die Division durch Null ist nicht möglich!

0.1.6 Multiplikation und Division positiver und negativer Zahlen

Für die Multiplikation und Division negativer Zahlen gelten folgende Regeln:

$(+)\cdot(+) = (+)$ $3 \cdot 4 = 12$	$(-)\cdot(-) = (+)$ $(-3)\cdot(-4) = 12$	$(+)\cdot(-) = (-)$ $3\cdot(-4) = -12$	$(-)\cdot(+) = (-)$ $(-3)\cdot 4 = -12$
$(+):(+) = (+)$ $12 : 4 = 3$	$(-):(-) = (+)$ $(-12):(-3) = 4$	$(+):(-) = (-)$ $12:(-3) = -4$	$(-):(+) = (-)$ $(-12): 3 = -4$

0.1.7 Addition, Subtraktion, Multiplikation und Division

Die vier Rechenarten Addition, Subtraktion, Multiplikation und Division bezeichnet man als **Grundrechenarten**. Treten in Rechenoperationen alle vier Grundrechenarten gemeinsam auf, so gilt die Regel: **Punktrechnung geht vor Strichrechnung.** Das heißt: Die Multiplikation und Division der Zahlen muß zuerst vorgenommen werden. Danach wird erst addiert und subtrahiert.

Beispiel 1:

$$34 - 4 \cdot 3 + 10 - 20 : 4 = x$$
$$34 - 12 + 10 - 5 = 27$$

Beispiel 2:

$$28 - \frac{7 \cdot 12}{6} + 8 \cdot 5 - 12 + \frac{18}{3} = x$$
$$28 - 14 + 40 - 12 + 6 = 48$$

0.1.8 Grundrechnungsarten mit Klammern

Setzt man bei Rechenoperationen Zahlen in Klammern, so hat die Klammer Vorrang gegenüber der Punktrechnung. Innerhalb der Klammer gilt aber wieder die Regel: Punktrechnung geht vor Strichrechnung.

Beispiel 1:

$$(34 - 4) \cdot 3 = x$$
$$30 \cdot 3 = 90$$

Beispiel 2:

$$2 \cdot (25 - 3 \cdot 4) = x$$
$$2 \cdot (25 - 12) = x$$
$$2 \cdot 13 = 26$$

Klammern, die mit einer Zahl multipliziert werden sollen, lassen sich auflösen, indem man die Zahl mit jeder Zahl in der Klammer multipliziert.

Beispiel:

$$5 \cdot (8 - 10 + 6) = x$$
$$40 - 50 + 30 = 20$$

0.1.9 Der Bruchstrich ersetzt eine Klammer und das Divisionszeichen :

Beispiel:	$(45 - 3 \cdot 8 + 6) : 9 = x$
Mit Bruchstrich	$\frac{45 - 3 \cdot 8 + 6}{9} = \frac{45 - 24 + 6}{9} = \frac{27}{9} = 3$

Aufgaben zu 0.1

0.1.1 Ganze Zahlen und ihre Darstellung

a) Wie bezeichnet man alle ganzen positiven Zahlen?
b) Woran erkennt man gerade Zahlen?
c) Woran erkennt man ungerade Zahlen?
d) Welche Zahlen bezeichnet man als Primzahlen?
e) Geben Sie mit Begründung an, zu welchen Zahlen die folgenden ganzen Zahlen gehören:
1, 8, 13, 25, 47, −36, −53
f) Wodurch unterscheidet sich die Zahl Null von allen anderen Zahlen?
g) Zeichnen Sie eine Zahlengerade (Abstand der ganzen Zahlen = 5 mm) und zeichnen Sie die Null und die ungeraden Zahlen als Punkte ein!

0.1.2 Addition und Subtraktion ganzer Zahlen

Schreiben Sie die Aufgabe ab, und geben Sie die Vorzeichen und Rechenzeichen an!

a) $(-8) + (-5) - (+7) = -20$

Lösen Sie zunächst die Klammern auf, so daß nur Rechenzeichen übrig bleiben! Berechnen Sie danach das Ergebnis! Stellen Sie die Rechenoperation zeichnerisch auf der Zahlengeraden dar! Abstand der ganzen Zahlen = 5 mm.

b) $(+12) + (+7) - (+10) - (-5) + (-8) = x$

c) $(-9) + (+15) - (-4) + (-2) = x$

d) $6 - (-8) + (+5) - (+3) - (6) = x$

e) $13 + (-5) - (+4) + (+7) - (-6) = x$

Ändern Sie die Reihenfolge der Rechenoperation so, daß Sie in der Reihenfolge zuerst addieren und dann subtrahieren!

f) $18 - 12 - 20 + 32 - 7 + 11 - 9 = x$

g) $7 - 40 + 35 - 13 + 28 - 5 + 1 = x$

h) $6 - 15 + 46 - 25 - 15 + 8 + 14 = x$

0.1.3 Addition und Subtraktion der Zahl Null

Was erhalten wir beim Addieren oder Subtrahieren der Zahl Null?

a) $36 + 0 = x$ b) $0 + 17 = x$ c) $28 - 0 = x$

0.1.4 Auflösen und Setzen von Klammern beim Addieren und Subtrahieren

Lösen Sie zunächst die Klammern auf! Berechnen Sie dann das Ergebnis!

a) $8 + (7 - 5 + 12) = x$ b) $16 - (8 - 4 + 10 - 3) = x$

c) $4 - (13 - 20 - 5) = x$ d) $30 - (15 + 11 - 8 - 4) = x$

e) $30 - 6 - (12 - 40) = x$ f) $10 + (5 - 3) - (16 + 5) = x$

g) $80 - (30 + 20) - 15 - (35 - 40 + 12) = x$

Setzen Sie die angegebenen Klammern!

h) $17 - 8 - 4 - 1 = x$
$17 - (\qquad) = x$

i) $45 + 12 - 18 - 12 - 10 = x$
$45 + 12 - (\qquad) = x$

j) $50 + 12 - 18 + 10 = x$
$50 + (\qquad) = x$

k) $17 - 20 - 34 - 6 + 9 = x$
$17 - (\qquad) + 9 = x$

l) $(-25) + 7 - 8 - 11 = x$
$-25 + 7 - (\qquad) = x$

0.1.5 Multiplikation und Division positiver Zahlen

Ersetzen Sie die Addition durch Multiplikation!

a) $5 + 5 + 5 + 5 = x$ b) $9 + 9 + 9 + 9 + 9 + 9 = x$

c) $7 + 7 + 7 + 7 + 7 + 7 + 7 + 7 + 7 = x$

Stellen Sie folgende Multiplikationen zeichnerisch dar! Vertauschen Sie die Zahlen! (5 mm Zahlenabstand) Bilden Sie durch Umkehrung der Rechnung eine Division!

d) $3 \cdot 5 = 15$ e) $7 \cdot 4 = 28$ f) $5 \cdot 6 = 30$

Rechnen Sie mit den Zahlen 1 und 0! g) $46 \cdot 1 = x$

h) $52 \cdot 0 = x$ i) $100 : 1 = x$ j) $25 : 0 = x$ k) $19 : 1 = x$

0.1.6 Multiplikation und Division positiver und negativer Zahlen

Positive und negative Zahlen sollen multipliziert und dividiert werden.

a) $6 \cdot (-9) = x$ b) $(-7) \cdot 5 = x$ c) $(-8) \cdot (-8) = x$

d) $12 \cdot (-1) = x$ e) $(-15) \cdot 0 = x$ f) $(-1) \cdot 72 = x$

g) $4 \cdot 3 \cdot 12 = x$ h) $4 \cdot (-3) \cdot 12 = x$ i) $(-4) \cdot 3 \cdot (-12) = x$

j) $(-4) \cdot (-3) \cdot (-12) = x$ k) $63 : 9 = x$ l) $63 : (-7) = x$

m) $(-63) : (-9) = x$ n) $(-63) : 9 = x$

o) $\frac{104}{13} = x$ p) $\frac{-104}{13} = x$ q) $\frac{-104}{-13} = x$

0.1.7 Addition, Subtraktion, Multiplikation und Division

Merke: Punktrechnung geht vor Strichrechnung!

a) $16 - 4 \cdot 2 - 5 = x$ b) $42 + 5 \cdot 6 - 4 \cdot 5 - 16 = x$

c) $20 + 7 - 6 \cdot 3 + 2 = x$ d) $80 - 12 - 7 \cdot 5 + 3 \cdot 11 = x$

e) $75 \cdot 2 - 50 - 4 \cdot 25 = x$ f) $10 \cdot 4 - 5 \cdot 7 - 8 + 6 = x$

g) $35 + 4 \cdot 2 \cdot 6 - 8 \cdot 4 = x$ h) $9 + 6 \cdot 7 - 1 \cdot 13 - 4 = x$

i) $63 - 60 : 12 = x$ j) $45 + 20 : 5 - 15 - 32 : 8 = x$

k) $45 : 9 + 7 + 28 : 7 - 6 = x$ l) $72 - 65 : 13 + 17 - 21 : 3 = x$

m) $36 - \frac{35}{7} + 18 - 3 \cdot 5 = x$ n) $100 - 8 \cdot 9 + \frac{77}{11} - 2$

o) $97 + 6 - \frac{8 \cdot 12}{6} + 9 \cdot 3 - 70 : 14 = x$

0.1.8 Grundrechnungsarten mit Klammern

Die Klammer hat Vorrang! Innerhalb der Klammer gilt: Punktrechnung geht vor Strichrechnung! Berechnen Sie also zuerst die Klammerwerte!

a) $30 - (14 + 2 \cdot 4) = x$ b) $45 - 12 + (10 - 3 \cdot 8) = x$

c) $28 - (3 \cdot 4 - 2 \cdot 3) = x$ d) $150 - (12 + 5 \cdot 6 - 4 \cdot 3) = x$

e) $25 + 3 \cdot 5 - (18 - 3 \cdot\ ) = x$ f) $7 \cdot 6 - (10 - 4 \cdot 3) = x$

g) $200 - 25 \cdot 3 - (45 - 5 \cdot 5) = x$ h) $5 \cdot 7 - 4 \cdot 3 - (37 - 4 \cdot 8) = x$

i) $160 - \frac{90}{2} - \left(20 + \frac{18}{3}\right) = x$ j) $150 : 25 - 3 - (60 - 12 \cdot 8) = x$

0.1.9 Der Bruchstrich ersetzt eine Klammer und das Divisionszeichen

Berechnen Sie das Ergebnis! Ersetzen Sie die Klammer und den Doppelpunkt durch einen Bruchstrich!

a) $(90 - 5 \cdot 6 + 6) : 11 = x$ b) $(38 + 4 \cdot 3 - 1) : 7 = x$

c) $(6 \cdot 7 + 2 \cdot 9) : 12 = x$ d) $(75 - 3 + 6 \cdot 3) : 15 = x$

e) $(12 + 18 \cdot 3 + 9) : 25 = x$ f) $(5 \cdot 6 - 7 \cdot 8 + 38) : 6 = x$

0.2 Grundrechnungsarten mit Brüchen

0.2.1 Brüche und ihre Darstellung

Im Bereich der ganzen Zahlen $\mathbb{Z}$ ist eine Division nur möglich, wenn die Zahlen teilbar sind. Die Erweiterung der Division auf alle ganzen Zahlen führt zu den gebrochenen Zahlen, die wir kurz **Brüche** nennen. Brüche bestehen aus Zähler und Nenner bzw. aus Dividend und Divisor.

$$\frac{\textbf{Zähler (Dividend)}}{\textbf{Nenner (Divisor)}} = \textbf{Bruch}$$

Bei der Teilbarkeit erhalten wir eine ganze Zahl: $\frac{12}{4} = 3.$

Eine ganze Zahl läßt sich als Bruch mit dem Nenner $= 1$ schreiben: $3 = \frac{3}{1}$

Liegt keine Teilbarkeit der Zahlen vor, so erhalten wir entweder

einen **echten Bruch:** $\frac{3}{7}$ Der Zähler ist hier kleiner als der Nenner

oder einen

unechten Bruch: $\frac{7}{3}$ Der Zähler ist hier größer als der Nenner.

Die beiden Brüche zeigen, daß das Vertauschungsgesetz für die Division nicht gilt, denn $\frac{3}{7} \neq$ (ungleich) $\frac{7}{3}$.

Der unechte Bruch $\frac{7}{3}$ läßt sich als **gemischte Zahl** schreiben. Eine gemischte Zahl besteht aus einer ganzen Zahl und einem echten Bruch.

Unechter Bruch: $\frac{7}{3} = 7 : 3 = \mathbf{2\frac{1}{3}}$ **Gemischte Zahl.**

Umgekehrt läßt sich eine gemischte Zahl auch als unechter Bruch schreiben:

$$6\frac{5}{9} = (9 \cdot 6 + 5) : 9 = \frac{59}{9}.$$

Brüche lassen sich in einem Kreis, auf der Zahlengeraden als Länge oder auch durch rechteckige Flächen darstellen. Am besten eignet sich für die Darstellung die **Zahlengerade**. Sie ist eindimensional und läßt sich beliebig leicht unterteilen.

Darstellung von Brüchen:

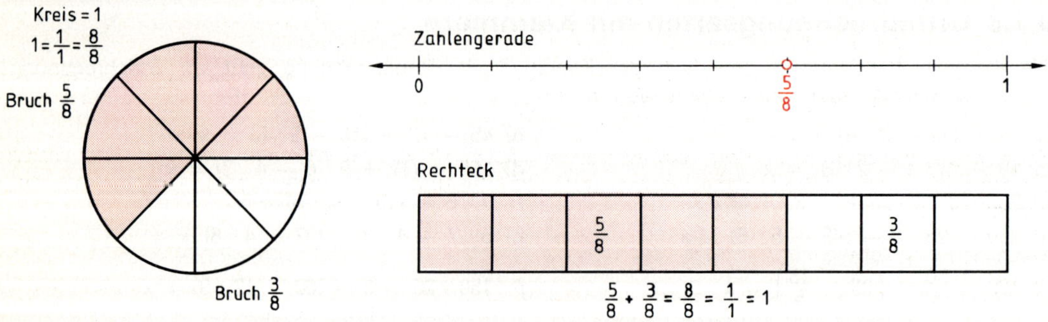

0.2.2 Addition und Subtraktion von Brüchen

Brüche mit gleichem Nenner lassen sich addieren und subtrahieren, indem man nur ihre Zähler addiert oder subtrahiert:

Addition: $\frac{5}{8} + \frac{3}{8} = \frac{8}{8} = 1$ Subtraktion: $\frac{5}{8} - \frac{3}{8} = \frac{2}{8} = \frac{1}{4}$

Brüche mit ungleichen Nennern müssen vor der Addition und Subtraktion auf einen gemeinsamen Nenner gebracht werden. Der **kleinste gemeinsame Nenner** heißt **Hauptnenner**. Liegen gemischte Zahlen vor, so kann man die Addition und Subtraktion der ganzen Zahlen und der echten Brüche getrennt vornehmen. Im allgemeinen sollte man aber die gemischten Zahlen in unechte Brüche verwandeln.

Beispiel einer Addition und Subtraktion:

$$3\frac{7}{9} + 5\frac{5}{6} - 2\frac{11}{12} = x$$

$$\frac{34}{9} + \frac{35}{6} - \frac{35}{12} = x$$

$$\frac{136}{36} + \frac{210}{36} - \frac{105}{36} = \frac{241}{36} = \mathbf{6\frac{25}{36}}$$

Zerlegung der Nenner in Primfaktoren

9	3	· 3			
6	3		· 2		
12	3		· 2	· 2	
	3	· 3	· 2	· 2	= 36 (Hauptnenner)

Getrennte Berechnung: $3 + 5 - 2 = \mathbf{6}$

$$\frac{7}{9} + \frac{5}{6} - \frac{11}{12} = \frac{28}{36} + \frac{30}{36} - \frac{33}{36} = \mathbf{\frac{25}{36}} \qquad 6 + \frac{25}{36} = 6\frac{25}{36}$$

Die Addition und Subtraktion von Brüchen läßt sich auch zeichnerisch auf der Zahlengeraden darstellen.

Beispiel: $\frac{5}{6} + \frac{2}{3}$ Hauptnenner = **18** $\qquad \frac{15}{18} + \frac{12}{18} = \mathbf{\frac{27}{18}} = \mathbf{1\frac{9}{18}} = \mathbf{1\frac{1}{2}}$

Die Strecke 0—1 wird in 18 Teile unterteilt.

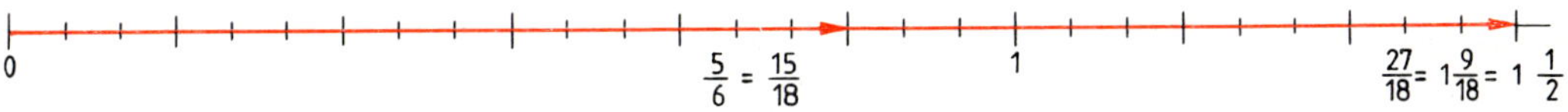

0.2.3 Multiplikation und Division von Brüchen

Brüche werden multipliziert, indem man ihre Zähler multipliziert und ihre Nenner multipliziert.
Kurzregel: Zähler mal Zähler; Nenner mal Nenner.

Dabei gilt wie bei ganzen Zahlen das Vertauschungsgesetz. Es gelten die Regeln:

(+) · (+) = (+)   (–) · (–) = (+)   (+) · (–) = (–)   (–) · (+) = (–)

Beispiele: $\frac{3}{4} \cdot \frac{5}{6} \cdot \frac{2}{5} = \frac{3 \cdot 5 \cdot 2}{4 \cdot 6 \cdot 5}$ vertauscht $\frac{5 \cdot 2 \cdot 3}{5 \cdot 4 \cdot 6} = \mathbf{\frac{30}{120}} = \mathbf{\frac{1}{4}}$

$$5\frac{3}{8} \cdot 3\frac{4}{9} = \frac{43}{8} \cdot \frac{31}{9} = \mathbf{\frac{1333}{72}} = \mathbf{18\frac{37}{72}} \qquad \frac{7}{12} \cdot \left(-\frac{16}{21}\right) = -\mathbf{\frac{112}{252}} = -\mathbf{\frac{28}{63}}$$

Brüche werden dividiert, indem man den ersten Bruch (Dividend) mit dem Kehrwert des zweiten Bruches (Divisor) multipliziert. Den Kehrwert eines Bruches erhält man durch das Vertauschen von Zähler und Nenner.

Für negative Brüche gelten die Regeln:

(+) : (+) = (+) ; (–) : (–) = (+) ; (+) : (–) = (–) ; (–) : (+) = (–)

Beispiele: $\frac{9}{11} : \frac{3}{4} = \frac{9}{11} \cdot \frac{4}{3} = \frac{36}{33} = 1\frac{3}{33} = \mathbf{1\frac{1}{11}}$

$$\frac{7}{9} : \frac{3}{5} : \frac{14}{3} = \frac{7}{9} \cdot \frac{5}{3} \cdot \frac{3}{14} = \frac{105}{378} = \mathbf{\frac{5}{18}}$$

$$\left(-\frac{7}{9}\right) : \frac{14}{27} = \left(-\frac{7}{9}\right) \cdot \frac{27}{14} = -\frac{189}{126} = -\frac{3}{2} = -\mathbf{1\frac{1}{2}}$$

0.2.4 Erweiterung und Kürzung von Brüchen

Multipliziert man den Zähler und den Nenner eines Bruches mit einer Zahl, so ändert sich der Wert des Bruches nicht. Die Multiplikation des Zählers und des Nenners mit einer Zahl bezeichnet man als **Erweiterung.**

Beispiel: $\frac{7}{10}$ multipliziert mit $\frac{5}{5}$ ergibt $\frac{7 \cdot 5}{10 \cdot 5} = \frac{35}{50}$.

Umgekehrt lassen sich Brüche und Multiplikationen und Divisionen vieler Zahlen **kürzen**. Um kürzen zu können, muß man aber die **Teilbarkeit** der Zahlen kennen. Die wichtigsten Regeln für die Teilbarkeit lauten:

Eine Zahl läßt sich durch 2 teilen, wenn die letzte Ziffer durch 2 teilbar ist.

Eine Zahl läßt sich durch 4 teilen, wenn sich die beiden letzten Ziffern durch 4 teilen lassen.

Eine Zahl ist durch 5 teilbar, wenn die letzte Ziffer 5 oder 0 ist.

Eine Zahl läßt sich durch 3 oder durch 9 teilen, wenn sich ihre Quersumme durch 3 bzw. 9 teilen läßt.

Die Quersumme einer Zahl erhält man durch Addition der einzelnen Ziffern.

Beispiel: Die Zahl **10584**, Quersumme = 1 + 0 + 5 + 8 + 4 = **18**, läßt sich durch die Zahlen 2, 4, 3 und 9 teilen.

Merke: Beim Kürzen kann man nur jeweils eine Zahl über und unter dem Bruchstrich kürzen!

Beispiel: $\frac{72 \cdot 55 \cdot 14}{15 \cdot 18 \cdot 7}$ oder $\frac{55 \cdot 72 \cdot 14}{15 \cdot 18 \cdot 7}$

Die Zahlen 55 und 15 sind durch 5 teilbar. Die Zahlen 72 und 18 sind durch 9 teilbar und die Zahlen 14 und 7 sind durch 7 teilbar.

Dann erhalten wir: $\frac{11 \cdot 8 \cdot 2}{3 \cdot 2 \cdot 1} = \frac{11 \cdot 8}{3} = \mathbf{29\frac{1}{3}}$

Aufgaben zu 0.2

0.2.1 Brüche und ihre Darstellung

a) Woraus besteht ein Bruch?

b) Wie läßt sich eine ganze Zahl als Bruch schreiben?

c) Wann bezeichnet man einen Bruch als echten Bruch?

d) Wann bezeichnet man einen Bruch als unechten Bruch?

e) Warum gilt beim Dividieren nicht das Vertauschungsgesetz?

f) Was versteht man unter einer gemischten Zahl?

g) Stellen Sie folgende Brüche auf einer Zahlengeraden dar:

$\frac{3}{8}, \frac{7}{9}, \frac{5}{12}, 1\frac{4}{7}, 2\frac{3}{5}$ Wählen Sie hierfür auf der Zahlengeraden einen geeigneten Maßstab (Abstand der ganzen Zahlen).

h) Verwandeln Sie die folgenden unechten Brüche in gemischte Zahlen:

$\frac{27}{5}, \frac{34}{7}, \frac{51}{8}, \frac{83}{11}, \frac{92}{15}, \frac{108}{25}, \frac{450}{12}, \frac{583}{60}$

i) Verwandeln Sie folgende gemischte Zahlen in unechte Brüche:

$1\frac{3}{4}, 2\frac{5}{8}, 3\frac{7}{9}, 4\frac{1}{5}, 5\frac{8}{11}, 6\frac{4}{7}, 10\frac{1}{6}, 25\frac{3}{10}, 32\frac{13}{20}$

0.2.2 Addition und Subtraktion von Brüchen

a) Wie werden gleichnamige Brüche addiert und subtrahiert?

b) $\frac{3}{8} + \frac{11}{8} + \frac{5}{8} - \frac{7}{8} = x$

c) $5\frac{2}{5} - 2\frac{4}{5} + 3\frac{1}{5} = x$

d) $7\frac{5}{12} + 3\frac{1}{12} - \frac{19}{12} = x$

e) $\frac{25}{3} - 4\frac{2}{3} + 1\frac{1}{3} = x$

f) Wie addiert und subtrahiert man ungleichnamige Brüche?

g) Wie ermittelt man den kleinsten gemeinsamen Nenner mehrerer Brüche?

h) $\frac{3}{2} + \frac{1}{3} + \frac{1}{4} = x$ i) $\frac{2}{3} + \frac{5}{8} + \frac{4}{5} = x$ j) $\frac{3}{4} - \frac{5}{12} = x$

k) $5 - \frac{5}{6} - \frac{1}{15} = x$ l) $2\frac{5}{7} + 1\frac{7}{21} + \frac{2}{7}$ m) $8\frac{1}{2} - 3\frac{4}{5} = x$

n) $4\frac{5}{9} - 2\frac{2}{3} - 1\frac{1}{6}$ o) $10 + \frac{7}{12} - 2\frac{4}{15} - \frac{7}{9} = x$

p) $7\frac{37}{60} + 3\frac{11}{15} - 5\frac{13}{20} - \frac{7}{10}$ q) $\frac{17}{30} + 2 - \frac{13}{15} + 1\frac{5}{12} = x$

r) Stellen Sie die Addition zeichnerisch auf der Zahlengeraden dar! $\frac{3}{5} + \frac{1}{2} = x$

s) Stellen Sie die Subtraktion auf der Zahlengeraden dar! $1\frac{5}{6} - \frac{2}{3} = x$

0.2.3 Multiplikation und Division von Brüchen

a) Welche Regel gilt für das Multiplizieren von Brüchen?

b) $\frac{3}{4} \cdot \frac{2}{5} = x$ c) $\frac{1}{2} \cdot \frac{4}{5} \cdot \frac{3}{7} = x$ d) $\frac{5}{2} \cdot \frac{1}{3} \cdot 7 = x$

e) $2\frac{1}{2} \cdot \frac{7}{8} = x$ f) $5\frac{3}{5} \cdot 2\frac{7}{9} = x$ g) $3\frac{1}{3} \cdot 4\frac{2}{3} \cdot 1\frac{5}{6} = x$

h) $\left(-\frac{7}{5}\right) \cdot \left(-\frac{3}{4}\right) = x$ i) $2\frac{3}{8} \cdot \left(-3\frac{2}{9}\right) = x$

j) Welche Regel gilt für das Dividieren von Brüchen?

k) $\frac{6}{7} : \frac{3}{5} = x$ l) $\frac{3}{4} : \frac{7}{8} = x$ m) $\frac{1}{2} : \frac{3}{4} : \frac{2}{3} = x$

n) $3\frac{2}{5} : 1\frac{2}{3} = x$ o) $8\frac{1}{4} : 3\frac{5}{8} = x$ p) $4\frac{1}{2} : 1\frac{2}{3} : 2\frac{3}{4} = x$

q) $\left(-\frac{6}{5}\right) : \frac{1}{2} = x$ r) $\left(-\frac{5}{2}\right) : \left(-\frac{3}{5}\right) = x$ s) $2\frac{3}{4} : \left(-1\frac{2}{5}\right) = x$

0.2.4 Erweiterung und Kürzung von Brüchen

a) Was versteht man unter der Erweiterung eines Bruches?

b) Erweitern Sie den Bruch $\frac{5}{7}$ um das 12-fache!

c) Erweitern Sie den Bruch $\frac{12}{19}$ um das 5-fache!

d) Erweitern Sie den Bruch $\frac{9}{25}$ um das 4-fache!

e) Woran erkennt man, ob sich eine Zahl durch 2, 3, 4, 5, 9 teilen läßt?

f) Was versteht man unter der Quersumme einer Zahl?

g) Durch welche Zahlen sind die folgenden Zahlen teilbar? 552, 2415, 7314, 8052, 4473, 21075, 18702

h) Schreiben Sie die durch gleiche Zahlen kürzbare Zahlen untereinander und kürzen Sie!

$$\frac{108 \cdot 48 \cdot 35}{32 \quad 15 \quad 27} = \underline{\qquad\qquad\qquad} = \underline{\qquad\qquad\qquad} = x$$

i) Kürzen Sie die Zahlen so weit wie möglich und berechnen Sie das Ergebnis!

$\frac{21 \cdot 45 \cdot 16}{15 \cdot 35 \cdot 20} = x$ j) $\frac{100 \cdot 72 \cdot 75}{45 \cdot 25 \cdot 30} = x$ k) $\frac{102 \cdot 2085 \cdot 9}{45 \cdot 360 \cdot 36} = x$

l) $\frac{81 \cdot 348 \cdot 11}{33 \cdot 6 \cdot 24} = x$ m) $\frac{350 \cdot 88 \cdot 108}{16 \cdot 70 \cdot 90} = x$ n) $\frac{56 \cdot 100 \cdot 522}{24 \cdot 28 \cdot 360} = x$

0.3 Grundrechnungsarten mit Dezimalbrüchen und Dezimalzahlen

0.3.1 Dezimalbrüche und Prozentzahlen

Die Länge l = 1 m (Meter) ist nach dem **Dezimalsystem** unterteilt.

$\frac{1}{10}$ m = 1 dm (Dezimeter); $\frac{1}{100}$ m = 1 cm; $\frac{1}{1000}$ m = 1 mm

Brüche mit dem Nenner 10, 100, 1000, 10000 usw. nennt man Dezimalbrüche. Alle Brüche mit dem Nenner = 100 kann man auch als **Prozentzahl** schreiben.

Beispiel: $\frac{25}{100}$ = 25% (Prozent).

Umgekehrt läßt sich jede Prozentzahl als Bruch schreiben.

Beispiel: 45% = $\frac{45}{100}$ gekürzt = $\frac{9}{20}$

Dezimalbrüche und Prozentzahlen lassen sich wie andere Brüche zeichnerisch darstellen.

$1 = \frac{1}{1} = \frac{100}{100}$ = 100% läßt sich auf der Zahlengeraden oder als Rechteckfläche darstellen. Dabei wird die Strecke von 0 — 1 in 100 Teile unterteilt.

Beispiel:

65% = $\frac{65}{100} = \frac{13}{20}$

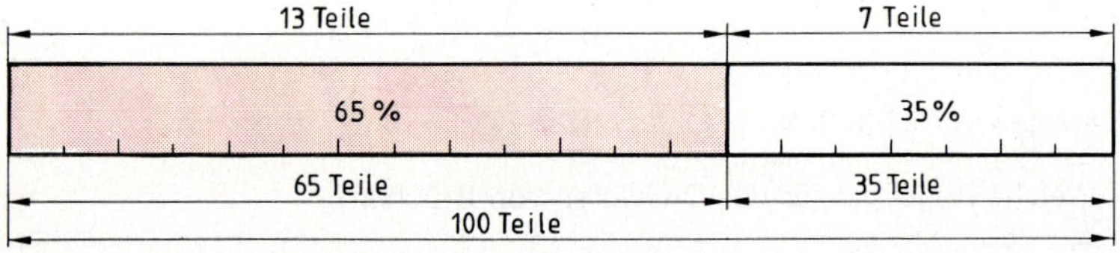

0.3.2 Dezimalzahlen

Jeder Bruch läßt sich als Dezimalzahl (Kommazahl) schreiben.

Teilen wir bei Brüchen den Zähler durch den Nenner, so erhalten wir immer eine **periodische Dezimalzahl.** Das heißt, daß nach dem Komma irgendwann eine in ihrer Reihenfolge sich wiederholende Ziffernfolge auftritt. Die periodische Folge kann auch eine Folge von Nullen sein.

Beispiele: $\frac{3}{4}$ = 3 : 4 = $0{,}75\overline{000}$ . . . (**Periode**) wir schreiben **0,75**

$\frac{5}{9}$ = 5 : 9 = 0,55555 . . . wir schreiben $\mathbf{0{,}\overline{55}}$ **Periode**

$\frac{4}{11}$ = 4 : 11 = 0,3636 . . . wir schreiben $\mathbf{0{,}\overline{36}}$ **Periode**

Jede Dezimalzahl läßt sich als Summe von Dezimalbrüchen schreiben.

Beispiel: Die Zahl 4,7205 läßt sich als Summe wie folgt schreiben:

$$4 \cdot 1 + 7 \cdot \frac{1}{10} + 2 \cdot \frac{1}{100} + 0 \cdot \frac{1}{1000} + 5 \cdot \frac{1}{10000}$$

Merke: Die ganzen positiven und negativen Zahlen und die positiven und negativen Brüche bezeichnet man zusammen als **Menge der rationalen Zahlen** $\mathbb{Q}$ (Symbol). Die periodischen Dezimalzahlen und die Prozentzahlen sind, da sie aus Brüchen gebildet werden, ebenfalls rationale Zahlen.

Dezimalzahlen lassen sich wie Brüche auf ein paar Stellen annähernd genau auf einer Zahlengeraden darstellen.

Beispiel: 0,63

Zehnerteilung

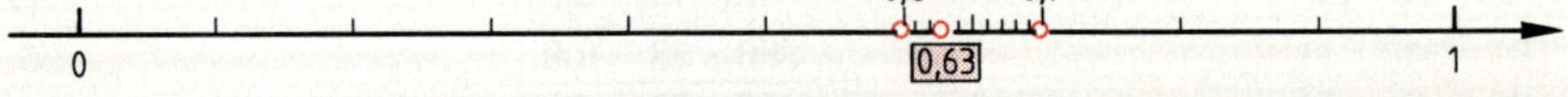

0.3.3 Grundrechnungsarten mit Dezimalzahlen

Beim Rechnen mit Dezimalzahlen ist das Komma zu beachten. Dem Dezimalsystem (Zehnersystem) entsprechend sind beim Addieren, Subtrahieren, Multiplizieren und Dividieren die **Stellenwerte** zu berücksichtigen.

Addition	Subtraktion	Multiplikation	Division
4,6032	23,5074	5,34 · 0,35	453,72 : 18,6 =
+ 7,0589	– 18,0924	1602	Erweiterung
11,6621	**5,4150**	2670	45372 : 1860 = **24,3935** . . .
		1,8690	– 3720
			8172
			– 7440
			7320
			– 5580
			17400
			– 16740
			6600

Beim Fachrechnen des Tischlers genügt in der Regel eine Genauigkeit der Rechnung bis zu drei Stellen nach dem Komma. Eine Abrundung oder Aufrundung der Ergebnisse ist üblich.

Merke: **Beim Rechnen mit rationalen Zahlen gelten die gleichen Rechengesetze wie beim Rechnen mit ganzen Zahlen. Dies gilt auch für das Rechnen mit Klammern.**

Aufgaben zu 0.3

0.3.1 Dezimalbrüche und Prozentzahlen

a) Schreiben Sie die folgenden Prozentzahlen als Bruch: 18%, 23%, 36%, 45%, 84%, 115%, 225%

b) Schreiben Sie die folgenden Brüche als Prozentzahl:

$\frac{7}{10}$, $\frac{9}{25}$, $\frac{3}{20}$, $\frac{75}{125}$, $\frac{3}{5}$, $\frac{17}{50}$, $\frac{42}{200}$

0.3.2 Dezimalzahlen

a) Was versteht man unter einer periodischen Dezimalzahl?

b) Wie entstehen periodische Dezimalzahlen?

c) Schreiben Sie folgende Brüche als periodische Dezimalzahlen: Hinweis: Dividieren Sie solange, bis die Periode erreicht ist.

$\frac{7}{8}$, $\frac{5}{6}$, $\frac{11}{9}$, $\frac{7}{11}$, $\frac{13}{27}$, $\frac{56}{15}$, $\frac{67}{33}$, $\frac{122}{45}$, $\frac{244}{375}$

d) Schreiben Sie folgende Dezimalzahlen als Summe von Dezimalbrüchen:

0,573, 0,8142, 4,581, 13,068, 51,724, $7{,}\overline{666}$

e) Schreiben Sie folgende Dezimalzahlen als Prozentzahlen:

0,728 = x %	0,0417 = x %	0,0095 = x %	1,04 = x %
2,0 = x %	3,407 = x %	1,005 = x %	$4{,}3\overline{11}$ = x %

f) Schreiben Sie folgende Prozentzahlen als Bruch mit ganzen Zahlen:

6,5%, 12,3%, 24,85%, 57,09%, 124,6%

0.3.3 Grundrechnung mit Dezimalzahlen

a) Addieren Sie: 15,0376 + 0,843 + 7,54 + 1,305 = x

Subtrahieren Sie: b) 76,0752 – 9,80359 = x c) 364,2018 – 297,005 = x

Multiplizieren Sie: d) 6,058 · 3,505 = x e) 40,445 · 23,504 = x

Dividieren Sie: f) 36,72 : 9,6 = x g) 160,05 : 2,115 = x h) 0,84 : 0,0033 = x

Beachten Sie! Punktrechnung geht vor Strichrechnung.

i) 143,5 – 70,8 : 9,44 + 0,3 · 1,5 = x j) 256,6 – (40,2 – 2,6 · 4,5) = x

0.4 Geometrische Grundbegriffe

0.4.1 Punkt, Gerade, Strahl, Strecke

Die Lage eines Punktes auf einer Fläche wird durch zwei Maße eindeutig bestimmt. So wird zum Beispiel beim Fachzeichnen a) der Abstand der Zeichnung vom linken Blattrand und b) der Abstand vom oberen Blattrand angegeben. In der Mathematik gibt man die Lage eines Punktes im **Koordinatensystem** an, das aus einer waagerechten Zahlengeraden (x-Achse) und einer senkrechten Zahlengeraden (y-Achse) besteht (siehe Beispiel rechts).

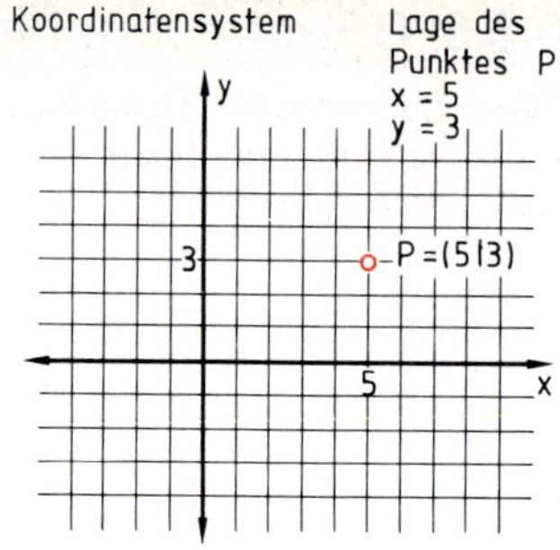

Merke: Eine Gerade hat keinen Anfangspunkt und keinen Endpunkt. Ein Strahl hat einen Ausgangspunkt. Eine Strecke ist durch zwei Punkte begrenzt.

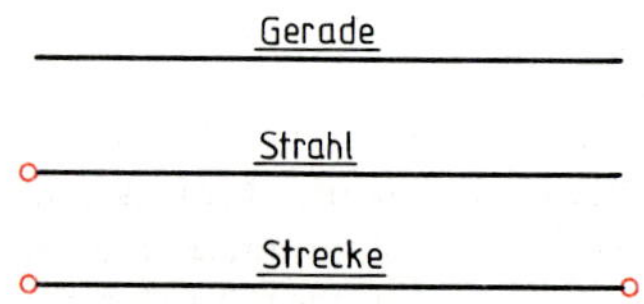

0.4.2 Winkel

Dreht man einen Strahl um seinen Ausgangspunkt, so entsteht ein Winkel. Als Drehrichtung wurde die **Linksdrehung** festgelegt. Eine ganze Umdrehung ist in 360 Teile = 360° (Grad) unterteilt. Ein Grad (1°) wurde wiederum in 60 Teile = 60 Minuten unterteilt. 1° = 60′ (Minuten). Im Gegensatz zur Länge 1 m sind Winkel nicht dezimal unterteilt. Man kann sie aber durch Dezimalzahlen angeben.

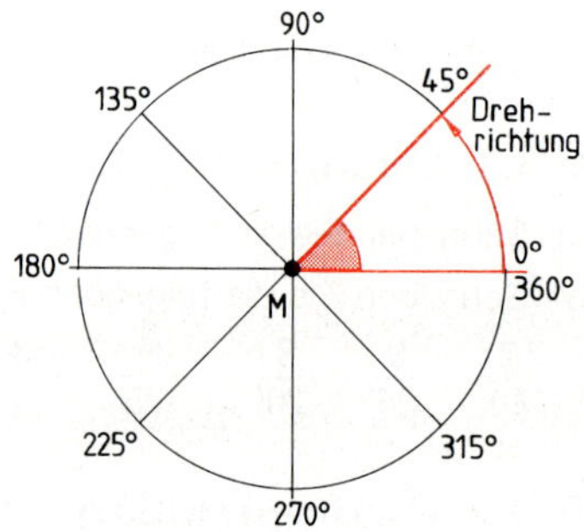

Beispiele für Winkelgrößen:

a) $52°\ 45' = 52\frac{45°}{60} = \mathbf{52{,}75°}$

b) $27{,}35° = 27°$ und $0{,}35 \cdot 60'$
$= \mathbf{27°\ 21'}$ (27 Grad und 21 Minuten)

Je nach Winkelgröße unterscheidet man **spitze Winkel < 90°, rechte Winkel 90°, stumpfe Winkel > 90° und < 180°, gestreckte Winkel 180°, überstumpfe Winkel > 180°.**

0.4.3 Geraden und Winkel

Verlaufen Geraden untereinander nicht parallel, so entstehen zwischen Geraden Schnittpunkte. Werden parallele Geraden oder parallele Strecken von einer Geraden geschnitten, dann sind die sich bildenden **Scheitelwinkel**, **Stufenwinkel** und **Wechselwinkel** gleich groß. Ergänzt man einen Winkel zu einem gestreckten Winkel, so heißt der addierte Winkel **Ergänzungswinkel**.

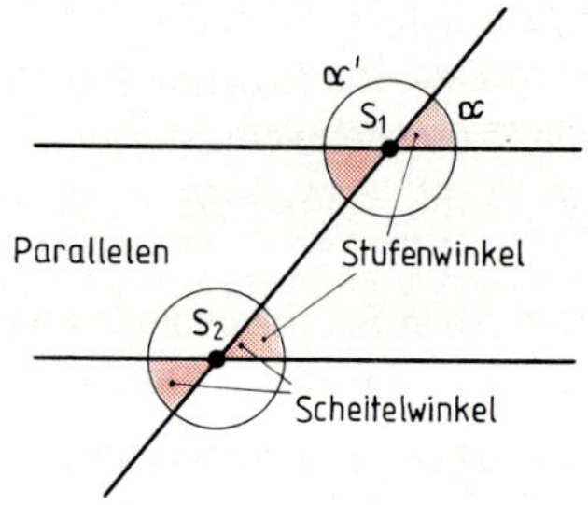

$$\alpha + \alpha' = 180°$$

0.4.4 Geradlinig begrenzte Flächen

Schneiden sich drei Geraden, so können folgende Dreiecke entstehen: rechtwinklige Dreiecke, gleichseitige Dreiecke, gleichschenklige Dreiecke, spitzwinklige Dreiecke, stumpfwinklige Dreiecke.

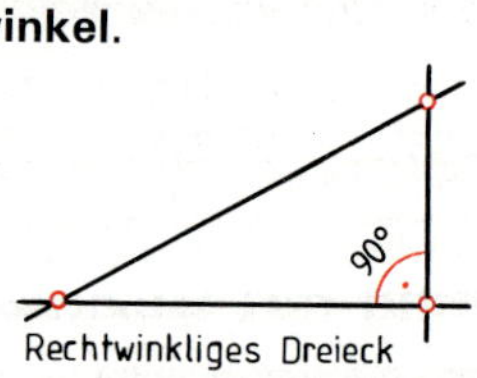

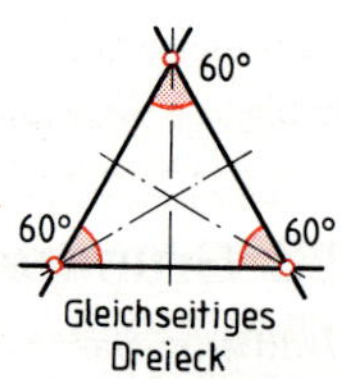

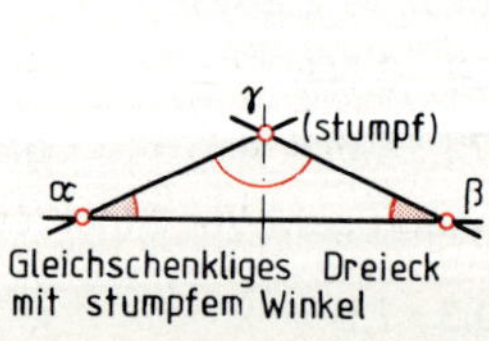

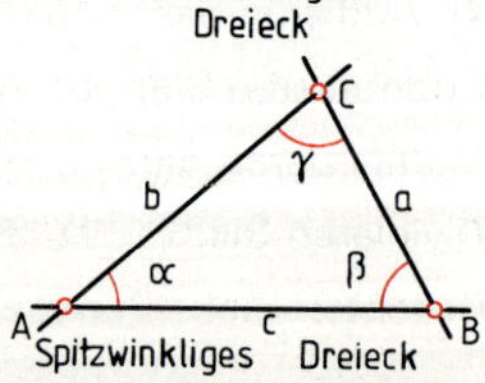

$$\alpha + \beta + \gamma = 180°$$

Die Winkelsumme im Dreieck beträgt 180°. Schneiden sich vier Geraden, so können folgende Vierecke entstehen: Quadrat, Rechteck, Parallelogramm, Trapez, Drachen, ungleichseitige Vierecke. Die Winkelsumme eines Vierecks beträgt 360°.

$$\alpha + \beta + \gamma + \delta = 360°$$

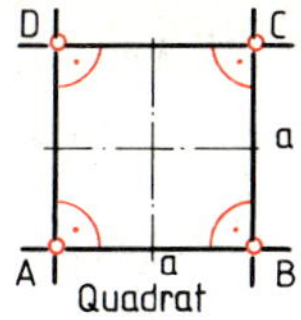

Quadrat

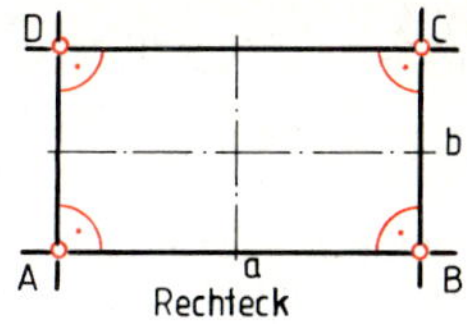

Rechteck

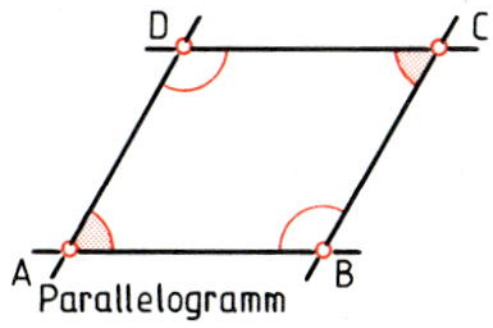

Parallelogramm

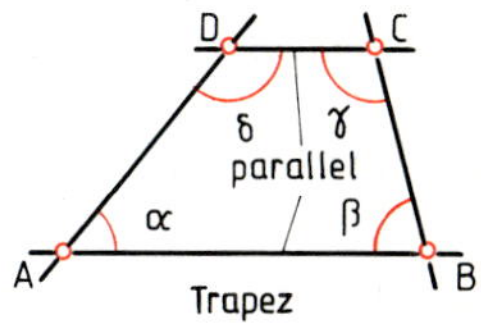

Trapez

0.4.5 Symmetrie

Punkte, Geraden, Strahlen, Strecken und Flächen liegen symmetrisch zueinander, wenn sie sich an einer Symmetrieachse spiegeln. Im Fachzeichnen werden **Symmetrieachsen** als dünne Strichpunktlinien gezeichnet.

Symmetrieachsen heißen im Fachzeichenunterricht **Mittellinien**.

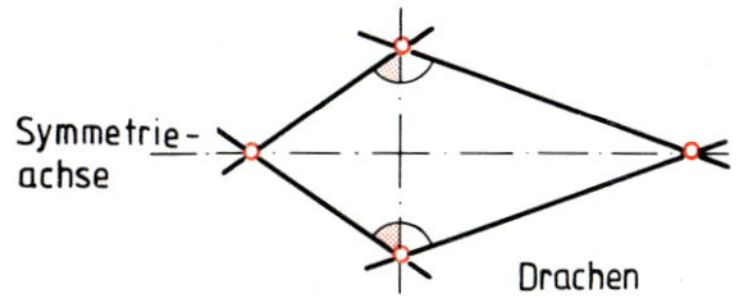

Drachen

Aufgaben zu 0.4

0.4.1 Punkt, Gerade, Strahl, Strecke

a) Zeichnen Sie auf kariertes Papier ein Koordinatensystem! Länge der x-Achse = 14 cm, Länge der y-Achse = 14 cm.

b) Zeichnen Sie in das Koordinatensystem (Aufgabe a) folgende Punkte ein:

$P_1 = (8 \mid 10)$, $P_2 = (0 \mid 7)$, $P_3 = (-4 \mid 0)$, $P_4 = (0 \mid 0)$

$P_5 = (5 \mid -9)$, $P_6 = (-10 \mid 4)$, $P_7 (-8 \mid -12)$ $P_8 = (6 \mid -2)$

c) Wodurch unterscheidet sich eine Gerade von einem Strahl?

d) Wodurch unterscheidet sich ein Strahl von einer Strecke?

0.4.2 Winkel

a) In wieviel Winkelgrade ist ein Kreis unterteilt?

b) In wieviel Minuten ist ein Grad unterteilt?

c) Zeichnen Sie einen Kreis mit dem Radius r = 4 cm, und zeichnen Sie in diesen Kreis Strahlen mit folgenden Drehwinkeln ein: 25°, 82°, 135°, 230°, 295°, 345°

d) Welche Winkelgrößen bezeichnet man als spitz, recht, gestreckt, stumpf, überstumpf?

e) Geben Sie die folgenden Winkel dezimal an:

46° 15′ = 46, . . .°, 75° 54′ = 75, . . .°, 132° 36′ = 132, . . .°

80° 42′ = 80, . . .°, 95° 12′ = 95, . . .°, 270° 24′ = 270, . . .°

f) Geben Sie die folgenden Winkel in Grad und Minuten an:

43,55° = 43°. . .′ 74,15° = 74°. . .′ 87,75° = 87°. . .′

100,25° = 100°. . .′ 125,35° = 125°. . .′ 289,55° = 289, . . .′

0.4.3 Geraden und Winkel

a) Zeichnen Sie zwei parallele Geraden (etwa 10 cm lang) deren Abstand 5 cm beträgt!

b) Zeichnen Sie zu den beiden parallelen Geraden eine dritte Gerade, die die Parallelen unter 45° schneidet! Kennzeichnen Sie gleich große Winkel farbig!
Welche Winkel (Winkelbezeichnung) sind gleich groß?

c) Folgende Winkel sind gegeben: 45°, 72°, 98°, 136°
Wie groß sind ihre Ergänzungswinkel?

d) Folgende Winkel sind gegeben: 36° 45′, 51° 25′, 110° 5′
Wie groß sind ihre Ergänzungswinkel?

0.4.4 Geradlinig begrenzte Flächen

a) Zwei parallele Geraden, Abstand = 4 cm, werden von zwei weiteren parallelen Geraden, Abstand = 6 cm, rechtwinklig geschnitten. Zeichnen Sie die Parallelen! Welche Fläche entsteht?

b) Die Parallelen mit dem Abstand = 6 cm schneiden die beiden anderen Parallelen mit dem Abstand = 4 cm im Winkel $\alpha = 60°$.
Zeichnen Sie die Parallelen! Welche Fläche entsteht? Kennzeichnen Sie gleich große Winkel farbig!

c) Zwei waagerecht liegende Parallelen, Abstand = 4,5 cm, werden von einer Geraden unter dem Winkel $\alpha = 45°$ und einer zweiten Geraden unter dem Winkel $\beta = 60°$ geschnitten.
Der Abstand der Schnittpunkte auf der unteren Parallelen soll 8 cm betragen. Zeichnen Sie die Geraden! Welche Fläche entsteht?

d) Wie groß ist die Winkelsumme von Quadraten, Rechtecken, Parallelogrammen und Trapezen?

e) Zeichnen Sie ein rechtwinkeliges Dreieck mit den Seitenlängen 3 cm, 4 cm und 5 cm!

f) Zeichnen Sie ein gleichseitiges Dreieck mit der Seitenlänge 5 cm! Wie groß sind die Winkel in diesem Dreieck?

g) Zeichnen Sie ein gleichschenkliges Dreieck mit der Grundseite = 6 cm und den beiden anderen Seiten = 4 cm.

h) Zeichnen Sie eine waagerechte Strecke mit der Länge = 7 cm und darüber eine Parallele im Abstand = 5 cm. Zeichnen Sie in die Parallele zwei beliebige Punkte ein und verbinden Sie diese mit den Endpunkten der Strecke, so daß zwei Dreiecke entstehen! Was kann man über die beiden Dreiecke aussagen?

0.4.5 Symmetrie

a) Zeichnen Sie ein Koordinatensystem! Länge der x-Achse = 12 cm; Länge der y-Achse = 12 cm. Abstand der ganzen Zahlen = 5 mm.

b) Zeichnen Sie in das Koordinatensystem folgende drei Punkte ein:
$P_1 = (4 \mid 3)$, $P_2 = (10 \mid 5)$, $P_3 = (8 \mid 14)$
Verbinden Sie die Punkte miteinander, so daß ein Dreieck entsteht. Schraffieren Sie das Dreieck!

c) Zeichnen Sie zu dem Dreieck im Koordinatensystem (Aufgabe b) zwei symmetrische Dreiecke und zwar so, daß die x-Achse und die y-Achse die **Symmetrieachsen** der Spiegelbilder sind!

d) Welche Bezeichnung haben Symmetrieachsen im Fachzeichnen?

e) Wieviel Symmetrieachsen hat ein gleichseitiges Dreieck?

f) Wieviel Symmetrieachsen hat ein gleichschenkliges Dreieck?

g) Wieviel Symmetrieachsen hat ein Quadrat?

h) Wieviel Symmetrieachsen hat ein Rechteck?

i) Wieviel Symmetrieachsen kann ein Trapez haben?

0.5 Einfache Gleichungen

0.5.1 Begriff der Gleichung

Steht zwischen Zahlen und Zahlenoperationen (+ , −, . , :) ein Gleichheitszeichen, so spricht man, sofern die Zahlenaussage wahr (richtig) ist, von einer indentischen Gleichung. Identisch heißt, daß das Ergebnis auf beiden Seiten der Gleichung gleich ist.

Beispiele: Identische Gleichungen:

$9 - 5 = 4$	$4 + 6 \cdot 3 = 22$	$(7 + 5) : 2 = 5 + 1$
$\mathbf{4 = 4}$	$\mathbf{22 = 22}$	$\mathbf{6 = 6}$

Nun kann in einer Gleichung eine Zahl unbekannt sein. Unbekannte Zahlen werden in der Regel mit dem Buchstaben x bezeichnet. Gleichungen, in denen eine unbekannte Zahl x vorkommt, heißen **Gleichungen ersten Grades mit einer Unbekannten.** Die gefundene Zahl x ist nur dann die Lösung der Gleichung, wenn sich beim Einsetzen dieser Zahl in die ursprüngliche Gleichung eine wahre (richtige) Aussage ergibt.

Beispiele: Einfache Gleichungen ersten Grades mit einer Unbekannten:

$5 + x = 8$	$7 \cdot x = 63$	$20 : x = 5$
$x = \mathbf{3}$	$x = \mathbf{9}$	$x = \mathbf{4}$
$5 + 3 = 8$	$7 \cdot 9 = 63$	$20 : 4 = 5$
$\mathbf{8 = 8}$	$\mathbf{63 = 63}$	$\mathbf{5 = 5}$
wahre Aussage	wahre Aussage	wahre Aussage

0.5.2 Umformung einer Gleichung

Im Falle einer wahren Aussage, kann man eine Gleichung mit einer im Gleichgewicht befindlichen Balkenwaage vergleichen.

Das Gleichgewicht einer Balkenwaage bleibt erhalten, wenn man auf beide Seiten der Waage gleich Gewichte zulegt, wegnimmt oder die Gewichte n-fach (mehrfach) vermehrt oder vermindert. Das Gleichgewicht einer Gleichung bleibt dementsprechend erhalten, wenn wir auf **beiden Seiten**

a) **eine Zahl addieren,**

b) **eine Zahl subtrahieren,**

c) **beide Seiten mit einer Zahl $\neq 0$ multiplizieren,**

d) **beide Seiten durch eine Zahl $\neq 0$ dividieren.**

Weil die Gleichheit der Werte auf beiden Seiten erhalten bleibt, bezeichnet man diese Rechenoperationen als äquivalente Umformung.

Umformung von Gleichungen am Beispiel der Balkenwaage

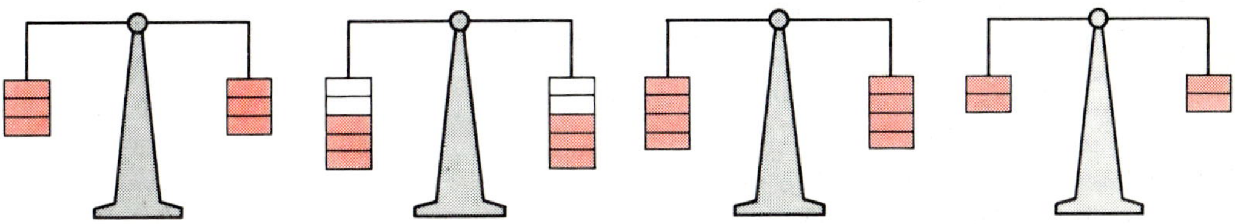

$3 = 3$	$3 + 2 = 3 + 2$	$5 - 1 = 5 - 1$	$4 : 2 = 4 : 2$
	$5 = 5$	$4 = 4$	$2 = 2$

0.5.3 Umformung einer Gleichung zur Berechnung der unbekannten Zahl x

Ist eine unbekannte Zahl x zu berechnen, so wird eine Gleichung Schritt für Schritt so lange umgeformt, bis die Zahl x gefunden ist. Beim Umformen ist folgendes zu beachten:

a) **Beide Seiten einer Gleichung können vertauscht werden.**

b) **Auf jeder Seite gilt die Regel: Punktrechnung geht vor Strichrechnung.**

c) **Klammern werden zuerst gelöst.**

d) **Kommen Brüche vor, so ist die Gleichung auf einen Nenner (Hauptnenner) zu bringen.**

e) **Danach wird auf beiden Seiten zunächst addiert und subtrahiert und zuletzt dividiert.**

Beispiel 1: Nur Addition und Subtraktion

$$5 + x = 12 - 3$$

$$5 + x - 5 = 12 - 3 - 5$$

$$\mathbf{x = 4}$$

wahre Aussage

Hinweis: Es wird also solange umgeformt, bis x allein auf einer Seite steht!

Beispiel 2: Nur Multiplikation und Division

$$\frac{5 \cdot x}{3} = 20$$

$$\frac{5 \cdot x \cdot 3}{3} = 20 \cdot 3$$

$$\frac{5 \cdot x}{5} = \frac{60}{5}$$

$$\mathbf{x = 12}$$

wahre Aussage

Beispiel 3: Addition, Subtraktion und Multiplikation

$$3x - 8 = 7$$

$$3x - 8 + 8 = 7 + 8$$

$$\frac{3 \cdot x}{3} = \frac{15}{3}$$

$$\mathbf{x = 5}$$

wahre Aussage

Beispiel 4: Die Unbekannte steht auf der linken und rechten Seite der Gleichung

$$5x + 6 = 12 + 2x$$

$$5x + 6 - 2x = 12 + 2x - 2x$$

$$3x + 6 - 6 = 12 - 6$$

$$\frac{3 \cdot x}{3} = \frac{6}{3}$$

$$\mathbf{x = 2}$$

wahre Aussage

Beispiel 5: Die Unbekannte steht in einer Klammer

$$4 \cdot (2x - 6) = 3x + 11$$

$$8x - 24 = 3x + 11$$

$$8x - 24 - 3x = 3x + 11 - 3x$$

$$5x - 24 + 24 = 11 + 24$$

$$\frac{5x}{5} = \frac{35}{5}$$

$$\mathbf{x = 7}$$

wahre Aussage

Merke: Zwischen einer Zahl und x kann das Multiplikationszeichen weggelassen werden. $\mathbf{8 \cdot x = 8x}$

Merke: Beim Multiplizieren einer Gleichung ist jedes Glied der Gleichung zu multiplizieren.

Hinweis zu Beispiel 6: Innerhalb der Menge der rationalen Zahlen ist auch ein Bruch bzw. eine periodische Dezimalzahl als Lösung möglich.

Beispiel 6: Gleichung mit Brüchen

$$\frac{x}{3} - \frac{5}{9} = 4 \qquad \text{Hauptnenner} = 9$$

$$\frac{3x}{9} - \frac{5}{9} = \frac{36}{9} \qquad | \cdot 9$$

Multiplizieren wir die ganze Gleichung mit dem Hauptnenner, so erhalten wir:

$$3x - 5 = 36 \qquad | + 5$$

$$3x - 5 + 5 = 36 + 5$$

$$3x = 41$$

$$\frac{3x}{3} = \frac{41}{3}$$

$$\mathbf{x = \frac{41}{3} = 13\frac{2}{3} = 13,\overline{6}}$$

0.5.4 Verhältnisgleichung (Proportionsgleichung)

Steht auf jeder Seite einer Gleichung **ein** Bruch, so nennt man die Gleichung eine Verhältnisgleichung.

Beispiel: Eine unbekannte Zahl x verhält sich zu 5 wie 12 zu 3.

Als Gleichung können wir schreiben: $\frac{x}{5} = \frac{12}{3}$ oder $x : 5 = 12 : 3$

Der Hauptnenner ist $5 \cdot 3 = 15$

$$\frac{3x}{15} = \frac{60}{15}$$
$$3x = 60$$
$$\mathbf{x = 20}$$

oder

$$3 \cdot x = 5 \cdot 12$$
$$3x = 60$$
$$\mathbf{x = 20}$$

Die Gleichung läßt sich einfach lösen, indem wir bei der Schreibweise mit Bruchstrich die Zahlen über Kreuz malnehmen oder bei der Schreibweise mit Doppelpunkt die Regel anwenden: Produkt der Außenglieder = Produkt der Innenglieder.

In Verhältnisgleichungen können auch Summen oder Differenzen auftreten.

Beispiel a):

$$\frac{2x - 4}{5} = \frac{x}{3}$$
$$3 \cdot (2x - 4) = 5 \cdot x$$
$$6x - 12 = 5x$$
$$x - 12 = 0$$
$$\mathbf{x = 12}$$

Die kreuzweise vorgenommene Multiplikation ergibt:
| − 5x auf beiden Seiten
| + 12 auf beiden Seiten

Beispiel b):

$$\frac{4}{x - 5} = \frac{12}{x + 2}$$
$$4 \cdot (x + 2) = 12 \cdot (x - 5)$$
$$-4x \mid \quad 4x + 8 = 12x - 60$$
$$+60 \mid \quad 8 = 8x - 60$$
$$:8 \mid \quad 68 = 8x$$
$$\frac{68}{8} = x$$
$$\mathbf{8{,}5 = x}$$

Im Gegensatz zu den bisherigen Gleichungen tritt hier die unbekannte Zahl x unten im Divisor auf. Da man keine Zahl durch **Null** teilen kann, scheiden die Zahlen 5 und (−2) für die Lösung der Gleichung aus. Würde bei richtiger Umformung x = 5 oder x = − 2 herauskommen, so handelt es sich trotz richtiger Rechnung nicht um die Lösung.

x = 8,5 ist eine wahre Aussage.

Setzen wir nämlich für x die Zahl 8,5 in die ursprünglich gegebene Gleichung ein, so erhalten wir:

$$\frac{4}{8{,}5 - 5} = \frac{12}{8{,}5 + 2}$$
$$\frac{4}{3{,}5} = \frac{12}{10{,}5}$$
$$3{,}5 \cdot 12 = 4 \cdot 10{,}5$$
$$\mathbf{42 = 42} \quad \text{wahre Aussage}$$

Aufgaben zu 0.5

0.5.1 Begriff der Gleichung

a) Wie bezeichnet man die Gleichung: 12 − 5 = 7?

b) Wie bezeichnet man Gleichungen, in denen eine unbekannte Zahl x vorkommt?

Lösen Sie die folgenden einfachen Gleichungen:

c) 3 + x = 10 d) x − 4 = 6 e) 3 · x = 21 f) 24 : x = 3

g) Wie stellt man fest, ob der Wert für x auch die Lösung der Gleichung ist?

0.5.2 Umformung einer Gleichung

a) Warum kann man eine Gleichung mit einer im Gleichgewicht befindlichen Balkenwaage vergleichen?

b) Welche vier Rechenoperationen kann man auf beiden Seiten einer Gleichung durchführen, ohne daß sich das Gleichgewicht der Gleichung ändert?

c) Gegeben ist die identische Gleichung, **5 = 5**. Addieren Sie auf beiden Seiten die Zahl 7! Subtrahieren Sie auf beiden Seiten die Zahl 3! Multiplizieren Sie beide Seiten mit der Zahl 8! Dividieren Sie beide Seiten durch die Zahl 12!

0.5.3 Umformung einer Gleichung zur Berechnung der unbekannten Zahl x

a) In einer Gleichung kommt eine Unbekannte x vor.

Was muß mit der Gleichung geschehen, um x zu berechnen?

0.5.3.1 Addition und Subtraktion

Lösen Sie die Gleichungen!

a) $6 + x = 11$ b) $x - 4 = 8$ c) $6 + x - 2 = 15$

d) $8 = x - 5$ e) $12 = 7 + x - 1$ f) $4{,}5 = 2{,}8 + x$

g) $x + 3\frac{1}{4} = 7\frac{3}{4}$ h) $\frac{2}{3} + x = \frac{5}{6}$ i) $x - \frac{3}{5} = 1\frac{7}{10}$

j) Wodurch unterscheiden sich die Lösungen der Aufgaben g) bis j) von den Lösungen der Aufgaben a) bis f)?

0.5.3.2 Multiplikation und Division

Lösen Sie die Gleichungen!

a) $\frac{3 \cdot x}{2} = 9$ b) $\frac{5 \cdot x}{7} = 10$ c) $\frac{2 \cdot x \cdot 9}{5} = 18$

d) $\frac{2{,}5 \cdot x}{0{,}5} = 12{,}4$ e) $\frac{x \cdot 0{,}25}{4{,}5} = 9$ f) $\frac{7}{2} = \frac{3{,}5 \cdot x}{4}$

0.5.3.3 Addition, Subtraktion und Multiplikation

Lösen Sie die Gleichungen!

a) $2 \cdot x + 6 = 14$ b) $5x - 12 = 28$ c) $11 + 7x = 60$

d) $4x + 5x - 2 = 43$ e) $7x - 4x + 1 = 16$ f) $57 = 4x + 13$

g) $x + x + 5 = 9$ h) $12 - 3 = 2x + x - 15$

0.5.3.4 Die Unbekannte x steht auf beiden Seiten

Lösen Sie die Gleichungen!

a) $8x + 10 = 3x + 30$ b) $3x + x - 12 = 3x - 5$ c) $15 - 2x = 3x + 10$

d) $11 - 4x + 7x = 8x - 4$ e) $x + x + x + x - 6 = 2x + 4$ f) $14x - 8x - 66 = x + 4$

0.5.3.5 Die Unbekannte x steht in einer Klammer

Lösen Sie die Gleichungen!

a) $2 \cdot (x - 4) = 12$
b) $4 \cdot (2x + 3) = 60$
c) $(4x - 2) \cdot 3 = 18$
d) $30 = 5 \cdot (x - 3)$
e) $2 \cdot (5x + 8) = 5 \cdot (x + 12)$
f) $(x + 1) \cdot 9 = 3 \cdot (15 - x)$
g) $3 \cdot (x - 6) = 5x + 4$
h) $-4 \cdot (x + 1) = 2 \cdot (3x + 8)$
i) $5 \cdot (x + 1) - 2x = 20$

0.5.3.6 Gleichungen mit Brüchen

Bringen Sie die Gleichungen zuerst auf den Hauptnenner und lösen Sie dann die Gleichungen!

a) $\frac{x}{3} - \frac{x}{5} = 2$
b) $\frac{x}{6} - \frac{3x}{4} = 7$
c) $\frac{x}{2} - \frac{7x}{8} = 2$
d) $\frac{5x}{6} = 3 - \frac{2x}{3}$
e) $\frac{x}{3} + 2 = \frac{x}{5}$
f) $\frac{3x}{4} = \frac{5x}{8} - 1$
g) $\frac{3x}{4} - 2 = \frac{2x}{5} - \frac{5}{12}$
h) $\frac{3x - 1}{5} = 6 - \frac{x - 1}{3}$
i) $\frac{8x - 5}{9} = 2 + \frac{x}{4}$

0.5.4 Verhältnisgleichung

a) Wie bezeichnet man die Gleichung $\frac{x}{6} = \frac{4}{3}$?

b) Schreiben Sie die Gleichung a) statt mit Bruchstrich mit Doppelpunkten!

c) Welche Regeln gelten für die Lösung dieser Gleichungsart?
Lösen Sie die Gleichung a) nach den Regeln!

Lösen Sie die folgenden Gleichungen!

d) $\frac{x}{9} = \frac{7}{3}$
e) $\frac{4}{15} = \frac{x}{45}$
f) $\frac{2x}{5} = \frac{12}{1}$
g) $\frac{3x}{10} = \frac{21}{4}$
h) $\frac{5x}{12} = \frac{3}{2}$
i) $\frac{24}{19} = \frac{2x}{57}$
j) $\frac{x - 2}{5} = \frac{x}{6}$
k) $\frac{2x + 8}{9} = \frac{20}{3}$
l) $\frac{3x}{10} = \frac{x - 6}{2}$

Bei den folgenden Gleichungen steht die Unbekannte x im Nenner. Geben Sie jeweils an, welche Zahlen **nicht** als Lösung möglich sind!

m) $\frac{4}{x} = \frac{1}{5}$
n) $\frac{3}{x} = \frac{15}{11}$
o) $\frac{10}{x - 4} = \frac{5}{11}$
p) $\frac{15}{17} = \frac{30}{x - 2}$
q) $\frac{8}{2x - 12} = \frac{2}{3}$
r) $\frac{4}{x - 5} = \frac{2}{x - 4}$
s) $\frac{7}{3x - 6} = \frac{1}{x - 8}$
t) $\frac{1{,}5x + 2}{x - 1} = \frac{3}{2}$ Welche Lösung hat die Aufgabe?
u) $\frac{3}{4x - 8} = \frac{1}{x - 2}$ Welche Lösungen ergeben sich für die Aufgaben t) und u)?

0.6 Direkt und umgekehrt proportionale Aussagen – Dreisatz

0.6.1 Direkt proportionale Aussagen (gerades Verhältnis)

Um den Begriff der direkten proportionalen Aussage zu erklären, wollen wir von einer Dreisatzaufgabe ausgehen:

Eine Fußleiste von drei Meter Länge kostet 7,50 DM. Wieviel kosten 10 m Fußleisten?

Mit Hilfe des einfachen Dreisatzes würden wir rechnen:

3 m Fußleisten kosten 7,50 DM

1 m kosten dann $\frac{7{,}50\ \text{DM}}{3\ \text{m}} = 2{,}50\,\frac{\text{DM}}{\text{m}}$

10 m kosten dann $\frac{7{,}50\ \text{DM} \cdot 10\ \text{m}}{3\ \text{m}} = \mathbf{25,-\ DM}$

Wir haben hier ein **gerades Verhältnis**, denn der Preis muß mit zunehmender Länge direkt proportional ansteigen.

Diese einfache Dreisatzaufgabe kann man aber auch mathematisch lösen, und zwar zeichnerisch und mit Hilfe einer Gleichung.

Wir bezeichnen die jeweilige Meterzahl mit x und den der Meterzahl zugeordneten Preis mit y. Wir wissen, daß 3 m Fußleisten 7,50 DM kosten. Dann kosten 0 m = 0,– DM. 1 m = 2,50 DM. 2 m = 5,– DM usw. Diese Zahlen (Menge, Preis) lassen sich in einer **Wertetabelle** zusammenstellen. Zwei Zahlen bilden jeweils ein **Zahlenpaar**.

Wertetabelle	
Länge x	Preis y
0 m	0 DM
1 m	2,50 DM
2 m	5,– DM
3 m	7,50 DM
4 m	10,– DM
5 m	12,50 DM
6 m	15,– DM
7 m	17,50 DM
8 m	20,– DM
9 m	22,50 DM
10 m	25,– DM

Nimmt die Länge zu, so nimmt der Preis um den n-fachen Betrag der Länge zu. Als Gleichung erhalten wir:

Preis = Meterpreis · Länge
$\mathbf{y = 2{,}5 \cdot x}$

Diese Gleichung heißt Funktionsgleichung.

Verändern wir die Länge x, so verändert sich der Preis y.

$$y = \frac{2{,}5\ \text{DM} \cdot 10\ \text{m}}{\text{m}}$$

$$y = 25,-\ \text{DM}$$

Der Zahlenzusammenhang läßt sich zeichnerisch im Koordinatensystem darstellen. Das Koordinatensystem besteht aus zwei sich kreuzenden Zahlengeraden. Die waagerechte Zahlengerade heißt x-Achse, die senkrechte heißt y-Achse. In unserem Bild sind auf der x-Achse die Längen und auf der y-Achse die Preise angegeben. Die Zahlenpaare (Länge, Preis) liegen als Bildpunkte auf einer Geraden in der Ebene des Koordinatensystems (siehe Bild!).

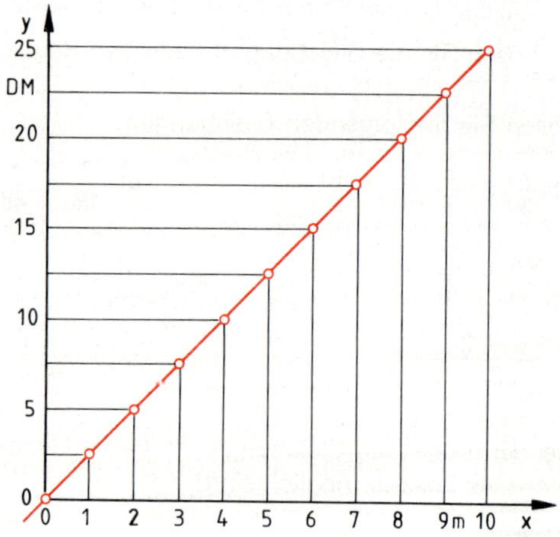

0.6.2 Umgekehrt proportionale Aussagen (umgekehrtes Verhältnis)

Wir gehen wieder von einer Dreisatzaufgabe aus:

3 Arbeiter benötigen für die Fertigstellung einer Arbeit insgesamt 12 Arbeitsstunden. Wieviel Arbeitsstunden benötigen bei gleicher Leistung der einzelnen Arbeiter 9 Arbeiter?

Die neun Arbeiter benötigen selbstverständlich nicht mehr, sondern weniger Stunden. Hier liegt also im Gegensatz zur ersten Aufgabe ein umgekehrtes Verhältnis vor.

Die Dreisatzrechnung lautet dann:

3 Arbeiter benötigen 12 Stunden

1 Arbeiter benötigt $12 \cdot 3 = 36$ Stunden

9 Arbeiter benötigen $\frac{12 \cdot 3}{9}$ = **4 Stunden**

Mit 0 Arbeitern würde die Arbeit nie fertig.

Der Mathematiker sagt: Die Arbeitsstundenzahl würde ∞ (unendlich) groß sein.

Ein Arbeiter mit **halber** Leistung würde 72 Stunden benötigen.

Wir erhalten folgende

Wertetabelle	
Arbeiter x	Stunden y
1 Arb.	36 Std.
2 Arb.	18 Std.
3 Arb.	12 Std.
4 Arb.	9 Std.
5 Arb.	7,2 Std.
6 Arb.	6 Std.
7 Arb.	5,14 Std.
8 Arb.	4,5 Std.
9 Arb.	4 Std.

Unsere Gleichung lautet jetzt:

$$y = \frac{36}{x} \qquad x \neq 0!$$

$$y = \frac{36 \text{ Stunden}}{9 \text{ (Arbeiter)}} = 4 \text{ Std.}$$

Die Bildpunkte im Koordinatensystem liegen auf einer Kurve, die man Hyperbel nennt.

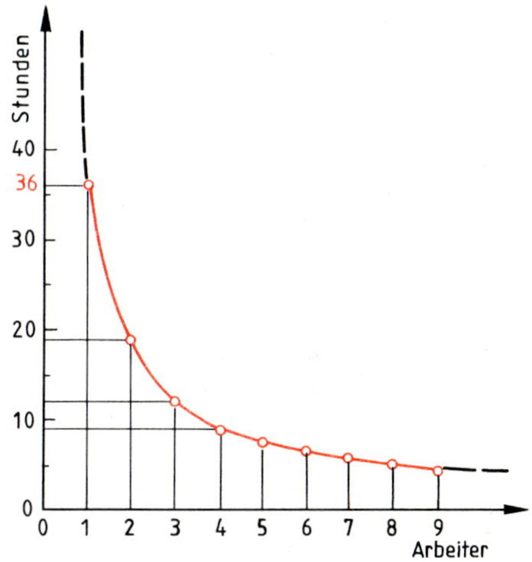

Aufgaben zu 0.6

0.6.1 Direkt proportionale Aussagen (gerades Verhältnis)

a) Profilleisten kosten in einem Geschäft 1,50 DM/m
Wieviel DM kosten 2 m, 2,5 m, 3 m, 4 m, 5,25 m, 6 m, 0 m?
Stellen Sie eine Tabelle auf!
Zeichnen Sie die Zahlenpaare (Länge | Preis) in ein Koordinatensystem als Bildpunkte ein!
Maßstab: 1 m ≙ 1 cm
1 DM ≙ 1 cm

Länge x	Preis y
0 m	?
1 m	1,5 DM
2 m	?

Wie erhalten wir rechnerisch für jede beliebige Länge den Preis?
Wie lautet also die Gleichung (Preis y = ?)
Warum bezeichnet man den Zusammenhang zwischen Länge und Preis als eine direkt proportionale Aussage oder als gerades Verhältnis?

b) Jemand erhält für eine Spareinlage von 3000,— DM im Jahr (12 Monate) 120,— DM Zinsen. Wieviel Zinsen erhält er für 0, 1, 2, 3, 4, 5, 6, 7, 8, 9, 10, 11 Monate? Stellen Sie eine Tabelle auf!

Monate x	Zinsen y

Zeichnen Sie die Zahlenpaare (Monate | Zinsen) als Punkte in ein Koordinatensystem ein!
Maßstab: 1 Monat ≙ 1 cm
10 DM ≙ 1 cm

Nach welcher Gleichung kann man die Zinsen für n Monate berechnen, wenn man die Zinsen für einen Monat kennt?

c) 4 Gesellen verdienen bei gleichem Stundenlohn an einem Tag (8 Arbeitsstunden) 320,— DM. Wieviel verdienen Sie in 5, 10, 20 Arbeitstagen. Stellen Sie eine Tabelle auf! Tage = x, Lohn = y. Zeichnen Sie dazu ein Diagramm! Maßstab: 1 Tag ≙ 5 mm; 320 DM,— ≙ 5 mm.
Wie lautet die Gleichung? Lohn = ? Wie lautet die Gleichung, wenn man mit dem Stundenlohn eines Gesellen rechnet?

d) 5 kg Leim kosten 17,50 DM. Wieviel kosten: 1 kg, 2 kg, 3 kg, 4 kg, 8,5 kg, 10 kg? Stellen Sie eine Tabelle auf!
Masse in kg = x, Preis = y. Zeichnen Sie ein Diagramm! Maßstab: 1 kg ≙ 1 cm, 1 DM ≙ 2 mm. Wie lautet die Gleichung zur Berechnung des Preises für jede beliebige Kilogrammzahl?

e) Bei 4500 Umdrehungen einer Messerwelle ergeben sich 9000 Messereinschläge im Holz. Wieviel Messereinschläge ergeben sich im Holz bei: 1, 5, 10, 20, 30, 100 Umdrehungen der Messerwelle? Zeichnen Sie dazu ein Diagramm! Anzahl der Umdrehungen = x; Anzahl der Messer = y.
Maßstab: 100 Umdrehungen ≙ 2 cm; 100 Messer ≙ 1 cm

f) 4,25 m^3 Holz kosten 2720,— DM. Wieviel DM kostet dann: 1 m^3, 2,5 m^3, 10 m^3? Nur rechnerisch lösen?

g) 8 Gesellen verdienen in 10 Stunden 1000,— DM. Wieviel DM verdienen Sie in 200 Stunden? Rechnen Sie zuerst aus wieviel DM die 8 Gesellen in 1 Stunde erhalten!
Wie hoch ist der Stundenlohn eines Gesellen!

h) 12 m^2 Wandverkleidung kostet 540,— DM. Wieviel DM kostet eine Wandverkleidung in gleicher Ausführung für eine Fläche von 54 m^2?

i) 2,4 m^3 Holz wiegen 1440 kg. Wieviel kg wiegen: 1 m^3, 3 m^3, 4,5 m^3?

0.6.2 Umgekehrt proportionale Aussagen — umgekehrtes Verhältnis

a) Ein 72 cm langes Brett = 1 Teil soll in 2, 3, 4, 5, 6, 7, 8, 9, 10 Teile unterteilt werden.
Wie lang wird ein Teil x in cm?
Stellen Sie eine Tabelle auf!

Anzahl der Teile x	Länge der Teile y
1 Teil	72 cm
2 Teile	?
3 Teile	?

Zeichnen Sie die Zahlenpaare als Bildpunkte in ein Koordinatensystem ein! Maßstab: 72 cm ≙ 72 mm, 1 Teil = 1 cm. Welche Gleichung läßt sich für die Berechnung der Teillängen aufstellen? Warum handelt es sich hier um eine umgekehrt proportionale Aussage (umgekehrtes Verhältnis)?

b) 600,— DM sollen unter 1, 2, 3, 4, 5, 6, 7, 8, 9, 10 Personen verteilt werden. Wieviel DM erhält jeweils jede Person? Stellen Sie eine Tabelle auf!
Zeichnen Sie dazu ein Diagramm
Maßstab: 1 Person ≙ 1 cm; 100,— DM ≙ 1 cm
Warum läßt sich der Betrag praktisch nicht durch 1000 Personen teilen?
Warum ist die Teilung durch Null auch nicht möglich?

Personen x	Anteil in DM y
1 Pers.	?
2 Pers.	?
3 Pers.	?

c) Ein Geselle benötigt für eine Arbeit 9 Stunden. Wieviel Stunden benötigen 2, 3, 4, 5, 6, 7, 8, 9 Gesellen für die gleiche Arbeit bei gleicher Leistung? Stellen Sie eine Tabelle auf! Gesellenzahl = x; Benötigte Arbeitsstunden = y.
Zeichnen Sie ein Diagramm! Maßstab: 1 Geselle ≙ 1 cm, 1 Stunde ≙ 1 cm.
Welche Gleichung erhält man für die Berechnung der benötigten Stundenzahl?

d) Teilt man eine Strecke in 12 Teile, so ist jedes Teilstück x = 7,5 cm lang. Wie lang ist die Gesamtlänge y?
Wie lang wird ein Teilstück x, wenn wir die Strecke in 15 Teile unterteilen? Nur rechnerische Lösung!

e) 5 Arbeiter benötigen für eine Arbeit 21 Stunden. Wieviel Stunden benötigen für die gleiche Arbeit bei gleicher Leistung 10 Arbeiter, 15 Arbeiter, 4 Arbeiter?

f) Aus einer Platte lassen sich 8 Quadrate mit dem Flächeninhalt = 0,36 m^2 je Quadrat zuschneiden. Wieviel Quadrate mit dem Flächeninhalt = 0,16 m^2 erhält man aus der gleichen Platte?

g) Von einem PVC-Umleimer lassen sich 24 Stücke von je 75 cm Länge zuschneiden. Wieviel Stücke von je 60 cm Länge lassen sich daraus zuschneiden?

h) Mit einer Lackmenge lassen sich 12 Flächen mit je 0,8 m^2 Flächeninhalt lackieren. Wieviel Flächen mit je 0,6 m^2 Flächeninhalt lassen sich mit der gleichen Lackmenge lackieren?

0.7 Quadrieren und Quadratwurzelziehen

0.7.1 Quadrieren von Zahlen (Potenzen mit der Hochzahl 2)

Jede rationale Zahl kann mit sich selbst multipliziert werden.

Beispiel: $7 \cdot 7 = 49$

Das Operationszeichen für das Malnehmen mit sich selbst ist die Hochzahl 2. Statt $7 \cdot 7$ können wir schreiben:

$\mathbf{7^2 = 49}$ Die Zahl 7 ist hier die Grundzahl (die Basis) und die Zahl 2 die Hochzahl (der Exponent). Das Malnehmen mit sich selbst bezeichnet man als **„Quadrieren"** oder allgemein als Potenzieren.

Außer den ganzen Zahlen lassen sich auch Brüche und ihre periodischen Dezimalzahlen quadrieren.

Beispiel: $\left(6\frac{3}{4}\right)^2 = (6{,}75)^2 = 6{,}75 \cdot 6{,}75 = \mathbf{45{,}5625}$

Quadriert man negative rationale Zahlen, so erhält man immer eine positive Zahl als Ergebnis.

Beispiel: $(-2{,}5)^2 = (-2{,}5) \cdot (-2{,}5) = (+6{,}25) = \mathbf{6{,}25}$

Quadriert man eine Summe zweier Zahlen, so gibt es zwei Möglichkeiten:

Beispiel: $(4+3)^2 = 7^2 = 49$

Die zweite Möglichkeit der Berechnung ist folgende: $\mathbf{(4+3)^2 = (4+3) \cdot (4+3)}$

Die Klammern lassen sich auflösen, indem wir jede Zahl der ersten Klammer mit jeder Zahl der zweiten Klammer multiplizieren. $(4+3) \cdot (4+3) = 16 + 12 + 12 + 9 = \mathbf{49}$

Bezeichnen wir die Zahl 4 mit dem Buchstaben a und die Zahl 3 mit dem Buchstaben b, so erhalten wir folgende allgemeine Schreibweise für die Rechnung:

$$\boldsymbol{(a+b)^2 = (a+b) \cdot (a+b) = a^2 + ab + ba + b^2 = a^2 + ab + ab + b^2}$$

Zusammengefaßt ergibt:

$$\boldsymbol{(a+b)^2 = a^2 + 2ab + b^2}$$
$$(4+3)^2 = 16 + 24 + 9 = 49$$

Diese Berechnung ist recht umständlich. Die **binomische Formel** $\boldsymbol{(a+b)^2 = a^2 + 2ab + b^2}$ gibt uns aber die Möglichkeit, aus Zahlen die **Quadratwurzel** zu ziehen.

0.7.2 Das Quadratwurzelziehen

Das Quadratwurzelziehen ist die Umkehrung des Quadrierens.

Das Rechenzeichen (Operationszeichen) des Quadratwurzelziehens ist das Wurzelzeichen mit der Hochzahl 2 $\sqrt[2]{\ }$. Die Hochzahl 2 wird in der Regel nicht geschrieben $\sqrt{\ }$ (Quadratwurzel oder zweite Wurzel).

Beispiel: Das Quadrieren einer ganzen Zahl und das Wurzelziehen aus dieser Quadratzahl:

$8^2 = 8 \cdot 8 = 64$ Umkehrung: $\sqrt{64} = \mathbf{8}$ (Wurzelwert)

Will man die Wurzelwerte beliebig großer ganzer Zahlen, Brüche oder Dezimalzahlen bestimmen, so ist dies durch Anwendung der binomischen Gleichung $(a+b)^2 = a^2 + 2ab + b^2$ möglich.

Beispiel: Quadrieren der Zahl 4,5

$$(4{,}5)^2 = (4+0{,}5)^2 = (4+0{,}5) \cdot (4+0{,}5 = 16 + 2 \cdot 4 \cdot 0{,}5 + 0{,}25$$
$$= 20{,}25$$
$$(a+b)^2 \qquad = a^2 + 2 \cdot a \cdot b + b^2$$

Beispiel: Bestimmen des Wurzelwertes der Zahl 20,25

$$\sqrt{20{,}25} = \overset{a}{\mathbf{4}} + \overset{b}{\mathbf{0{,}5}}$$

$-a^2$		-16
Rest	=	$4{,}25$
$-(8b + b^2)$	=	$-4{,}25$
$-(8 \cdot 0{,}5 + 0{,}5^2)$		**0 Rest**

Der Wurzelwert liegt zwischen den ganzen Zahlen 4 und 5

$4{,}25 = 2ab + b^2 = 2 \cdot 4 \cdot b + b^2 = \mathbf{8b + b^2}$

$4{,}25 : 8$ ergibt etwa 0,5

Beispiel: Vereinfachtes Rechenverfahren beim Wurzelziehen

Zunächst wird die unter dem Wurzelzeichen stehende Zahl in Zweiergruppen unterteilt. Bei ganzen Zahlen von rechts nach links. Bei Dezimalzahlen vom Komma aus nach links und rechts.

Nach der Unterteilung wird für die erste Gruppe die Zahl gesucht, die mit sich selbst malgenommen in der ersten Gruppe enthalten ist.

Zum Rest wird die zweite Gruppe geschrieben und deren letzte Stelle vorläufig abgeteilt. Die vor dem Trennstrich stehende Zahl teilt man durch den doppelten Wert des Wurzelwertes. Die gefundene Zahl ist die nächste Zahl des Wurzelwertes. Sie wird gleichzeitig auch hinter den Teiler geschrieben!

Nun multipliziert man diese Zahl mit dem gesamten Teiler ohne Berücksichtigung des Trennstriches.

Mit dem durch Subtraktion sich ergebenden Rest verfährt man so wie vorher. Das heißt, zum Rest wird die dritte Gruppe geschrieben und wieder die letzte Stelle vorläufig abgeteilt.

```
√608,405         = x
√6|0 8|4 0|5 0   = 24,665 . . .
−4                          unendlich
 2 0|8           : 44       viele
−1 7 6                      weitere
   3 2 4|0       : 486      Stellen
  −2 9 1 6                  ohne
     3 2 4 5|0   : 4926     periodische
    −2 9 5 5 6              Folge
       2 8 9 4 0|0 : 49325
      −2 4 6 6 2 5
Rest     4 2 7 7 5
```

Der Wurzelwert wurde bis zu drei Stellen nach dem Komma berechnet. Eine Berechnung auf vier und noch mehr Stellen nach dem Komma ist möglich. Der Wurzelwert ist irrational.

Überschreitet man das Komma, so muß auch im Wurzelwert ein Komma gesetzt werden.

Sind keine Zahlengruppen mehr vorhanden, so werden zwei Nullen als Gruppe zum Rest geschrieben.

Merke: Geht die Wurzelrechnung nicht auf oder ist die Ziffernfolge nicht periodisch, so ist der Wurzelwert eine sogenannte **irrationale Zahl**. Irrationale Zahlen sind nichtperiodische Dezimalzahlen. Die meisten Wurzelwerte sind irrational, z. B. $\sqrt{2}$; $\sqrt{3}$; $\sqrt{5}$; $\sqrt{6}$; $\sqrt{7}$; $\sqrt{8}$

Aufgaben zu 0.7

0.7.1 Das Quadrieren von Zahlen

a) $18^2 =$ b) $46^2 =$ c) $59^2 =$ d) $127^2 =$ e) $0{,}7^2 =$ f) $1{,}6^2 =$ g) $2{,}35^2 =$

Führen Sie folgende Quadrierungen mit Hilfe der binomischen Formel $(a + b)^2 = a^2 + 2ab + b^2$ durch!

i) $(4 + 0{,}5)^2 =$ j) $(8 + 0{,}4)^2 =$ k) $(10 + 0{,}7)^2 =$ l) $(12 + 0{,}2)^2 =$ m) $(20 + 0{,}6)^2 =$

0.7.2 Das Quadratwurzelziehen — rationale Wurzelwerte

a) Erklären Sie an dem Beispiel $3{,}5^2 = 3{,}5 \cdot 3{,}5 = \mathbf{12{,}25}$ daß das Quadratwurzelziehen eine Umkehrung (umgekehrte Rechnung) des Quadrierens ist!

b) Quadrieren Sie mit Hilfe der binomischen Gleichung $(6 + 0{,}5)^2 =$ und ziehen Sie wiederum mit Hilfe der binomischen Gleichung aus dem Ergebnis die Quadratwurzel!

c) Beim Quadratwurzelziehen erhält man entweder **rationale** oder auch **irrationale** Wurzelwerte. Woran erkennt man irrationale Wurzelwerte?

Die folgenden Wurzelwerte sind rational. Ziehen Sie die Quadratwurzel!

d) $\sqrt{14{,}44} =$ e) $\sqrt{56{,}25} =$ f) $\sqrt{246{,}49} =$ g) $\sqrt{806{,}56} =$ h) $\sqrt{0{,}0676} =$ i) $\sqrt{49{,}2804} =$

j) $\sqrt{592{,}9225} =$ k) $\sqrt{3850{,}2025} =$ l) $\sqrt{0{,}007225} =$ m) $\sqrt{0{,}8649} =$ n) $\sqrt{12{,}6025} =$ o) $\sqrt{50{,}6944} =$

0.7.3 Irrationale Wurzelwerte

Die folgenden Wurzelwerte sind irrational. Berechnen Sie die Wurzelwerte auf **4 Stellen** nach dem Komma!

a) $\sqrt{2}$ b) $\sqrt{3}$ c) $\sqrt{5}$ d) $\sqrt{6}$ e) $\sqrt{7}$ f) $\sqrt{8}$ g) $\sqrt{10}$

h) $\sqrt{12}$ i) $\sqrt{15}$ J $\sqrt{23}$ k) $\sqrt{6{,}5}$ l) $\sqrt{27{,}9}$ m) $\sqrt{136{,}3}$ n) $\sqrt{578{,}7}$

o) $\sqrt{7006}$ p) $\sqrt{0{,}647}$ q) $\sqrt{3{,}019}$ r) $\sqrt{67{,}92}$ s) $\sqrt{927{,}05}$ t) $\sqrt{16062}$ u) $\sqrt{385920}$

FACHMATHEMATIK

1 Längen und Winkel — Maßordnung im Hochbau

1.1 Längen, Längenverhältnisse, Maßstäbe,

1.1.1 Längeneinheiten

Die Einheit der Länge ist das Meter (m). Ein Meter (1 m) ist etwa der 40millionste Teil des Erdumfangs. Ein Meter wurde dezimal unterteilt.

Merke: 1 m = 10 dm, 1 dm = 10 cm, 1 cm = 10 mm
1 m = 10 dm = 100 cm = 1000 mm **1000 m = 1 km**

Die Umrechnungszahl je Einheit für **m, dm, cm, mm** **ist 10**

Beispiele: 0,0784 m = 78,4 mm = 78 mm und $^4/_{10}$ mm (3 Kommastellen nach rechts)
63,5 cm = 0,635 m (2 Kommastellen nach links)

1.1.2 Längenverhältnisse

Eine Strecke (Länge) l = 60 cm soll im Verhältnis $a : b = 5 : 3$ geteilt werden.

Lösung: 5 Teile + 3 Teile = 8 Teile. Wir müssen also die Strecke l = 60 cm in 8 Teile unterteilen.
1 Teil ist dann l = 60 cm : 8 = 7,5 cm
5 Teile sind dann 5 · 7,5 cm = 37,5 cm
3 Teile sind dann 3 · 7,5 cm = 22,5 cm

Als Gleichung können wir schreiben:

$$l_a = \frac{l \cdot a}{a + b} \qquad l_b = \frac{l \cdot b}{a + b}$$

Soll eine Strecke l = 80 cm im Verhältnis $a : b : c = 5 : 3 : 2$ geteilt werden, so erhalten wir insgesamt $a + b + c = 5 + 3 + 2 = 10$ Teile

Die Gleichung für l_a lautet dann:

$$l_a = \frac{l \cdot a}{a + b + c} = \frac{80\text{ cm} \cdot 5}{5 + 3 + 2} = 40\text{ cm}$$

Auch die Seitenlängen von Flächen bilden Längenverhältnisse. Beim Quadrat ist das Längenverhältnis der Seiten 1 : 1.

Betrachten wir das rechts abgebildete rechtwinklige Dreieck, so ergeben sich für dieses Dreieck die folgenden Seitenverhältnisse:

$$\frac{h}{l} = \frac{3}{5} = 0{,}6 \qquad \frac{h}{g} = \frac{3}{4} = 0{,}75 = 75\%$$

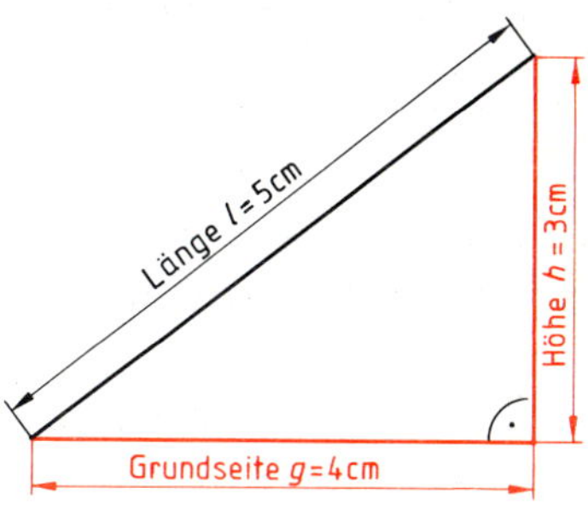

Merke: Das Verhältnis der Höhe h zur Grundseite g heißt Steigungsverhältnis. In unserem Beispiel ist das Steigungsverhältnis 3 : 4 = 0,75 = 75/100 = = 75%. Würde das Dreieck die Steigung einer Straße oder einer schiefen Ebene darstellen, so sagt man, daß die Steigung 75% beträgt.

Steht an einer Straße z. B. ein Verkehrsschild mit dem Hinweis 8% Steigung, so heißt das, daß die Straße auf 100 m Grundseite um h = 8 m ansteigt. 8/100 = 8%

$$\text{Steigung} = \frac{\text{Höhe}}{\text{Grundseite}} = \frac{h}{g}$$

1.1.3 Maßstäbe

Je nach Größe des darzustellenden Werkstückes ist es erforderlich, dieses in natürlicher Größe, in verkleinertem Maßstab oder in vergrößertem Maßstab darzustellen.

Für *Tischlerzeichnungen* sind folgende Maßstäbe gebräuchlich:

	Verkleinerungen	*Natürliche Größe*	*Vergrößerungen*
Maßstäbe	*M 1 : 50 M 1 : 20 M 1 : 10 M 1 : 5*	*M 1 : 1*	*M 2 : 1 M 5 : 1 M 10 : 1*
Beispiele	*20* *M 1 : 5*	*20* *M 1 : 1*	*20* *M 2 : 1*

Im *Baugewerbe* sind außerdem die Maßstäbe 1 : 25; 1 : 50 und 1 : 100 üblich.

Maßumrechnung:

Will man ein natürliches Maß in ein Maß für einen gegebenen Maßstab umrechnen, so ist das natürliche Maß mit dem Maßstab zu multiplizieren.

Länge in der Zeichnung = Wirkliche Länge · Maßstab $\boldsymbol{l_z = l_W \cdot M}$

Dabei ist die Einheit zu beachten. Im allgemeinen setzt man das natürliche Maß in mm ein. Da Maßstäbe Brüche sind, lassen sich die Maßstäbe als Dezimalbrüche schreiben.

Beispiele: $\frac{1}{25} = \frac{4}{100}$ oder $\frac{1}{5} = \frac{2}{10}$ Das Rechnen mit Dezimalbrüchen vereinfacht die Rechnung.

Aufgabenbeispiel: Ein natürliches Maß beträgt l_W = 2,45 m. Wie lang wird die Strecke im Maßstab 1 : 5 gezeichnet?

$$l_z = l_W \cdot M$$

$$l_z = \frac{2450\ \text{mm} \cdot 2}{10} = \mathbf{490\ mm}$$

Aufgaben zu 1.1

1.1.1 Längeneinheiten

Rechnen Sie die gegebenen Längen in andere Einheiten um!

a) 1,25 = ? cm	b) 0,36 m = ? mm	c) 3,65 m = ? dm
d) 345 cm = ? m	e) 67 dm = ? m	f) 4020 mm = ? m
g) 5160 mm = ? dm	h) 67000 mm = ? dm	i) 2805 cm = ? m
j) 3,75 m = ? dm	k) 0,007 m = ? mm	l) 0,095 dm = ? mm
m) 7,45 dm = ? cm	n) 576,05 m = ? cm	o) 6,008 m = ? cm

1.1.2 Längenverhältnisse

Schreiben Sie zuerst die Gleichung und berechnen Sie!

a) Eine Strecke l = 80 cm soll im Verhältnis 3 : 2 geteilt werden. Wie lang werden die Teillängen l_a und l_b?

b) Eine Strecke l = 120 cm soll im Verhältnis 4 : 5 geteilt werden. Berechnen Sie die Teillängen l_a und l_b!

c) Eine Strecke l = 3,18 cm soll im Verhältnis 5 : 7 geteilt werden. Berechnen Sie die Teillängen l_a und l_b!

d) Eine Strecke l = 130 cm soll nach dem „Goldenen Schnitt" im Verhältnis 1 : 1,6 geteilt werden. Berechnen Sie die Teilstrecken l_a und l_b!

e) Eine Strecke $l = 15$ m soll im Verhältnis 3 : 4 : 5 geteilt werden. Berechnen Sie die Teillängen l_a, l_b und l_c!

f) Eine Strecke $l = 2{,}4$ m soll im Verhältnis 5 : 7 : 9 geteilt werden. Berechnen Sie die Teillängen l_a, l_b, l_c!

g) Eine Strecke $l = 3{,}6$ m soll im Verhältnis 2,5 : 5,5 : 8, geteilt werden. Berechnen Sie die Teillängen l_a, l_b, l_c!
Stellen Sie die Grundgleichung nach der gesuchten Größe um!

h) Eine Strecke l wurde im Verhältnis $a : b = 3 : 5$ geteilt. Die Teillänge l_b beträgt 42 cm.
Wie lang ist die Strecke l und die Teillänge l_a?

i) Eine Strecke l wurde im Verhältnis $a : b = 3 : 4$ geteilt. Die Teillänge l_b beträgt 21 cm.
Berechnen Sie die Gesamtlänge l und die Teillänge l_a!

j) Ein rechtwinkliges Dreieck hat die Grundseite $g = 6$ cm, die Höhe $h = 4{,}5$ cm und die längste Seite (Hypotenuse) $l = 7{,}5$ cm.
Der rechte Winkel liegt rechts an der Grundseite an. Zeichnen Sie das Dreieck im Maßstab 1 : 1!
Wie groß ist seine Steigung als Bruch, als Dezimalzahl und als Prozentzahl? Schreiben Sie zuerst die Gleichung!

k) Eine Straße steigt auf $g = 50$ m Grundlänge um $h = 4$ m an. Wie groß ist die Steigung als Bruch, als Dezimalzahl und in Prozent?

l) Ein Holzkeil mit der Grundseitenlänge $g = 12$ cm hat die Höhe $h = 2{,}5$ cm. Berechnen Sie seine Steigung als Bruch, als Dezimalzahl und in Prozent!

m) Eine schiefe Ebene soll eine Steigung von $15\% = \frac{15}{100}$ erhalten. Die Höhe h beträgt 3 m. Wie lang muß die Grundseite g sein? Schreiben Sie zuerst die Gleichung!

n) Eine schiefe Ebene soll eine Steigung $= 12\% = \frac{12}{100}$ erhalten. Die Grundseite liegt fest mit $g = 24$ m. Berechnen Sie die notwendige Höhe h!

1.1.3 Maßstäbe

a) Was bedeutet der Maßstab 1 : 10?

b) Was bedeutet der Maßstab 5 : 1 ?

c) Die wirkliche Länge (natürliches Maß) beträgt $l = 2{,}4$ m. Wie groß wird die Länge in cm in der Zeichnung bei folgenden Maßstäben: M 1 : 5; M 1 : 10; M 1 : 20; M 1 : 25.
Schreiben Sie zuerst die Gleichung!

d) Die wirkliche Länge ist $l = 2{,}5$ mm. Wie groß wird die Länge in mm in der Zeichnung bei folgenden Maßstäben: M 2 : 1; M 5 : 1; M 10 : 1.

e) Die wirkliche Höhe einer Haustür beträgt 2,25 m. Wie lang in cm wird diese Höhe der Tür in einer Zeichnung, die in folgenden Maßstäben angefertigt wird: M 1 : 5; M 1 : 10; M 1 : 20.

f) Ein Rahmen hat die Außenmaße: Breite = 48 cm und Höhe = 62,5 cm. Wie groß werden diese Maße in mm in einer Zeichnung, die im Maßstab 1 : 5 angefertigt wird?

g) Die Länge in einer Zeichnung beträgt $l_z = 4{,}5$ cm. Die wirkliche Länge dagegen beträgt $l = 22{,}5$ cm. In welchem Maßstab wurde gezeichnet? Stellen Sie die Grundgleichung zunächst um!

h) Die Länge in der Zeichnung ist $l_z = 75$ mm. Wie groß ist die wirkliche Länge in cm, wenn in folgenden Maßstäben gezeichnet wurde: M 1 : 5; M 1 : 10; M 1 : 20; M 1 : 25.

i) Die Länge in einer Zeichnung ist $l_z = 125$ mm. Wie groß ist die wirkliche Länge, wenn in folgenden Maßstäben gezeichnet wurde: M 2 : 1; M 5 : 1.

j) Eine Bauzeichnung wurde im M 1 : 50 angefertigt. Ein Raum in der Zeichnung ist 11,5 cm lang und 8,5 cm breit. Wie lang und breit in m ist der Raum wirklich?

1.2 Geradlinige Längen und ihre Unterteilung

1.2.1 Umfangslängen geradlinig begrenzter Flächen

Die Umfangslängen geradlinig begrenzter Flächen (Quadrat, Rechteck, Parallelogramm, Dreieck, Trapez, Vielecke) ergeben sich aus der Summe der Teillängen. Umfang $\boldsymbol{U} = \Sigma\, l$ (Summe der Teillängen). Die einzelnen Teillängen (Strecken) kann man mit den Buchstaben l oder *s, a, b, c, d* usw. bezeichnen. Gleich lange Strecken werden mit gleichen Buchstaben bezeichnet.

Quadrat

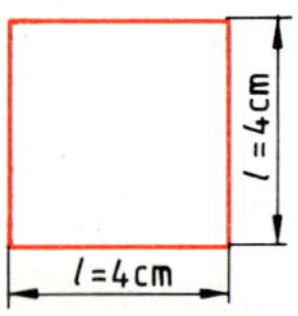

$U = l + l + l + l$

$U = 4\,l$

$U = 4 \cdot 4$ cm

$U =$ **16 cm**

Rechteck

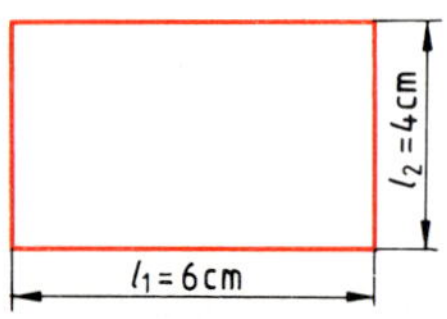

$U = l_1 + l_1 + l_2 + l_2$

$U = 2\,l_1 + 2\,l_2$

$U = 2 \cdot (l_1 + l_2)$

$U = 2 \cdot (6$ cm $+ 4$ cm$)$

$U = 2 \cdot 10$ cm $=$ **20 cm**

Parallelogramm

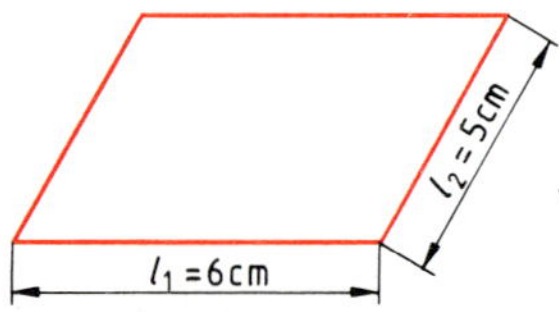

$U = l_1 + l_1 + l_2 + l_2$

$U = 2\,l_1 + 2\,l_2$

$U = 2 \cdot (l_2 + l_2)$

$U = 2 \cdot (6$ cm $+ 5$ cm$)$

$U = 2 \cdot 11$ cm $=$ **22 cm**

Dreieck

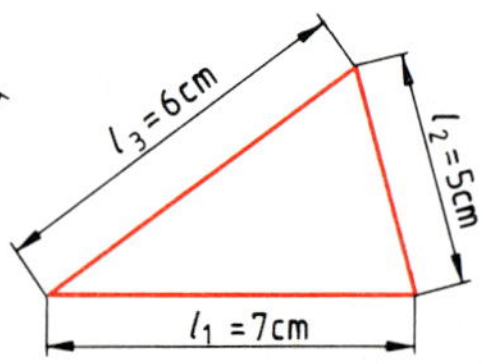

$U = l_1 + l_2 + l_3$

$U = 5\,\text{cm} + 6\,\text{cm} + 7\,\text{cm}$

$U =$ **18 cm**

Trapez

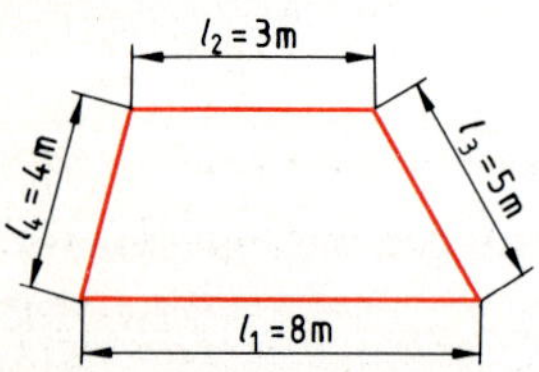

$U = l_1 + l_2 + l_3 + l_4$

$U = 8$ m $+ 3$ m $+ 5$ m $+ 4$ m

$U =$ **20 m**

Gleichseitiges Sechseck

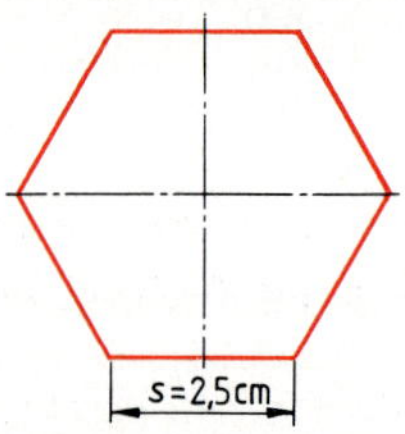

$U = 6 \cdot s$

$U = 6 \cdot 2{,}5$ cm

$U =$ **15 cm**

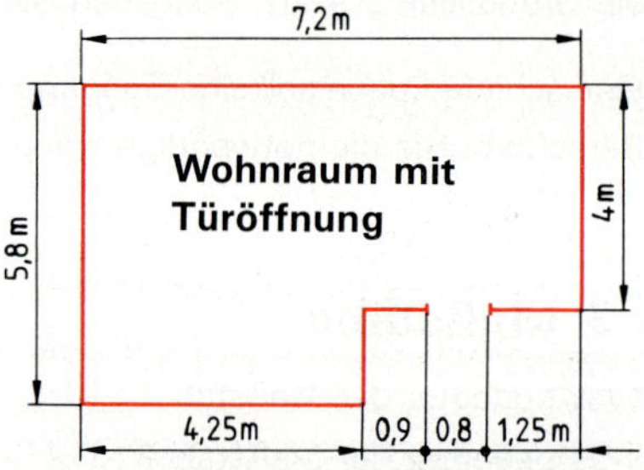

Die Gesamtlänge der Fußleiste ergibt sich aus der Umfangslänge minus Türöffnung. Statt die Einzellängen zu addieren, kann man auch wie folgt rechnen:

Fußleistenlänge

$l_{ges} = 2 \cdot 7{,}2\text{ m} + 2 \cdot 5{,}8\text{ m} - 0{,}8\text{ m}$ (Türöffnung)

$l_{ges} = 14{,}4\text{ m} + 11{,}6\text{ m} - 0{,}8\text{ m} =$ **25,2 m**

1.2.2 Unterteilung von Längen

Sehr oft muß der Tischler gegebene Strecken unterteilen, bevor er mit dem Anreißen beginnt. Hierfür sollte er sich in bestimmten Fällen eine Skizze anfertigen. Die Berechnung erfolgt am besten mit Hilfe einer Gleichung, die den Rechenvorgang bestimmt.

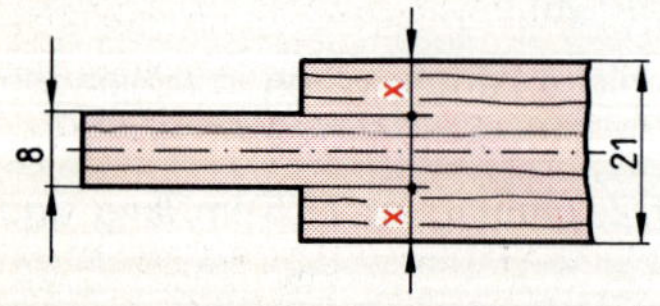

Mittig liegender Zapfen.
Wie groß ist das Maß?

$2x + 8 = 21$

$2x = 13$

$\mathbf{x} =$ **6,5 mm**

Rahmenstück mit drei Bohrungen (Dübellöcher). Wie groß wird der Abstand x der Körnerpunkte?

$$\boxed{a + 2x + b = l}$$

$$25 + 2x + 15 = 75$$
$$2x = 75 - 25 - 15 = 35$$
$$\mathbf{x = 17{,}5\ mm}$$

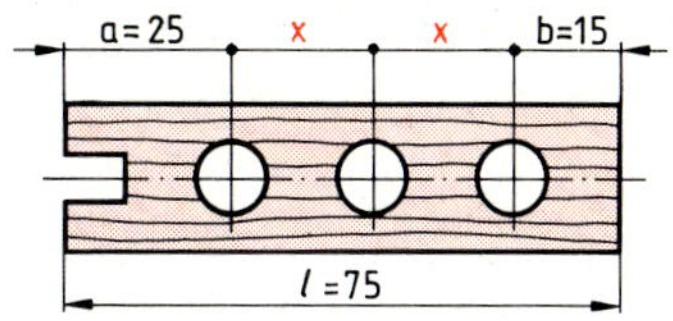

Rahmen mit 5 gleich breiten Stäben. Wie groß wird der lichte Abstand x der Stäbe?

$$\boxed{2a + 5b + 6x = l}$$

$$2 \cdot 55 + 5 \cdot 25 + 6x = 745$$
$$110 + 125 + 6x = 745$$
$$6x = 510$$
$$\mathbf{x = 85\ mm}$$

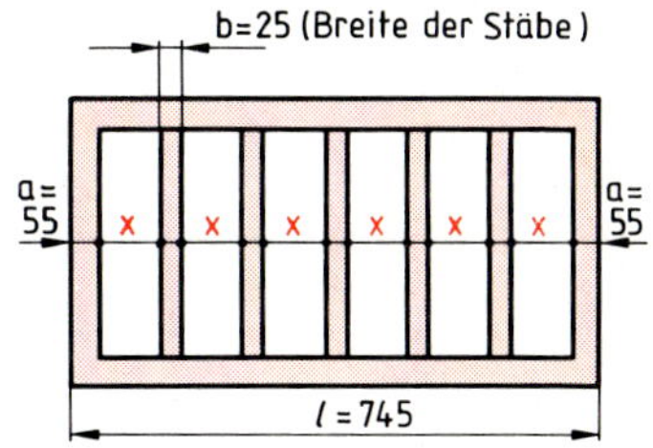

Balkenlage mit 4 Balken, je 10 cm breit. Abstand der Balken vom Mauerwerk a = 2,5 cm. Wie groß wird der Abstand x von „Bund zu Bund"?

$$\boxed{2a + b + 3x = l}$$

$$2 \cdot 2{,}5\ cm + 10\ cm + 3x = 215\ cm$$
$$5\ cm + 10\ cm + 3x = 215\ cm$$
$$3x = 200\ cm$$
$$\mathbf{x = 66{,}6\ cm}$$

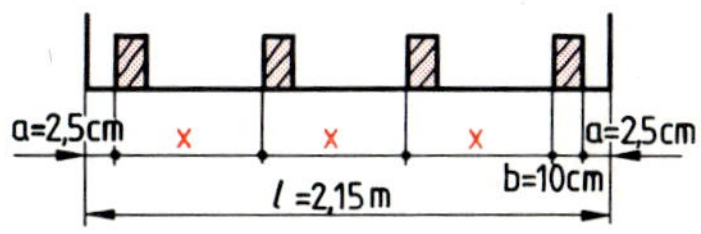

Aufgaben zu 1.2

1.2.1 Umfangslängen geradlinig begrenzter Flächen

a) Die Seitenlänge eines Quadrats ist l = 6,5 cm lang. Berechnen Sie den Umfang U in cm!

b) Eine quadratische Tischplatte hat die Seitenlänge l = 0,85 m. Berechnen Sie den Umfang U in m und in cm!

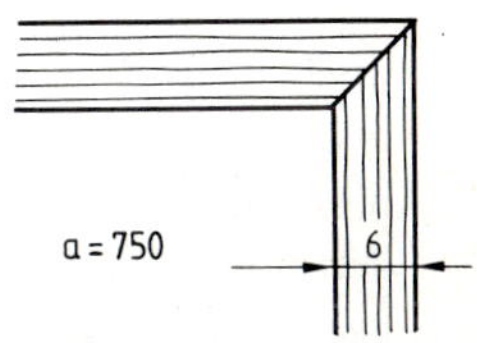

c) Eine quadratische Tischlerplatte, Seitenlänge der Platte l_1 = 750 mm, erhält einen 6 mm dicken Umleimer (siehe Bild), der auf Gehrung geschnitten ist. Wieviel laufende cm bzw. m Leisten werden benötigt (ohne Verschnitt)?

d) Eine rechteckige Platte, Länge l_1 = 65 cm und Breite l_2 = 42 cm erhält einen Furnierumleimer. Wieviel laufende cm (m) Furnier werden benötigt?

e) Eine rechteckige Spanplatte, Länge = 1,25 m, Breite = 65 cm erhält einen auf Gehrung geschnittenen 7,5 mm dicken Umleimer aus Vollholz. Wieviel laufende cm (m) Leisten werden (ohne Verschnitt) benötigt?

f) Eine rechteckige Platte, Länge = 850 mm, hat einen Umfang U = 2,8 m. Wie lang ist die Breite der Platte in cm?

g) Der Umfang eines Parallelogramms ist U = 30 cm. Die eine Seite des Parallelogramms ist l_1 = 8,5 cm lang. Wie lang ist die andere Seite l_2?

h) Eine dreieckförmige Platte hat folgende Seitenlängen: l_1 = 65 cm; l_2 = 42 cm; l_3 = 540 mm. Berechnen Sie den Umfang in m!

i) Ein gleichschenkliges Dreieck hat zwei Seiten von je 45 cm Länge. Sein Umfang beträgt U = 1,55 m. Wie lang ist die dritte Seite in cm?

j) Eine Platte mit der Form eines **gleichseitigen Dreiecks**, soll einen Umfang U = 1635 mm erhalten. Wie lang ist die Seitenlänge in cm?

k) Eine trapezförmige Platte hat folgende Seitenlängen l_1 = 85 cm; l_2 = 36 cm; l_3 = 54 cm. Ihr Umfang soll U = 2,17 m lang werden. Berechnen Sie die Länge der vierten Seite in cm!

l) Ein Trapez mit je zwei gleich langen Seiten von 48 cm und einer Grundseite l_1 = 0,85 m, soll einen Umfang U = 2,45 m erhalten. Welche Länge hat die parallele Seite l_2 in cm?

m) Ein Sandkasten in der Form eines regelmäßigen **Achtecks** erhält eine Umrahmung aus Brettern mit der Seitenlänge s = 155 cm. Wieviel laufende Meter Bretter werden benötigt?

Berechnen Sie den Umfang der abgebildeten Räume abzüglich der Türöffnungen in m!

n)

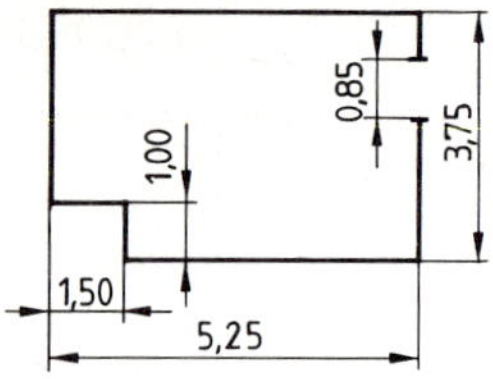

o)

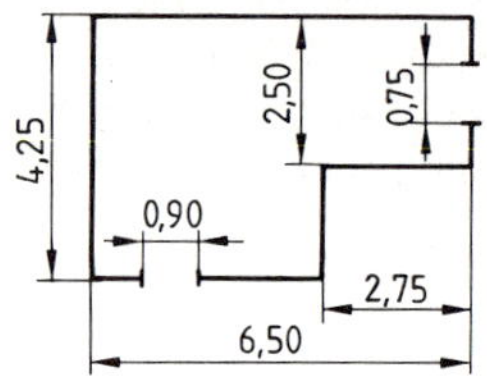

1.2.2 Unterteilung von Längen

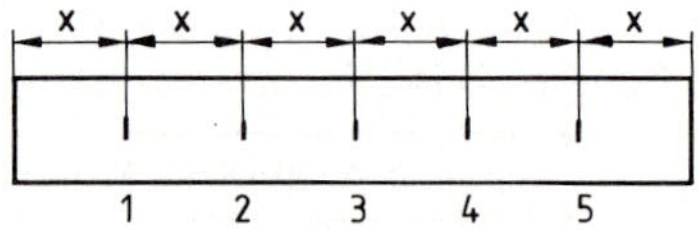

a) Auf einem Garderobenbrett mit der Länge l = 1,25 m sollen 5 Haken so angebracht werden, daß sie untereinander und zum Brettende hin gleiche Mittenabstände haben. Wie groß wird der Mittenabstand x in cm?

b) Ein Garderobenbrett, Länge = 96 cm, soll 4 Garderobenhaken erhalten. Zum Brettende hin soll der Abstand (Mitte des Hakens) 18 cm betragen. Untereinander soll der Abstand der Haken gleich sein. Wie groß wird der Mittenabstand x der Haken in cm?

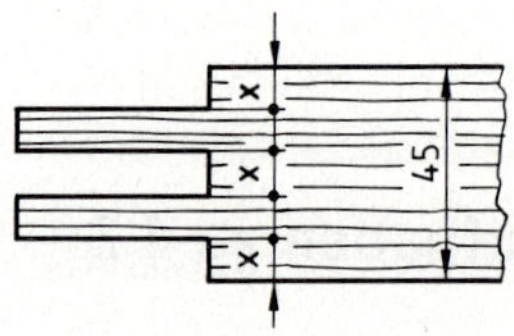

c) Ein mittig liegender Zapfen ist 8,5 mm dick. Das Rahmenstück selbst ist 22,5 mm dick. Wieviel mm beträgt das abgesetzte Stück x? Welche beiden Maße müssen am Streichmaß eingestellt werden?

d) Ein Rahmenstück, Dicke = 45 mm, soll zwei Zapfen von je 10 mm Dicke erhalten, die gleichmäßig auf die Gesamtdicke verteilt sind. Wie groß wird der Abstand x in mm?

e) Ein Rahmenstück, Breite = 125 mm, soll drei Dübellöcher erhalten, die untereinander und zum Ende hin gleiche Mittenabstände (Abstand der Bohrungsmittelpunkte) haben. Wie groß wird der Abstand x in mm?

f) Ein Werkstück, Länge = 44 cm, soll 7 Bohrungen erhalten. Die äußeren Mittelpunkte der Bohrungen sollen a = 5,5 cm von den Enden entfernt liegen. Untereinander soll der Mittenabstand der Bohrungen gleich sein. Berechnen Sie den Mittenabstand x der Bohrungen in cm!

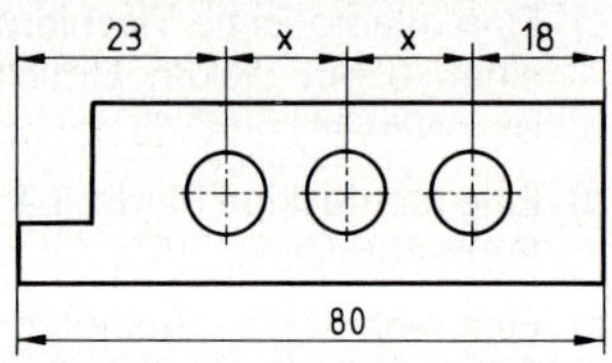

g) Drei Bohrungen sollen untereinander gleiche Mittenabstände x erhalten (siehe Bild).
Wie groß wird der Abstand x in mm?

h) Der Rahmen einer Heizkörperverkleidung hat die Länge l = = 110 cm. Die Rahmenstücke (rechts und links) sind je a = 55 mm breit. Der Rahmen soll 20 Leisten, je 18 mm breit, mit gleichen lichten Abständen erhalten. Wie groß wird der lichte Abstand x der Leisten untereinander und zum Außenrahmenstück?

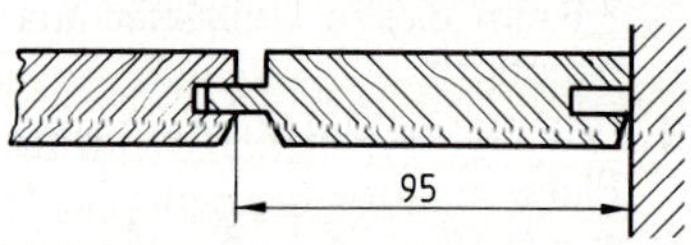

i) Eine Wand ist 3,25 m breit. Sie soll mit Profilbrettern der Deckbreite b = 9,5 cm verkleidet werden. Wieviel ganze Profilbretter sind für die Raumbreite erforderlich? Wieviel mm muß das letzte Brett schmaler werden, damit es paßt?

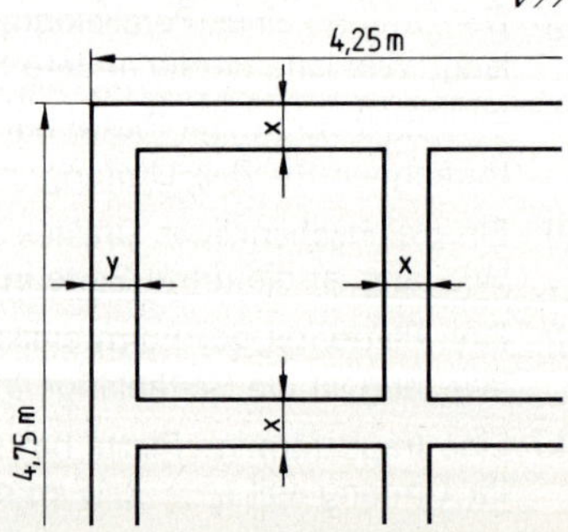

j) Die Decke eines rechteckigen Raumes hat die Maße 4,75 m x 4,25 m. Sie soll mit quadratischen Platten 50 cm x 50 cm vertäfelt werden. Zwischen den Platten untereinander und zwischen den Platten und der Wand soll der sichtbare Rahmenabstand gleich sein.
Wie groß wird dieser Abstand x in cm für die Länge 4,75 m?
Hinweis: 9 Platten passen in die Länge.
Wie groß wird das Maß y (siehe Zeichnung) um die Maßdifferenz auszugleichen?

1.3 Bogenlängen

1.3.1 Kreisumfang

Schlägt man um einen Mittelpunkt M mit dem Radius r einen 360-Grad-Bogen, so erhält man einen Kreis. Diese Bogenlänge bezeichnet man als Kreisumfang U. Messungen und mathematische Berechnungen ergeben, daß dieser Kreisumfang zwischen 3,14 und 3,15 mal so lang ist wie der Durchmesser $d = 2r$ des Kreises. Die Zahl 3,14... heißt Kreiszahl π (pi). Man kann sie auf unendlich viele Stellen nach dem Komma berechnen. Bei dieser Berechnung stellte man fest, daß die Zahl π eine nichtperiodische Dezimalzahl ist. Nichtperiodische Dezimalzahlen bezeichnet man in der Mathematik als **irrationale Zahlen**.

$\pi = 3{,}1415926\ldots$ Beim praktischen Rechnen genügt es mit $\pi = 3{,}14\ldots$ zu rechnen.

Ist der Durchmesser eines Kreises gegeben und der Umfang gesucht, so lautet die Gleichung: $\boldsymbol{U = d \cdot \pi}$

Beispiel: Ein kreisrunder Tisch hat den Durchmesser d = 80 cm. Wie lang muß ein Furnierumleimer für den Tisch mindestens sein?

$U = d \cdot \pi = 80\text{ cm} \cdot 3{,}14 = \mathbf{251{,}2\ cm}$

Ist der Umfang eines Kreises gegeben und der Durchmesser gesucht, so wird die Gleichung umgeformt. Umgestellt nach d lautet sie:

$$\boldsymbol{d = \frac{U}{\pi}}$$

$$d = \frac{251{,}2\text{ cm}}{3{,}14\ldots} = \mathbf{80\ cm}$$

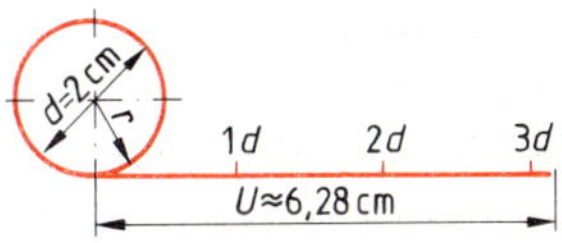

1.3.2 Kreisbogenlängen für bestimmte Winkel

Wenn die Kreisbogenlänge für 360 Grad (Kreisumfang) $U = d \cdot \pi$ ist, so muß ein Kreisbogenstück mit dem Winkel α = 1 Grad den dreihundertsechzigsten Teil des Umfangs betragen. Kreisbogenlänge für 1 Grad $= \frac{d \cdot \pi}{360}$. Ist der Winkel α zum Beispiel 30°, so muß der Bogen 30mal größer sein. Die Gleichung für die Berechnung der Bogenlänge b bei bekanntem Winkel α lautet deshalb:

Bogenlänge $$\boldsymbol{b = \frac{d \cdot \pi \cdot \alpha}{360^\circ}}$$

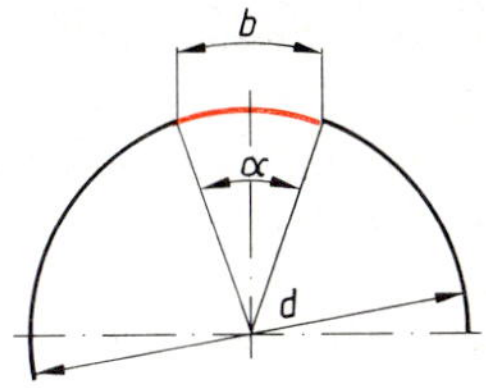

Beispiel 1: Wie lang wird der Umleimer für das Bogenstück eines Eckbrettes mit dem Winkel $\alpha = 90^\circ$ und dem Radius r = 40 cm?

$d = 2r = 2 \cdot 40\text{ cm} = 80\text{ cm}.$

$$b = \frac{d \cdot \pi \cdot \alpha}{360^\circ} = \frac{80\text{ cm} \cdot 3{,}14 \cdot 90^\circ}{360^\circ} = \mathbf{62{,}8\ cm}$$

Beispiel 2: Berechnung der Lauflänge der rechts abgebildeten Treppe (Draufsicht).

$$l = 0{,}9\text{ m} + 2{,}3\text{ m} + \frac{2\text{ m} \cdot 3{,}14 \cdot 75^\circ}{360^\circ}$$

$$l = 0{,}9\text{ m} + 2{,}3\text{ m} + 1{,}31\text{ m} = \mathbf{4{,}51\ m}$$

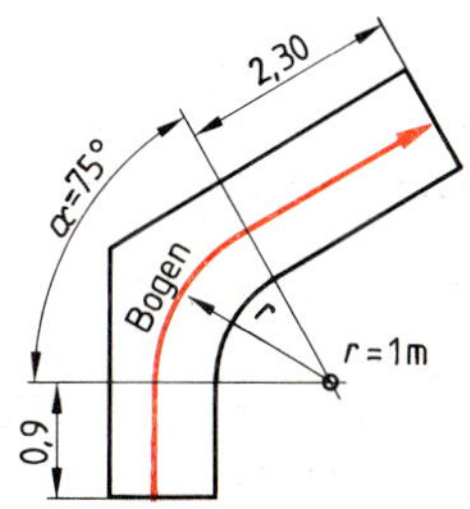

1.3.3 Ellipsenumfang

Ellipsen haben im Gegensatz zum Kreis zwei Radien und damit zwei Durchmesser. Den Umfang einer Ellipse erhält man annähernd genau, indem man den Mittelwert der beiden Durchmesser mit der Kreiszahl π multipliziert.

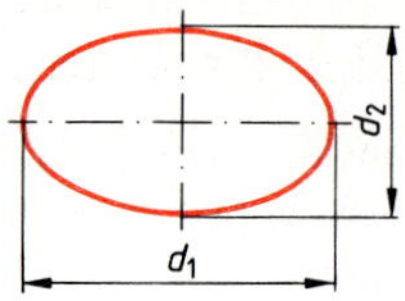

$$U \approx \text{mittlerer Durchmesser} \cdot \pi$$

$$U \approx \frac{(d_1 + d_2) \cdot \pi}{2}$$

Beispiel: Eine ellipsenförmige Tischplatte mit den Durchmessern $d_1 = 1{,}2$ m und $d_2 = 70$ cm soll einen Umleimer erhalten.

$$U \approx \frac{(d_1 + d_2) \cdot \pi}{2} \approx \frac{(120\text{ cm} + 70\text{ cm})}{2} \cdot 3{,}14 \approx \mathbf{298{,}3\ cm}$$

Aufgaben zu 1.3

1.3.1 Kreisumfang

a) Zu welcher Art von Zahlen gehört die Kreiszahl π?

b) Wievielmal ist der Umfang eines Kreises länger als sein Durchmesser?

c) Der Raddurchmesser eines Wagens ist $d = 65$ cm. Welchen Weg legt der Wagen bei einer Radumdrehung zurück?

d) Ein Kreissägeblatt hat den Zahnspitzendurchmesser $d = 25$ cm. Welchen Weg legt eine Zahnspitze bei einer Umdrehung zurück?

e) Wie lang wird der Umleimer für eine kreisförmige Tischplatte mit dem Radius $r = 42$ cm?

f) Der Umfang der Erde über die Pole gemessen beträgt etwa $U = 40000000$ m. Wie groß ist der Durchmesser und wie groß ist der Radius der Erde?

g) Der untere Umfang eines Baumes beträgt $U = 174$ cm. Wie groß ist etwa der untere Durchmesser d des Baumes?

1.3.2 Kreisbogenlängen für bestimmte Winkel

a) Der Durchmesser eines Kreises beträgt $d = 50$ cm. Wie groß ist der Umfang U in cm? Wie groß ist die Bogenlänge b für den Winkel $\alpha = 1$ Grad?

b) Der Durchmesser eines Kreises beträgt $d = 75$ cm. Wie groß ist die Bogenlänge für den Winkel $\alpha = 12°$; $\alpha = 30°$; $\alpha = 72°$?

c) Der Durchmesser eines Kreissägeblattes ist $d = 30$ cm. Das Blatt soll 54 Zähne erhalten. Wie groß wird der Zahnspitzenabstand?

d) Die Bogenlänge beträgt bei einem Winkel $\alpha = 120°$, $b = 471$ mm. Wie groß ist der Durchmesser d des Kreises? Stellen Sie die Gleichung nach d um!

e) Die Bogenlänge b beträgt bei einem Kreisdurchmesser $d = 72$ cm, 56,52 cm. Berechnen Sie den Winkel α! Stellen Sie die Gleichung nach α um!

1.3.3 Ellipsenumfang

a) Eine ellipsenförmige Tischplatte hat die Durchmesser $d_1 = 1{,}35$ m und $d_2 = 95$ cm. Wie lang ist der Umfang der Platte?

b) Bei einer ellipsenförmigen Tischplatte soll der große Durchmesser 1,6mal größer sein als der kleine Durchmesser $d_2 = 65$ cm. Wie groß ist der Umfang der Platte?

1.3.4 Zusammengesetzte Längen

Die bei den folgenden Aufgaben gesuchten Längen setzen sich aus geradlinigen und gekrümmten Längen zusammen. Die Gesamtlänge ergibt sich aus der Summe der Teillängen.

Berechnen Sie den Umfang der abgebildeten Flächen in cm! Maße sind in mm angegeben! Bilden Sie zuerst eine Gleichung!

a)

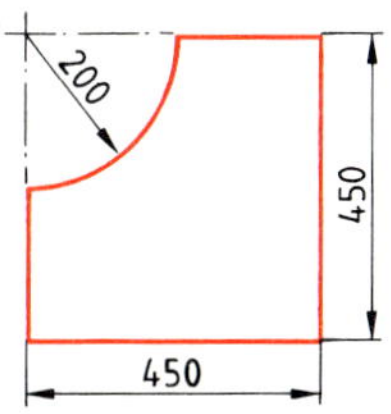

b)

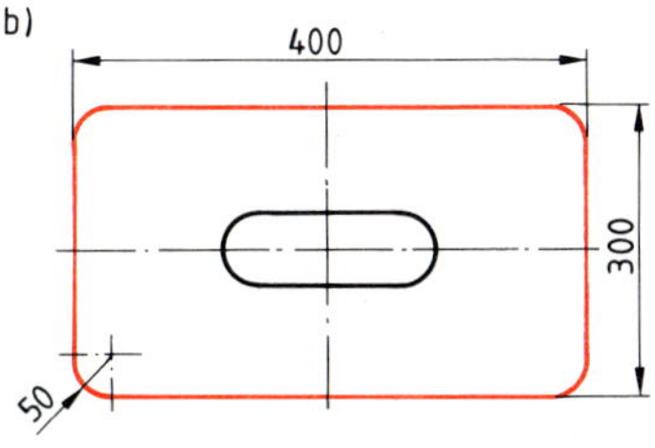

c)

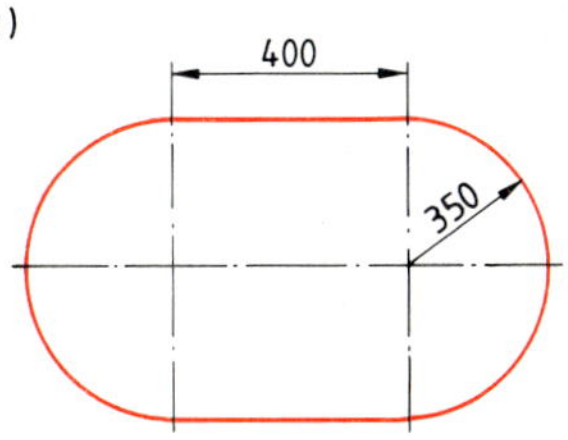

d)

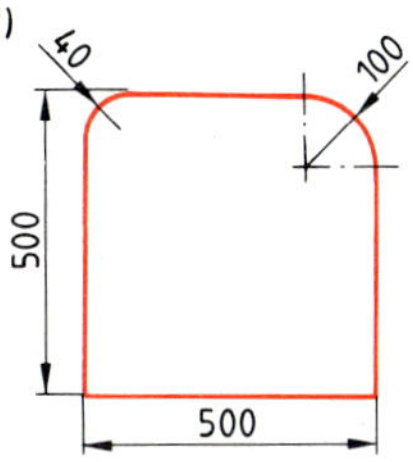

e)

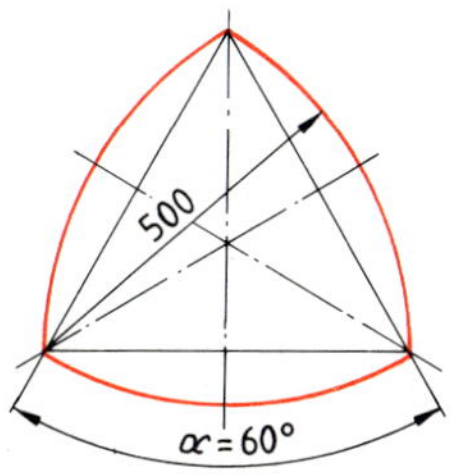

f)

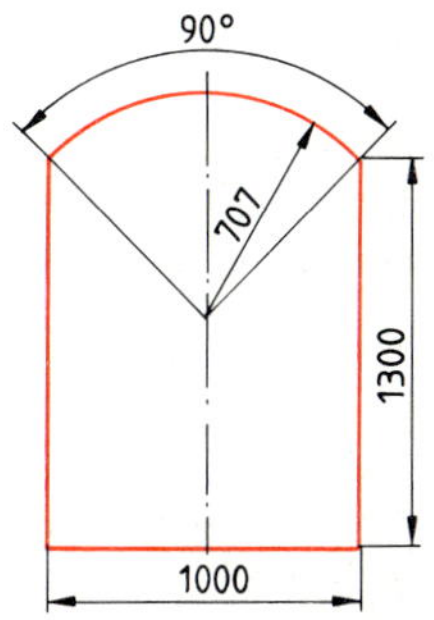

Berechnen Sie die Lauflängen der abgebildeten Treppen in m!

g)

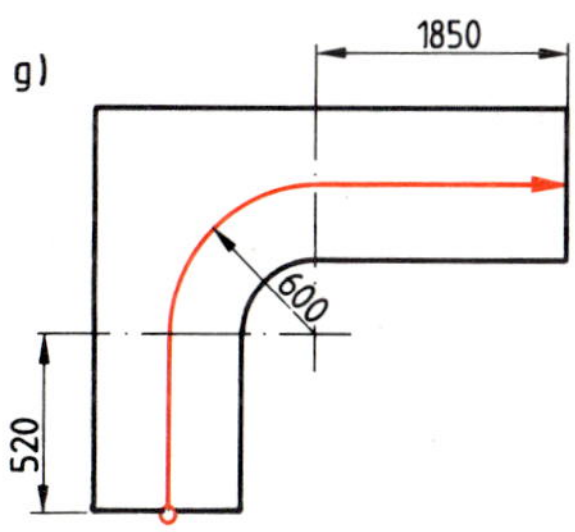

h)

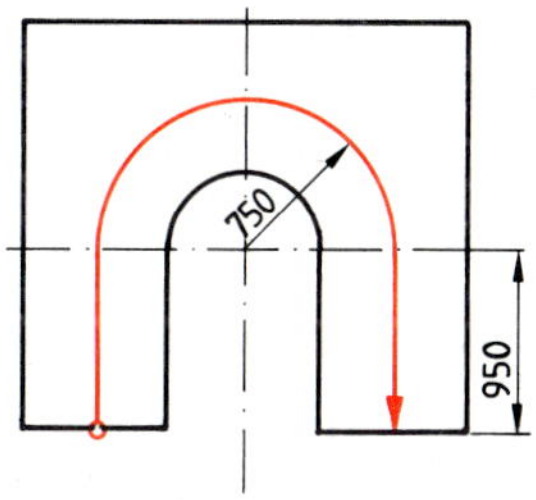

i)

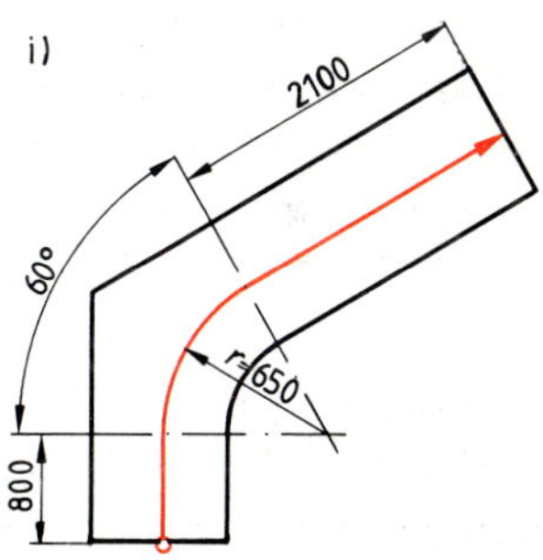

j)

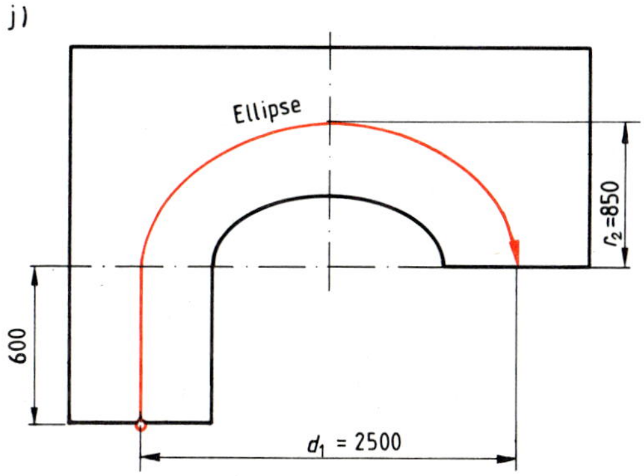

k) Bandsäge mit 3 Rädern. Berechnen Sie die Länge des Sägeblattes!

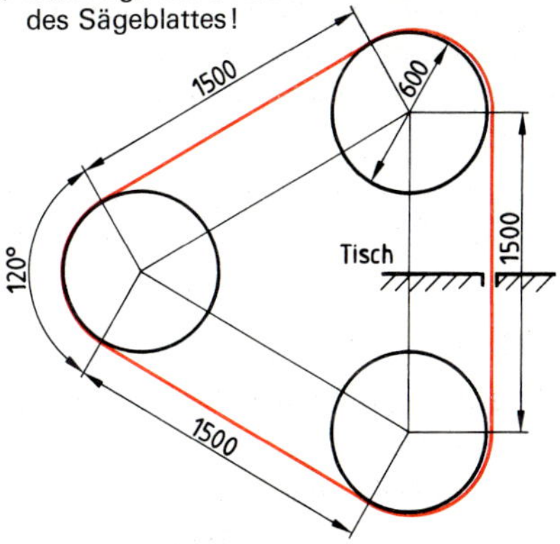

1.4 Seitenlängen rechtwinkliger Dreiecke

1.4.1 Lehrsatz des Pythagoras

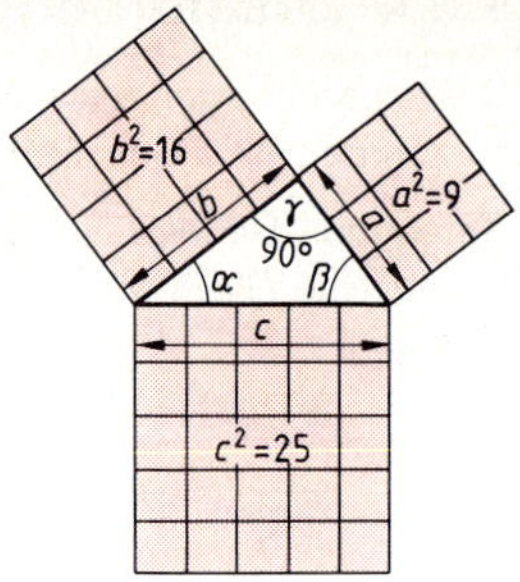

Die dem rechten Winkel gegenüberliegende *längste Seite* eines rechtwinkligen Dreiecks heißt **Hypotenuse**. Die beiden kürzeren Seiten nennt man **Katheten**. Zwischen den Quadraten dieser Seiten besteht ein Zusammenhang, der schon den Ägyptern und Griechen bekannt war. Rechts ist ein rechtwinkliges Dreieck mit dem Seitenverhältnis 3 : 4 : 5 abgebildet. Addiert man die beiden Kathetenquadrate, so erhält man das Hypotenusenquadrat. Nach dem griechischen Philosophen Pythagoras bezeichnet man diesen Zusammenhang als Lehrsatz des Pythagoras:

Phythagoras:

$a^2 + b^2 = c^2$	In einem rechtwinkligen Dreieck ist das Hypotenusenquadrat gleich der Summe der beiden Kathetenquadrate.
$3^2 + 4^2 = 5^2$ $9 + 16 = 25$	

Mit Hilfe dieses Lehrsatzes lassen sich unbekannte Seiten rechtwinkliger Dreiecke berechnen:

Beispiel:

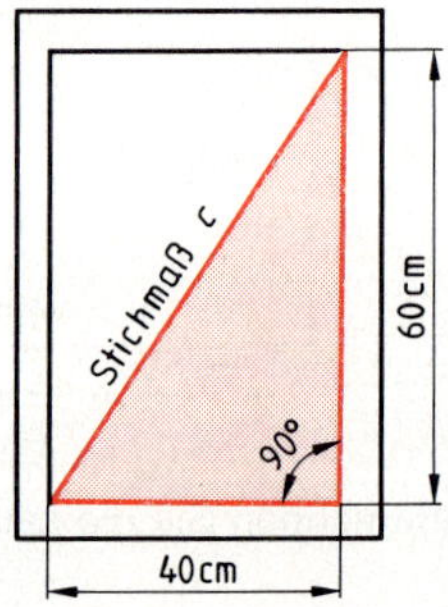

Ein Rahmen hat die Innenmaße 40 cm und 60 cm. Wie lang muß das Stichmaß sein, damit der Rahmen **rechtwinklig** verleimt wird?

In dieser Aufgabe ist das Stichmaß die Hypotenuse (Diagonale). Die Maße 40 cm und 60 cm sind die Katheten.

$c^2 = 40^2 + 60^2$ (Quadrat des Stichmaßes)

$c^2 = 1600 + 3600 = 5200$

$c = \sqrt{5200} = \mathbf{72{,}11\ldots\ cm}$

Ist dagegen in einer Aufgabe eine Kathete gesucht, z. B. die Kathete *a*, so wird die Gleichung nach *a* umgestellt:

$\mathbf{a^2 + b^2 = c^2}$ $\quad$ $\mathbf{a^2 = c^2 - b^2}$ $\quad$ $\mathbf{a = \sqrt{c^2 - b^2}}$ $\quad$ $\mathbf{b^2 = c^2 - a^2}$ $\quad$ $\mathbf{b = \sqrt{c^2 - a^2}}$

1.4.2 Winkelfunktionen

Beim Lehrsatz des Pythagoras wird nur mit den Seiten, jedoch nicht mit den Winkeln der rechtwinkligen Dreiecke gerechnet. Will man mit Winkeln rechnen, so wendet man die **Winkelfunktionen** an.

Erklärung der Winkelfunktionen:

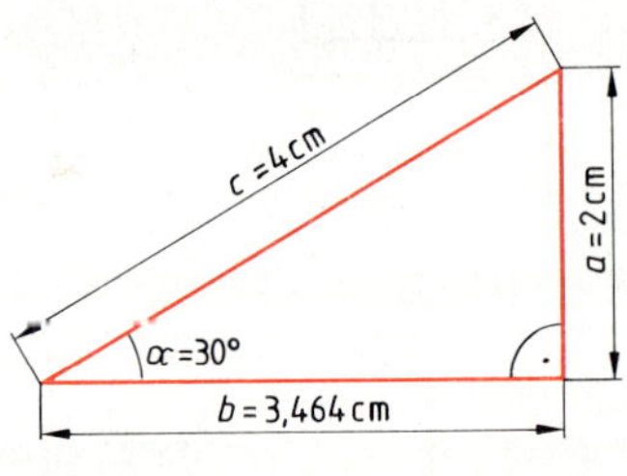

Aus je zwei Seiten eines rechtwinkligen Dreiecks lassen sich Verhältnisse bilden. Als Beispiel sei das abgebildete rechtwinklige Dreieck mit dem Winkel $\alpha = 30°$ und den Seiten $a = 2$ cm, $b = 3{,}464$ cm, $c = 4$ cm gegeben. In diesem Dreieck ist *c* die Hypotenuse; *a* die Gegenkathete des Winkels α und *b* die Ankathete des Winkels α. Folgende Seitenverhältnisse bezeichnet man als Sinuswert, Kosinuswert, Tangenswert und Kotangenswert des Winkels α.

Sinus $= \dfrac{\text{Gegenkathete}}{\text{Hypotenuse}}$	$\sin\alpha = \dfrac{a}{c}$	$\sin 30° = \dfrac{2}{4} = 0{,}5$
Kosinus $= \dfrac{\text{Ankathete}}{\text{Hypotenuse}}$	$\cos\alpha = \dfrac{b}{c}$	$\cos 30° = \dfrac{3{,}464\ldots}{4} = 0{,}866\ldots$
Tangens $= \dfrac{\text{Gegenkathete}}{\text{Ankathete}}$	$\tan\alpha = \dfrac{a}{b}$	$\tan 30° = \dfrac{2}{3{,}464\ldots} = 0{,}5773\ldots$
Kotangens $= \dfrac{\text{Ankathete}}{\text{Gegenkathete}}$	$\cot\alpha = \dfrac{b}{a}$	$\cot 30° = \dfrac{3{,}464\ldots}{2} = 1{,}732\ldots$

Fast alle Winkelfunktionswerte sind irrationale Zahlen. Der Sinuswert des Winkels 30° ist, wie das Beispiel zeigt, rational.

Die Winkelfunktionswerte der Winkel von 0° bis 90° kann man

a) aus Tabellen ablesen
b) mit dem Rechenschieber ermitteln
c) von Elektronenrechnern mit den Tasten sin, cos, tan ablesen.

Annähernd genau lassen sich die Werte aber auch aus der Abbildung (siehe unten) durch Messen entnehmen.

Die Abbildung zeigt einen Viertelkreis mit Winkelteilung.

Der Radius des Kreises beträgt $\boxed{r = 1\ \text{dm}} = 10\ \text{cm} = 100\ \text{mm}$

Zeichnet man in den Viertelkreis rechtwinklige Dreiecke, so ist die Hypotenuse dieser Dreiecke immer $\boldsymbol{r = c = 1\ \textbf{dm}} = 10\ \text{cm} = 100\ \text{mm}$

Aus der Zeichnung ergeben sich für den Winkel $\alpha = 70°$ folgende Werte:

$\sin 70° \approx \frac{94}{100} \approx 0{,}94\ldots$	$\cos 70° \approx \frac{34}{100} \approx 0{,}34\ldots$
$\tan 70° \approx \frac{94}{34} \approx 2{,}76\ldots$	$\cot 70° \approx \frac{34}{94} \approx 0{,}36\ldots$

Einheitskreis von 0° bis 90° mit *r* = 1 dm **Maßstab 1 : 1**

Vergleichen Sie diese Werte mit den Tabellenwerten und den Werten Ihres Rechners!

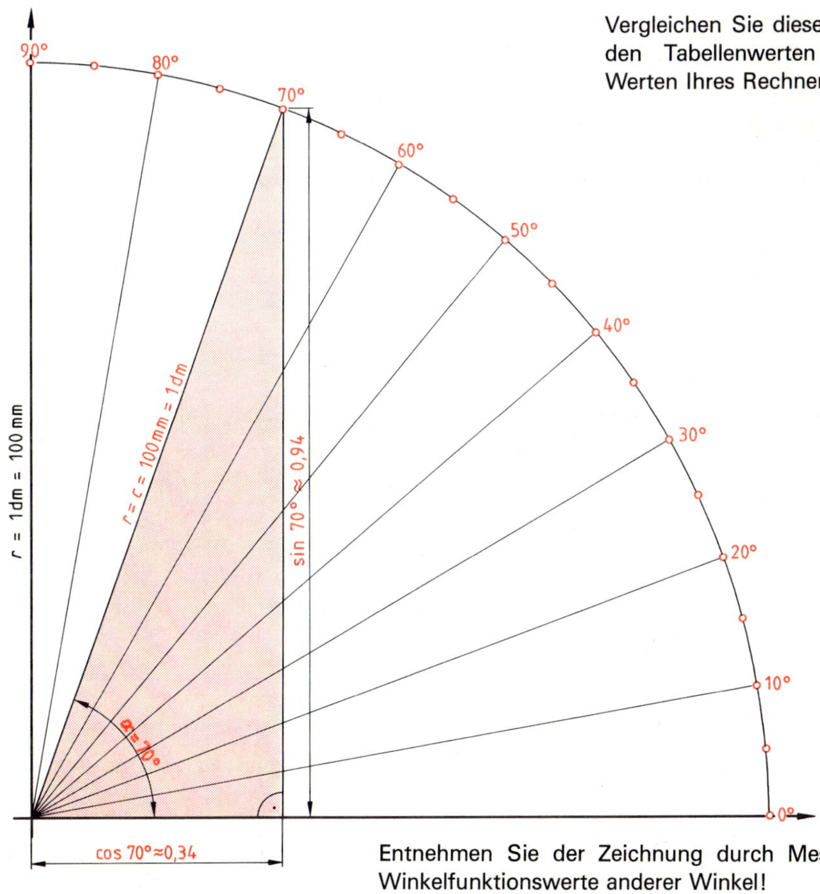

Entnehmen Sie der Zeichnung durch Messen die Winkelfunktionswerte anderer Winkel!

Beispiel: Ein Dach soll laut Vorschrift des Bauamtes eine Neigung von $\alpha = 25°$ erhalten. Die Grundlänge der Dachkonstruktion ist $b = 8$ m (siehe Bild). Berechnen Sie die Höhe h und die Sparrenlänge l!

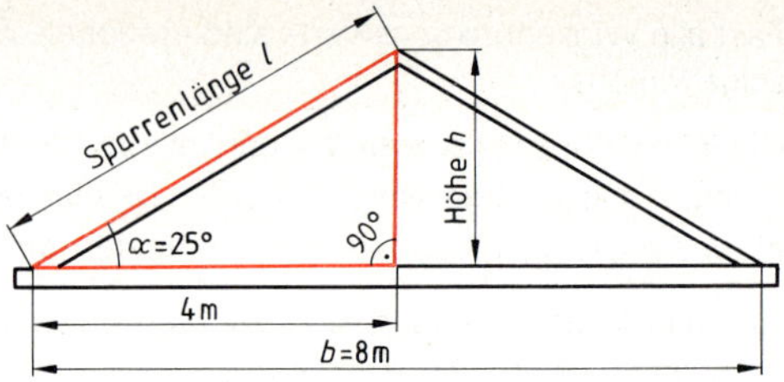

$$\tan \alpha = \frac{\text{Gegenkathete}}{\text{Ankathete}} \qquad \sin \alpha = \frac{\text{Gegenkathete}}{\text{Hypotenuse}}$$

$$\tan 25° = \frac{h}{4\text{ m}}$$

$$0{,}4663 \cdot 4\text{ m} = h$$

$$\mathbf{1{,}865\ m} = \boldsymbol{h}$$

$$\sin 25° = \frac{h}{l}$$

$$l = \frac{1{,}865\text{ m}}{0{,}4226\ldots} = \mathbf{4{,}413\ldots\ m}$$

Aufgaben zu 1.4

1.4.1 Lehrsatz des Pythagoras

a) Wie lautet der Lehrsatz des Pythagoras in Worten?

b) Für welche Dreiecke ist der Lehrsatz nur gültig?

c) Wie bezeichnet man die längste Seite eines rechtwinkligen Dreiecks?

d) Wie heißen die beiden anderen kürzeren Seiten?

e) Stellen Sie die Gleichung $a^2 + b^2 = c^2$ nach a nach b und nach c um!

f) Das rechts abgebildete rechtwinklige Dreieck ist mit den Längen l, g, h angegeben. Welche Länge ist in diesem Dreieck die Hypotenuse c? Welche beiden Längen kann man als die Katheten a oder b bezeichnen?
Berechnen Sie die Länge l des Dreiecks in m!

f)

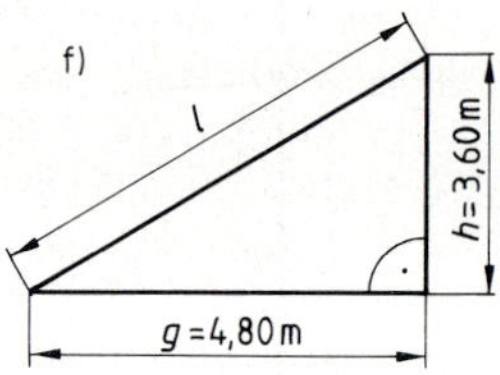

Berechnen Sie für die abgebildeten Dreiecke die unbekannte Länge (Seite) x!

g)

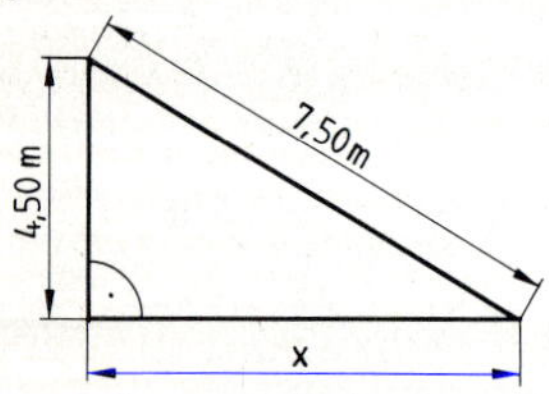

h)

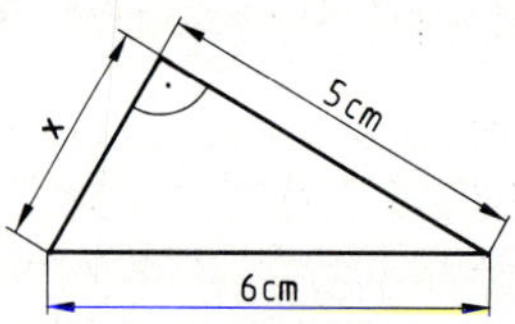

i)

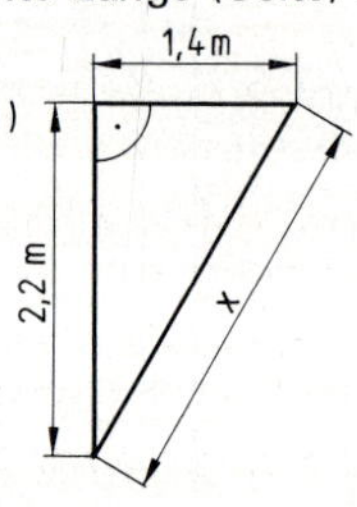

j)

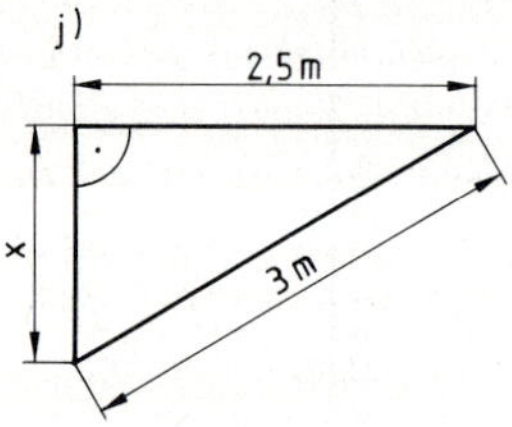

k) Das Seitenverhältnis 3 : 4 : 5 der Seiten eines Dreiecks ergibt, wie die Abbildung auf der Lehrseite 40 zeigt, ein rechtwinkliges Dreieck.
Beweisen Sie, daß man auch mit den
Längen 60 cm, 80 cm und 100 cm oder
120 cm, 160 cm und 200 cm
die Rechtwinkligkeit von Werkstücken und Gebäuden überprüfen kann!

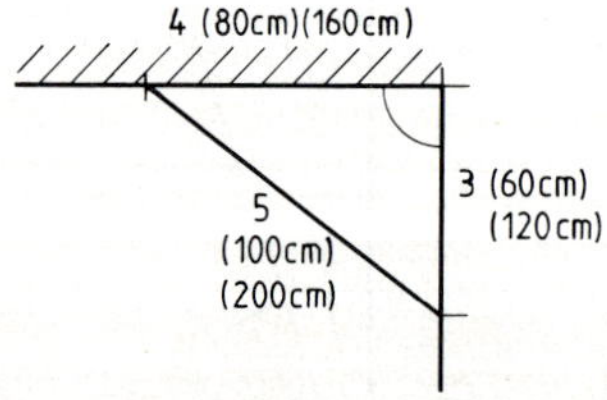

l) Welche **ganzzahlige Längen** könnte man außerdem zur Überprüfung von rechten Winkeln verwenden?

m) Auf der Kreissäge wurde eine Platte, Länge = 70 cm und Breite = 50 cm, rechtwinklig zugeschnitten. Wie lang muß das Diagonalmaß (Stichmaß) sein, wenn die Säge genau rechtwinklig geschnitten hat? Wie kann man die Rechtwinkligkeit auch ohne Berechnung nur durch Messung überprüfen?

n) Wir schneiden eine rechtwinklige Ecke unter 45°, also diagonal, von einer Platte ab.
Die Seitenlänge des abgeschnittenen Dreiecks ist $a = 15$ cm. Wie lang ist der diagonale Schnitt in cm? Wievielmal ist er länger als a?
Wievielmal ist die Diagonale eines Quadrates immer länger als die Seitenlänge a?

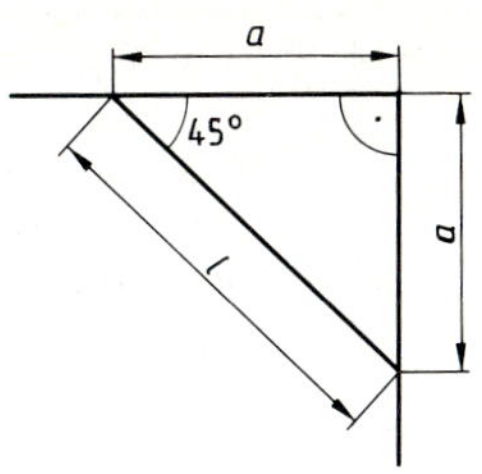

o) Für die folgenden Zeichnungen sind die gesuchten Längen zu berechnen. Legen Sie zunächst die rechtwinkligen Dreiecke fest! Wo liegen ihre Hypotenusen?

o)

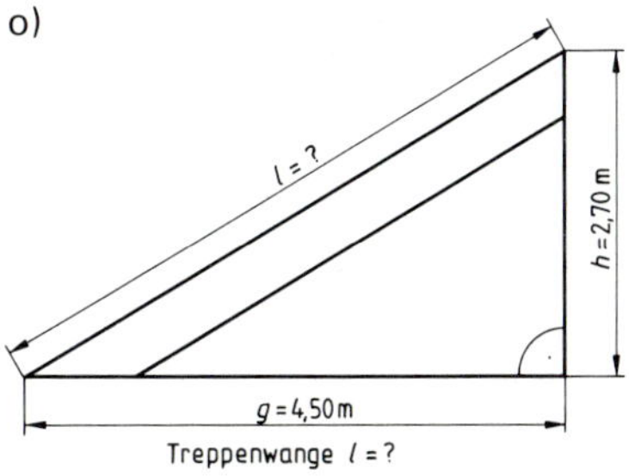

p)

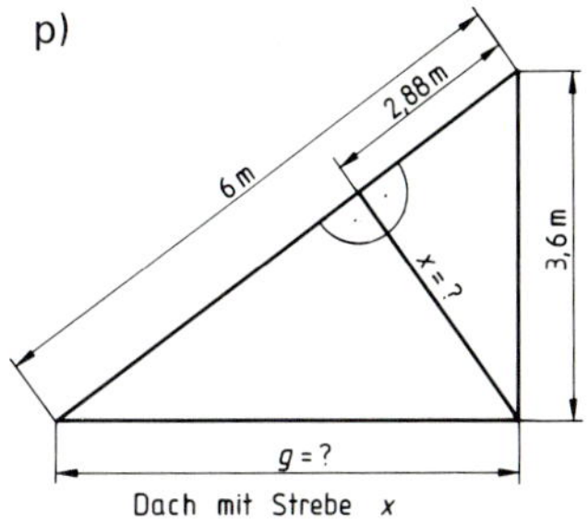

q)

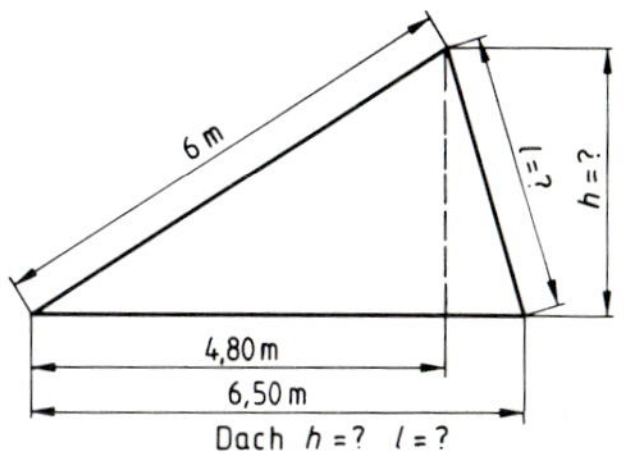

1.4.2 Winkelfunktionen

a) Welche Seitenverhältnisse rechtwinkliger Dreiecke bezeichnet man als sin, cos, tan, cot?

b) Bilden Sie für das rechts abgebildete rechtwinklige Dreieck den sin-, cos-, tan- und cot-Wert für den Winkel α als Bruch und als Dezimalzahl! Wie groß ist der Winkel α?
Entnehmen Sie die Winkelgröße den Tabellen (Seiten 44 bis 47) oder dem Rechner!

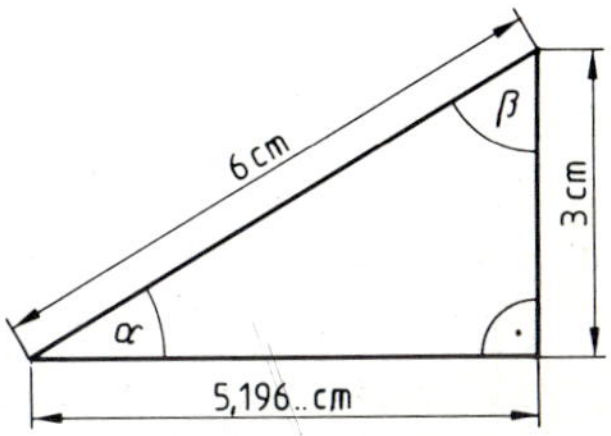

c) Bilden Sie für das Dreieck der Aufgabe b) den sin-, cos-, tan- und cot-Wert für den Winkel β als Bruch und als Dezimalzahl!

d) Entnehmen Sie durch möglichst genaue Messung dem Viertelkreis auf der Lehrseite 41 die Sinuswerte folgender Winkel:
5°, 10°, 15°, 20°, 25°, 30°, 35°, 40°, 45°, 50°, 55°, 60°, 65°, 70°, 75°, 80°, 85° und 90°. Vergleichen Sie die Werte mit den Tabellenwerten!

e) Entnehmen Sie durch Messen dem Viertelkreis die Kosinuswerte und berechnen Sie mit den Sinus- und Kosinuswerten auch die Tangenswerte der Winkel! Vergleichen Sie die Werte mit den Tabellenwerten oder den Werten des Rechners!

f) Die Auftrittsbreite einer Treppe ist $b = 28$ cm und die Stufenhöhe $h = 18$ cm. Unter welchem Winkel α verläuft die Treppenwange?

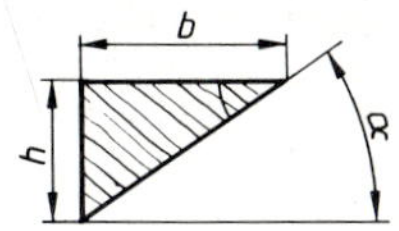

g) Eine rechteckige Platte wird unter dem Winkel $\alpha = 60°$ zugeschnitten. Wie lang wird der Sägeschnitt in cm? (siehe Bild!).

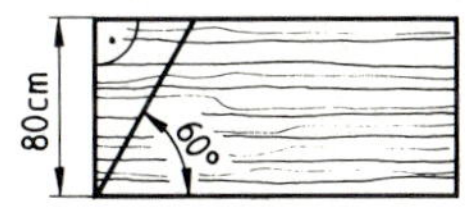

Berechnen Sie die gesuchten Längen und Winkel der Abbildungen?

i)

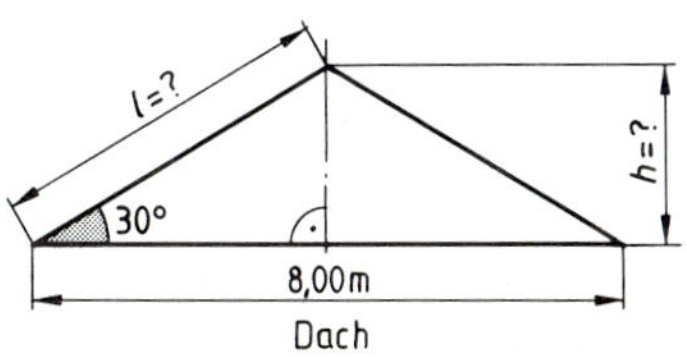

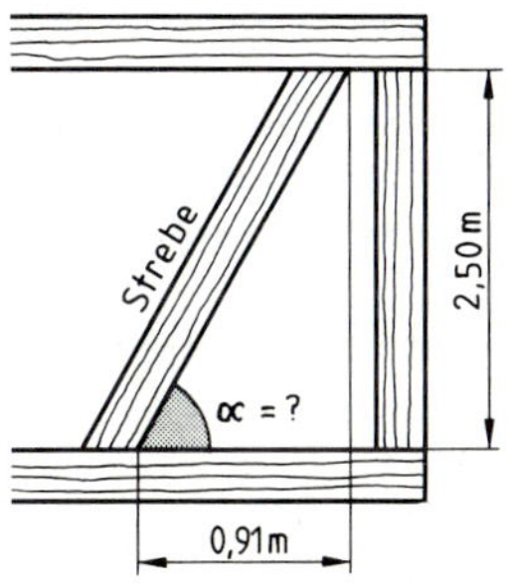

j)

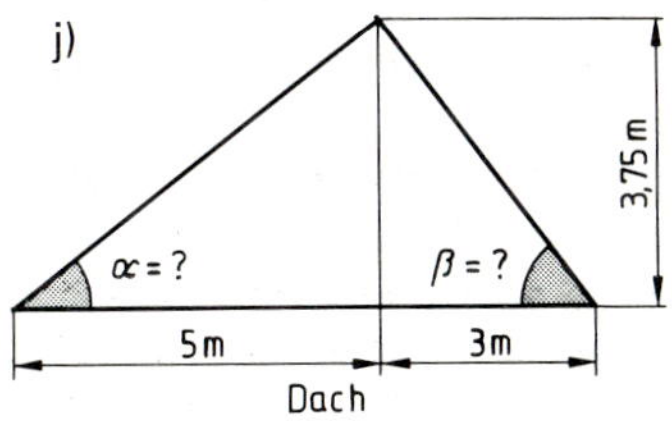

Sinus 0° . . . 45°

Minuten

Grad	0′	10′	20′	30′	40′	50′	60′	
0	0,0000	0,0029	0,0058	0,0087	0,0116	0,0145	0,0175	89
1	0,0175	0,0204	0,0233	0,0262	0,0291	0,0320	0,0349	88
2	0,0349	0,0378	0,0407	0,0436	0,0465	0,0494	0,0523	87
3	0,0523	0,0552	0,0581	0,0610	0,0640	0,0669	0,0698	86
4	0,0698	0,0727	0,0756	0,0785	0,0814	0,0843	0,0872	85
5	0,0872	0,0901	0,0929	0,0958	0,0987	0,1016	0,1045	84
6	0,1045	0,1074	0,1103	0,1132	0,1161	0,1190	0,1219	83
7	0,1219	0,1248	0,1276	0,1305	0,1334	0,1363	0,1392	82
8	0,1392	0,1421	0,1449	0,1478	0,1507	0,1536	0,1564	81
9	0,1564	0,1593	0,1622	0,1650	0,1679	0,1708	0,1736	**80**
10	0,1736	0,1765	0,1794	0,1822	0,1851	0,1880	0,1908	79
11	0,1908	0,1937	0,1965	0,1994	0,2022	0,2051	0,2079	78
12	0,2079	0,2108	0,2136	0,2164	0,2193	0,2221	0,2250	77
13	0,2250	0,2278	0,2306	0,2334	0,2363	0,2391	0,2419	76
14	0,2419	0,2447	0,2476	0,2504	0,2532	0,2560	0,2588	75
15	0,2588	0,2616	0,2644	0,2672	0,2700	0,2728	0,2756	74
16	0,2756	0,2784	0,2812	0,2840	0,2868	0,2896	0,2924	73
17	0,2924	0,2952	0,2979	0,3007	0,3035	0,3062	0,3090	72
18	0,3090	0,3118	0,3145	0,3173	0,3201	0,3228	0,3256	71
19	0,3256	0,3283	0,3311	0,3338	0,3365	0,3393	0,3420	**70**
20	0,3420	0,3448	0,3475	0,3502	0,3529	0,3557	0,3584	69
21	0,3584	0,3611	0,3638	0,3665	0,3692	0,3719	0,3746	68
22	0,3746	0,3773	0,3800	0,3827	0,3854	0,3881	0,3907	67
23	0,3907	0,3934	0,3961	0,3987	0,4014	0,4041	0,4067	66
24	0,4067	0,4094	0,4120	0,4147	0,4173	0,4200	0,4226	65
25	0,4226	0,4253	0,4279	0,4305	0,4331	0,4358	0,4384	64
26	0,4384	0,4410	0,4436	0,4462	0,4488	0,4514	0,4540	63
27	0,4540	0,4566	0,4592	0,4617	0,4643	0,4669	0,4695	62
28	0,4695	0,4720	0,4746	0,4772	0,4797	0,4823	0,4848	61
29	0,4848	0,4874	0,4899	0,4924	0,4950	0,4975	0,5000	**60**
30	0,5000	0,5025	0,5050	0,5075	0,5100	0,5125	0,5150	59
31	0,5150	0,5175	0,5200	0,5225	0,5250	0,5275	0,5299	58
32	0,5299	0,5324	0,5348	0,5373	0,5398	0,5422	0,5446	57
33	0,5446	0,5471	0,5495	0,5519	0,5544	0,5568	0,5592	56
34	0,5592	0,5616	0,5640	0,5664	0,5688	0,5712	0,5736	55
35	0,5736	0,5760	0,5783	0,5807	0,5831	0,5854	0,5878	54
36	0,5878	0,5901	0,5925	0,5948	0,5972	0,5995	0,6018	53
37	0,6018	0,6041	0,6065	0,6088	0,6111	0,6134	0,6157	52
38	0,6157	0,6180	0,6202	0,6225	0,6248	0,6271	0,6293	51
39	0,6293	0,6316	0,6338	0,6361	0,6383	0,6406	0,6428	**50**
40	0,6428	0,6450	0,6472	0,6494	0,6517	0,6539	0,6561	49
41	0,6561	0,6583	0,6604	0,6626	0,6648	0,6670	0,6691	48
42	0,6691	0,6713	0,6734	0,6756	0,6777	0,6799	0,6820	47
43	0,6820	0,6841	0,6862	0,6884	0,6905	0,6926	0,6947	46
44	0,6947	0,6967	0,6988	0,7009	0,7030	0,7050	0,7071	45
	60′	**50′**	**40′**	**30′**	**20′**	**10′**	**0′**	Grad

Minuten

Cosinus 45° . . . 90°

Sinus 45° . . . 90°

Grad	0′	10′	20′	30′	40′	50′	60′	
45	0,7071	0,7092	0,7112	0,7133	0,7153	0,7173	0,7193	44
46	0,7193	0,7214	0,7234	0,7254	0,7274	0,7294	0,7314	43
47	0,7314	0,7333	0,7353	0,7373	0,7392	0,7412	0,7431	42
48	0,7431	0,7451	0,7470	0,7490	0,7509	0,7528	0,7547	41
49	0,7547	0,7566	0,7585	0,7604	0,7623	0,7642	0,7660	**40**
50	0,7660	0,7679	0,7698	0,7716	0,7735	0,7753	0,7771	39
51	0,7771	0,7790	0,7808	0,7826	0,7844	0,7862	0,7880	38
52	0,7880	0,7898	0,7916	0,7934	0,7951	0,7969	0,7986	37
53	0,7986	0,8004	0,8021	0,8039	0,8056	0,8073	0,8090	36
54	0,8090	0,8107	0,8124	0,8141	0,8158	0,8175	0,8192	35
55	0,8192	0,8208	0,8225	0,8241	0,8258	0,8274	0,8290	34
56	0,8290	0,8307	0,8323	0,8339	0,8355	0,8371	0,8387	33
57	0,8387	0,8403	0,8418	0,8434	0,8450	0,8465	0,8480	32
58	0,8480	0,8496	0,8511	0,8526	0,8542	0,8557	0,8572	31
59	0,8572	0,8587	0,8601	0,8616	0,8631	0,8646	0,8660	**30**
60	0,8660	0,8675	0,8689	0,8704	0,8718	0,8732	0,8746	29
61	0,8746	0,8760	0,8774	0,8788	0,8802	0,8816	0,8829	28
62	0,8829	0,8843	0,8857	0,8870	0,8884	0,8897	0,8910	27
63	0,8910	0,8923	0,8936	0,8949	0,8962	0,8975	0,8988	26
64	0,8988	0,9001	0,9013	0,9026	0,9038	0,9051	0,9063	25
65	0,9063	0,9075	0,9088	0,9100	0,9112	0,9124	0,9135	24
66	0,9135	0,9147	0,9159	0,9171	0,9182	0,9194	0,9205	23
67	0,9205	0,9216	0,9228	0,9239	0,9250	0,9261	0,9272	22
68	0,9272	0,9283	0,9293	0,9304	0,9315	0,9325	0,9336	21
69	0,9336	0,9346	0,9356	0,9367	0,9377	0,9387	0,9397	**20**
70	0,9397	0,9407	0,9417	0,9426	0,9436	0,9446	0,9455	19
71	0,9455	0,9465	0,9474	0,9483	0,9492	0,9502	0,9511	18
72	0,9511	0,9520	0,9528	0,9537	0,9546	0,9555	0,9563	17
73	0,9563	0,9572	0,9580	0,9588	0,9596	0,9605	0,9613	16
74	0,9613	0,9621	0,9628	0,9636	0,9644	0,9652	0,9659	15
75	0,9659	0,9667	0,9674	9,9681	0,9689	0,9696	0,9703	14
76	0,9703	0,9710	0,9717	0,9724	0,9730	0,9737	0,9744	13
77	0,9744	0,9750	0,9757	0,9763	0,9769	0,9775	0,9781	12
78	0,9781	0,9787	0,9793	0,9799	0,9805	0,9811	0,9816	11
79	0,9816	0,9822	0,9827	0,9833	0,9838	0,9843	0,9848	**10**
80	0,9848	0,9853	0,9858	0,9863	0,9868	0,9872	0,9877	9
81	0,9877	0,9881	0,9886	0,9890	0,9894	0,9899	0,9903	8
82	0,9903	0,9907	0,9911	0,9914	0,9918	0,9922	0,9925	7
83	0,9925	0,9929	0,9932	0,9936	0,9939	0,9942	0,9945	6
84	0,9945	0,9948	0,9951	0,9954	0,9957	0,9959	0,9962	5
85	0,9962	0,9964	0,9967	0,9969	0,9971	0,9974	0,9976	4
86	0,9976	0,9978	0,9980	0,9981	0,9983	0,9985	0,9986	3
87	0,9986	0,9988	0,9989	0,9990	0,9992	0,9993	0,9994	2
88	0,9994	0,9995	0,9996	0,9997	0,9997	0,9998	0,99985	1
89	0,99985	0,99989	0,99993	0,99996	0,99998	0,99999	1,0000	**0**
	60′	50′	40′	30′	20′	10′	0′	Grad

Minuten

Cosinus 0° . . . 45°

Tangens 0° . . . 45°

Grad	0′	10′	20′	30′	40′	50′	60′	
0	0,0000	0,0029	0,0058	0,0087	0,0116	0,0145	0,0175	89
1	0,0175	0,0204	0,0233	0,0262	0,0291	0,0320	0,0349	88
2	0,0349	0,0378	0,0407	0,0437	0,0466	0,0495	0,0524	87
3	0,0524	0,0553	0,0582	0,0612	0,0641	0,0670	0,0699	86
4	0,0699	0,0729	0,0758	0,0787	0,0816	0,0846	0,0875	85
5	0,0875	0,0904	0,0934	0,0963	0,0992	0,1022	0,1051	84
6	0,1051	0,1080	0,1110	0,1139	0,1169	0,1198	0,1228	83
7	0,1228	0,1257	0,1287	0,1317	0,1346	0,1376	0,1405	82
8	0,1405	0,1435	0,1465	0,1495	0,1524	0,1554	0,1584	81
9	0,1584	0,1614	0,1644	0,1673	0,1703	0,1733	0,1763	**80**
10	0,1763	0,1793	0,1823	0,1853	0,1883	0,1914	0,1944	79
11	0,1944	0,1974	0,2004	0,2035	0,2065	0,2095	0,2126	78
12	0,2126	0,2156	0,2186	0,2217	0,2247	0,2278	0,2309	77
13	0,2309	0,2339	0,2370	0,2401	0,2432	0,2462	0,2493	76
14	0,2493	0,2524	0,2555	0,2586	0,2617	0,2648	0,2679	75
15	0,2679	0,2711	0,2742	0,2773	0,2805	0,2836	0,2867	74
16	0,2867	0,2899	0,2931	0,2962	0,2994	0,3026	0,3057	73
17	0,3057	0,3089	0,3121	0,3153	0,3185	0,3217	0,3249	72
18	0,3249	0,3281	0,3314	0,3346	0,3378	0,3411	0,3443	71
19	0,3443	0,3476	0,3508	0,3541	0,3574	0,3607	0,3640	**70**
20	0,3640	0,3673	0,3706	0,3739	0,3772	0,3805	0,3839	69
21	0,3839	0,3872	0,3906	0,3939	0,3973	0,4006	0,4040	68
22	0,4040	0,4074	0,4108	0,4142	0,4176	0,4210	0,4245	67
23	0,4245	0,4279	0,4314	0,4348	0,4383	0,4417	0,4452	66
24	0,4452	0,4487	0,4522	0,4557	0,4592	0,4628	0,4663	65
25	0,4663	0,4699	0,4734	0,4770	0,4806	0,4841	0,4877	64
26	0,4877	0,4913	0,4950	0,4986	0,5022	0,5059	0,5095	63
27	0,5095	0,5132	0,5169	0,5206	0,5243	0,5280	0,5317	62
28	0,5317	0,5354	0,5392	0,5430	0,5467	0,5505	0,5543	61
29	0,5543	0,5581	0,5619	0,5658	0,5696	0,5735	0,5774	**60**
30	0,5774	0,5812	0,5851	0,5890	0,5930	0,5969	0,6009	59
31	0,6009	0,6048	0,6088	0,6128	0,6168	0,6208	0,6249	58
32	0,6249	0,6289	0,6330	0,6371	0,6412	0,6453	0,6494	57
33	0,6494	0,6536	0,6577	0,6619	0,6661	0,6703	0,6745	56
34	0,6745	0,6787	0,6830	0,6873	0,6916	0,6959	0,7002	55
35	0,7002	0,7046	0,7089	0,7133	0,7177	0,7221	0,7265	54
36	0,7265	0,7310	0,7355	0,7400	0,7445	0,7490	0,7536	53
37	0,7536	0,7581	0,7627	0,7673	0,7720	0,7766	0,7813	52
38	0,7813	0,7860	0,7907	0,7954	0,8002	0,8050	0,8098	51
39	0,8098	0,8146	0,8195	0,8243	0,8292	0,8342	0,8391	**50**
40	0,8391	0,8441	0,8491	0,8541	0,8591	0,8642	0,8693	49
41	0,8693	0,8744	0,8796	0,8847	0,8899	0,8952	0,9004	48
42	0,9004	0,9057	0,9110	0,9163	0,9217	0,9271	0,9325	47
43	0,9325	0,9380	0,9435	0,9490	0,9545	0,9601	0,9657	46
44	0,9657	0,9713	0,9770	0,9827	0,9884	0,9942	1,0000	45
	60′	50′	40′	30′	20′	10′	0′	Grad

Minuten

Cotangens 45° . . . 90°

Tangens 45° . . . 90°

Grad	0′	10′	20′	30′	40′	50′	60′	
45	1,0000	1,0058	1,0117	1,0176	1,0235	1,0295	1,0355	44
46	1,0355	1,0416	1,0477	1,0538	1,0599	1,0661	1,0724	43
47	1,0724	1,0786	1,0850	1,0913	1,0977	1,1041	1,1106	42
48	1,1106	1,1171	1,1237	1,1303	1,1369	1,1436	1,1504	41
49	1,1504	1,1571	1,1640	1,1708	1,1778	1,1847	1,1918	**40**
50	1,1918	1,1988	1,2059	1,2131	1,2203	1,2276	1,2349	39
51	1,2349	1,2423	1,2497	1,2572	1,2647	1,2723	1,2799	38
52	1,2799	1,2876	1,2954	1,3032	1,3111	1,3190	1,3270	37
53	1,3270	1,3351	1,3432	1,3514	1,3597	1,3680	1,3764	36
54	1,3764	1,3848	1,3934	1,4019	1,4106	1,4193	1,4281	35
55	1,4281	1,4370	1,4460	1,4550	1,4641	1,4733	1,4826	34
56	1,4826	1,4919	1,5013	1,5108	1,5204	1,5301	1,5399	33
57	1,5399	1,5497	1,5597	1,5697	1,5798	1,5900	1,6003	32
58	1,6003	1,6107	1,6213	1,6318	1,6426	1,6534	1,6643	31
59	1,6643	1,6753	1,6864	1,6977	1,7090	1,7205	1,7321	**30**
60	1,7321	1,7438	1,7556	1,7675	1,7796	1,7917	1,8041	29
61	1,8041	1,8165	1,8291	1,8418	1,8546	1,8676	1,8807	28
62	1,8807	1,8940	1,9074	1,9210	1,9347	1,9486	1,9626	27
63	1,9626	1,9768	1,9912	2,0057	2,0204	2,0353	2,0503	26
64	2,0503	2,0655	2,0809	2,0965	2,1123	2,1283	2,1445	25
65	2,1445	2,1609	2,1775	2,1943	2,2113	2,2286	2,2460	24
66	2,2460	2,2637	2,2817	2,2998	2,3183	2,3369	2,3559	23
67	2,3559	2,3750	2,3945	2,4142	2,4342	2,4545	2,4751	22
68	2,4751	2,4960	2,5172	2,5387	2,5605	2,5826	2,6051	21
69	2,6051	2,6279	2,6511	2,6746	2,6985	2,7228	2,7475	**20**
70	2,7475	2,7725	2,7980	2,8239	2,8502	2,8770	2,9042	19
71	2,9042	2,9319	2,9600	2,9887	3,0178	3,0475	3,0777	18
72	3,0777	3,1084	3,1397	3,1716	3,2041	3,2371	3,2709	17
73	3,2709	3,3052	3,3402	3,3759	3,4124	3,4495	3,4874	16
74	3,4874	3,5261	3,5656	3,6059	3,6470	3,6891	3,7321	15
75	3,7321	3,7760	3,8208	3,8667	3,9136	3,9617	4,0108	14
76	4,0108	4,0611	4,1126	4,1653	4,2193	4,2747	4,3315	13
77	4,3315	4,3897	4,4494	4,5107	4,5736	4,6383	4,7046	12
78	4,7046	4,7729	4,8430	4,9152	4,9894	5,0658	5,1446	11
79	5,1446	5,2257	5,3093	5,3955	5,4845	5,5764	5,6713	**10**
80	5,6713	5,7694	5,8708	5,9758	6,0844	6,1970	6,3138	9
81	6,3138	6,4348	6,5605	6,6912	6,8269	6,9682	7,1154	8
82	7,1154	7,2687	7,4287	7,5958	7,7704	7,9530	8,1444	7
83	8,1444	8,3450	8,5556	8,7769	9,0098	9,2553	9,5144	6
84	9,5144	9,7882	10,0780	10,3854	10,7119	11,0594	11,4301	5
85	11,4301	11,8262	12,2505	12,7062	13,1969	13,7267	14,3007	4
86	14,3007	14,9244	15,6048	16,3499	17,1693	18,0750	19,0811	3
87	19,0811	20,2056	21,4704	22,9038	24,5418	26,4316	28,6363	2
88	28,6363	31,2416	34,3678	38,1885	42,9641	49,1039	57,2900	1
89	57,2900	68,7501	85,9398	114,5887	171,8854	343,7737	∞	0
	60′	50′	40′	30′	20′	10′	0′	Grad

Minuten

Cotangens 0° . . . 45°

1.5 Maßordnung im Hochbau — Fenster- und Türmaße

1.5.1 Maßordnung im Hochbau

In der Maßordnung im Hochbau (DIN 4172) wird zwischen Baurichtmaß und Nennmaß sowie zwischen Rohbaumaß und Ausbaumaß unterschieden. Die Baurichtmaße sind Grundlage für die Einzel-, Rohbau- und Ausbaumaße. Die Baurichtmaße sind durch *Achtelmeter* (Kurzzeichen am) festgelegt. **Das Achtelmeter ist der achte Teil eines Meters und beträgt 12,5 cm.** Alle Baurichtmaße sind das Vielfache oder Teile von am, wie z. B. 87,5 cm = 7 · 12,5 cm = 7 **am** (siehe Tabelle).

Zusammenhang zwischen Achtelmeter, Baurichtmaß und Nennmaßen

am	½	1	1½	2	2½	3	3½	4	4½	5	5½	6	6½	7	7½	8	16	24
Baurichtmaß	6,25	12,5	18,75	25	31,25	37,5	43,75	50	56,25	62,5	68,75	75	81,25	87,5	93,75	100	200	300
Steinmaß	5	11,5 11,3	17,5	24 23,8	30	36,5	—	49 49,5	—	62,5	—	—	—	—	—	99	—	—
Außenmaß	5	11,5	18	24	30	36,5	43	49	55	61,5	68	74	80	86,5	93	99	199	299
Öffnungsmaß	7	13,5	20	26	32	38,5	45	51	57	63,5	70	76	82	88,5	95	101	201	301
Vorsprungsmaß	6	12,5	19	25	31	37,5	44	50	56	62,5	69	75	81	87,5	94	100	200	300

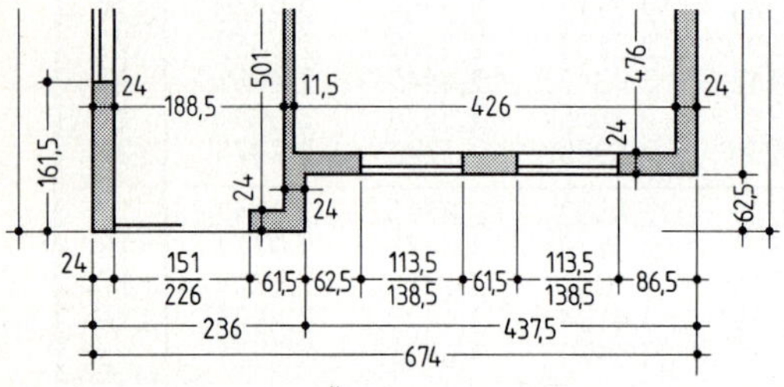

Bemaßung von Pfeiler und Öffnung z.B. M 1:50, cm

Rohbaumaße bei einem gemauerten Gebäude

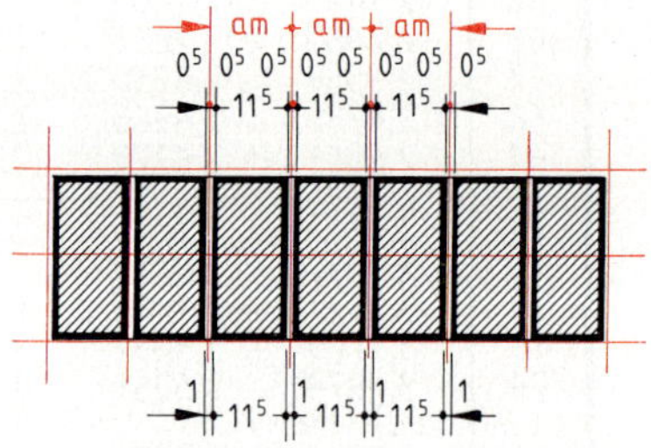

Zusammenhang von Steinbreite und am (Achtelmeter)

Auf diese Baurichtmaße sind häufig auch die Maße von Einbauteilen, wie Kassettenplatten und Zimmertüren abgestimmt.

Nennmaße sind die am Rohbau tatsächlich vorhandenen Maße. Sie werden in die Bauzeichnungen eingetragen. Bei Bauten ohne Mauerwerksfugen, wie z. B. bei Beton, entsprechen die Nennmaße den Baurichtmaßen. Bei Bauten aus Mauerwerk mit Fugen ergeben sich die Nennmaße aus den Baurichtmaßen abzüglich oder zuzüglich der Mörtelfugen. **Die Fugendicke wird mit 10 mm angenommen.** Danach beträgt die Länge einer *Maueröffnung* in cm = X · 12,5 + 1, die Länge einer *Mauervorlage* in cm = X · 12,5, die Größe eines *Mauerpfeilers*, einer *Wanddicke* oder das *Außenmaß* einer Mauer in cm = X · 12,5 — 1. Die Nennmaßhöhen werden immer von Oberkante Fertigfußboden aus gemessen. **Rohbaumaße** sind alle im Rohbau vorhandenen Maße und in der Regel gleich den Nennmaßen. **Ausbaumaße** sind Maße am fertigen Bau.

Bei Maueröffnungen wird zuerst die Breite und dann die Höhe des Nennmaßes gemessen. Bei Fensteröffnungen sind dies die lichten Maße. Die Mauerleibungen können ohne oder mit Anschlag, wie Innen- oder Außenanschlag, versehen sein.

Die Anschlagsmaße sind dann gesondert aufzunehmen. Bei Türöffnungen wird die Breite genauso wie die Nennmaßbreite bei Fenstern ermittelt. Dagegen wird die Höhe des Nennmaßes von Türöffnungen von der Oberfläche des fertigen Fußbodens (OFF) bis zur Unterkante des Sturzes gemessen.

1.5.2 Maueröffnungen für Fenster und Türen

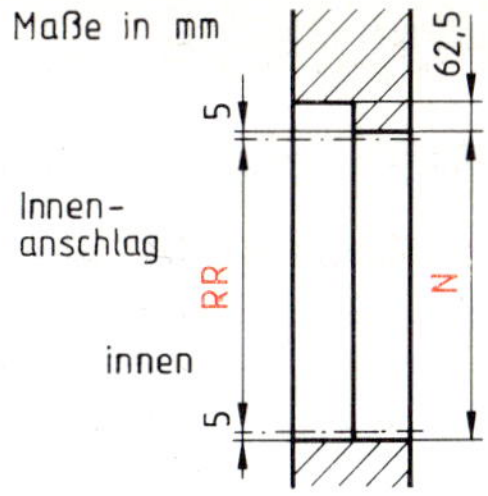

Die Rohbaurichtmaße für Fenster und Türen betragen immer ein Vielfaches der Baunormzahl **am = 12,5 cm**

Beispiel 1: Ein Fenster hat die **Kennziffern 9 x 11**. Dann beträgt die Breite der Fensteröffnung bei fugenlosem Mauerwerk (z. B. Beton)

Breite = 9 · 12,5 cm = 112,5 cm = 1125 mm

Die Höhe der Fensteröffnung beträgt

Höhe = 11 · 12,5 cm = 137,5 cm = 1375 mm

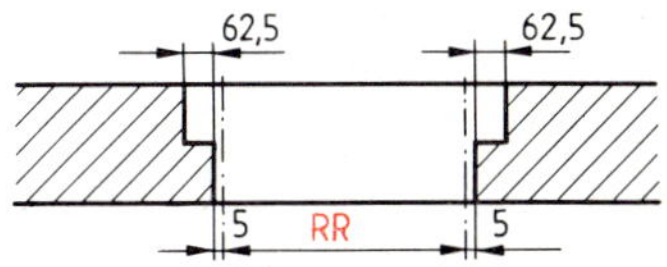

Fensteröffnung mit Anschlag = 62,5 m

Beispiel 2: Eine Tür hat die **Kennziffern 7 x 16**. Dann beträgt die

Breite = 7 · 12,5 cm = 87,5 cm = 8750 mm

Höhe = 16 · 12,5 cm = 200 cm = 2000 mm

Merke: Bei Fugenmauerwerk muß 1 cm für die Fuge zugegeben werden.

Rohbau-Richtmaß + 1 cm Fuge = Nennmaß

1.5.3 Blendrahmenaußenmaße für Fenster und Türen in Maueranschlägen

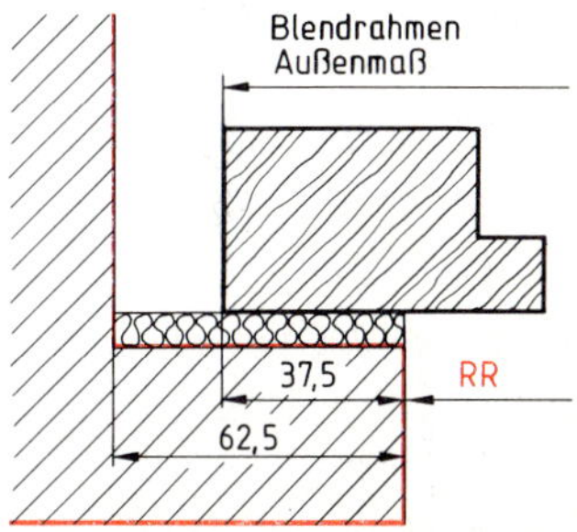

Um die Blendrahmenaußenmaße zu erhalten, addiert man zum Rohbau-Richtmaß (RR) für jeden Maueranschlag, der in der Regel 62,5 mm = 6,25 cm beträgt, **37,5 mm** (siehe Zeichnung!).

Beispiel: Das Rohbau-Richtmaß für die Fensterbreite beträgt 1125 mm. Diesem Maß müssen für zwei Anschläge 2 · 37,5mm zugegeben werden, um das Rahmenaußenmaß für die Breite zu erhalten.

Für die Höhe wird nur ein Anschlag oben berücksichtigt. Unten werden in der Regel 2,5 mm zugegeben.

Beträgt das Rohbau-Richtmaß für die Höhe des Fensters RR = 1375 mm, so erhalten wir folgendes

Blendrahmenaußenmaß
für die Breite = RR + 2 · 37,5 mm

Breite = 1125 mm + 75 mm
Breite = **1200 mm**

Blendrahmenaußenmaß
für die Höhe = RR + 37,5 mm + 2,5 mm

Höhe = 1375 mm + 37,5 mm + 2,5 mm
Höhe = **1415 mm**

1.5.4 Türblattaußenmaße für gefälzte Futtertüren

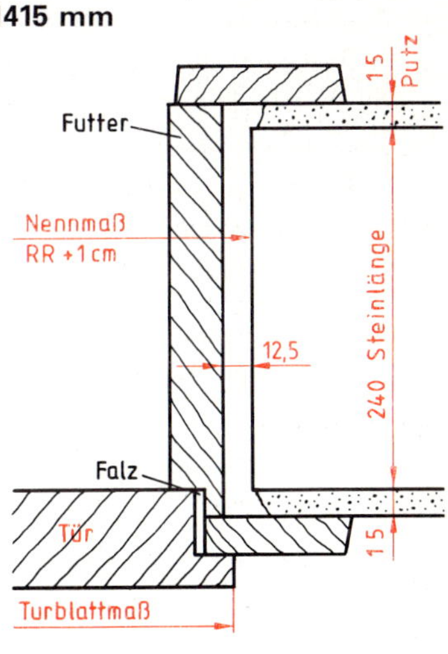

Beträgt das Rohbau-Richtmaß für eine gefälzte Futtertür mit der Kenn-Nummer 7 x 16

in der Breite = 875 mm und
in der Höhe = 2000 mm,

so erhält man die Außenmaße des Türblattes, indem man **15 mm** von den Rohbau-Richtmaßen **subtrahiert**.

Türblattaußenmaß = RR − 15 mm

Breite des Türblattes = 875 mm − 15 mm = 860 mm
Höhe des Türblattes = 2000 mm − 15 mm = 1985 mm

Luft zwischen Mauerwerk und Türfutter

$\frac{1}{2}$ Fuge = 5 + 7,5 = **12,5 mm**

Aufgaben zu 1.5

1.5.1 Maßordnung im Hochbau

a) Von welcher Grundlage ist man bei den Baunormzahlen ausgegangen?

b) Eine Mauer ist l = 3,75 m lang. Wieviel Steine von 24 cm Länge einschließlich der Fugen von 1 cm ergeben diese Mauerlänge?

c) Wieviel Steinlängen braucht man für eine Mauerlänge l = 212,5 cm unter Berücksichtigung von je 1 cm Fuge?

d) Warum richten sich auch die Abmessungen von Wandverkleidungs-, Deckenverkleidungsplatten, Dämmplatten, Türen und Fenster nach den Baunormzahlen?

1.5.2 Fenster- und Türöffnungen

a) Mit welcher Baunormzahl aus der Tabelle berechnet man die Rohbau-Richtmaße (RR) der Fenster- und Türöffnungen?

b) Was bedeutet die Kennziffer? Beispiel: Kennziffer = 10 für die Breite einer Maueröffnung. Wie groß ist das Rohbau-Richtmaß?

Berechnen Sie die Rohbau-Richtmaße für folgende einflügelige Türen:

c) Kennziffern: 5 mal 15

d) Kennziffern: 7 mal 15

e) Kennziffern: 6 mal 16

f) Kennziffern: 8 mal 16

Berechnen Sie die Rohbau-Richtmaße für folgende Fenster:

g) Kennziffern: 10 mal 12

h) Kennziffern: 6 mal 8

i) Kennziffern: 9 mal 11

j) Kennziffern: 15 mal 11

k) Eine Spanplatte hat die Abmessungen: Breite = 1,25 m, Länge 2,5 m. Wievielmal ist das Baunormmaß **12,5 cm** in diesen Abmessungen enthalten?

l) Oft muß man dem Rohbau-Richtmaß 1 cm addieren, um so das sogenannte **Nennmaß** zu erhalten. Wann ist die Maßzugabe von 1 cm erforderlich?

m) Eine Fensteröffnung hat die Rohbau-Richtmaße: Breite = 112,5 cm; Höhe = 137,5 cm. Wie groß sind die Nennmaße dieser Fensteröffnung?

1.5.3 Blendrahmenaußenmaße für Fenster und Türen in Maueranschlägen

a) Wie groß ist in der Regel die **Anschlagbreite** der Maueranschläge?

b) Wieviel cm muß man für **jeden Anschlag** zum Rohbau-Richtmaß addieren, um für Fenster und Türen die Außenmaße der Blendrahmen zu erhalten?

c) Wie groß werden die Blendrahmen-Außenmaße für eine Blendrahmentür mit den Kennziffern 8 mal 16?
Beachte: Breite = 2 Anschläge Höhe = 1 Anschlag oben

d) Wie groß werden die Blendrahmen-Außenmaße für ein Fenster mit den Kennziffern 10 mal 12?

e) Ein Fenster hat die Kennziffern 12 mal 11. Welche Außenmaße erhält der Blendrahmen?

1.5.4 Türblattaußenmaße für gefälzte Türen

a) Auch die Abmessungen der Türblätter sind genormt.
Wie erhält man die Außenmaße gefälzter Türblätter, wenn die Rohbau-Richtmaße bekannt sind?

b) Welche Türblattabmessungen hat eine Tür mit den Kennziffern 6 mal 16?

c) Welche Türblattabmessungen hat eine Tür mit den Kennziffern 7 mal 15?

d) Welche Türblattabmessungen hat eine Tür mit den Kennziffern 8 mal 17?

2 Flächen

2.1 Flächeninhalt geradlinig begrenzter Flächen

2.1.1 Flächeneinheiten

Die gebräuchlichsten Flächeneinheiten sind:

m^2, dm^2, cm^2, mm^2

$1\ m^2 = 100\ dm^2$; $1\ dm^2 = 100\ cm^2$; $1\ cm^2 = 100\ mm^2$

Die Umrechnungszahl je Einheit ist 100

$$\mathbf{1\ m^2 = 100\ dm^2 = 10000\ cm^2 = 1000000\ mm^2}$$

Beispiel: $0{,}065\ dm^2 = 650\ mm^2$
$678\ cm^2 = 0{,}0678\ m^2$

Flächeneinheiten

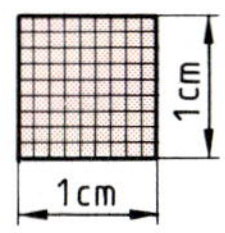

$1 cm^2 = 10\ mm \cdot 10\ mm = 100\ mm^2$

2.1.2 Quadrat

Ein Quadrat hat gleich lange Seiten, die im rechten Winkel zueinander stehen. Die Seiten des Quadrates sind deshalb auch die Höhen.

Der Flächeninhalt (Anzahl der Flächeneinheiten) A ergibt sich aus dem Produkt der Seiten bzw. Höhen.

$\mathbf{A = l \cdot l}$ oder $A = l^1 \cdot l^1 = l^2$

Beispiel: $l = 4{,}5$ m. $A = 4{,}5\ m \cdot 4{,}5\ m$
$\mathbf{A = 20{,}25\ m^2}$

Quadrat

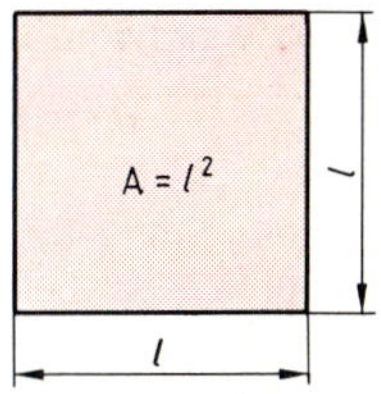

2.1.3 Rechteck

Beim Rechteck sind jeweils 2 Seiten gleich lang. Die Seiten liegen wie beim Quadrat rechtwinklig zueinander. Die Seiten sind auch die Höhen des Rechtecks. Der Flächeninhalt des Rechtecks ergibt sich aus dem Produkt der beiden unterschiedlichen Seiten.

$\mathbf{A = l \cdot h}$

Beispiel: $l = 45$ cm; $h = 65$ cm
$A = 45\ cm \cdot 65\ cm$ $A = \mathbf{2925\ cm^2 = 0{,}2925\ m^2}$

Rechteck

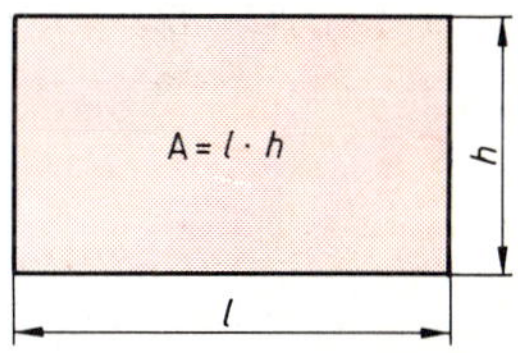

2.1.4 Parallelogramm

Bei Parallelogrammen verlaufen wie beim Quadrat und Rechteck je zwei Seiten parallel. Die Seiten der Parallelogramme liegen aber nicht rechtwinklig zueinander. Aus diesem Grunde sind in Parallelogrammen die Seiten länger als die Höhen. Parallelogramme lassen sich in flächengleiche Rechtecke bzw. Quadrate verwandeln (siehe Abbildungen). Den Flächeninhalt erhält man aus dem Produkt einer Seite und der zu dieser Seite gehörenden Höhe.

$\mathbf{A = l_1 \cdot h_1}$ oder $\mathbf{A = l_2 \cdot h_2}$

Beispiel: $l_1 = 850$ mm $h_1 = 640$ mm
$A = 0{,}85 \cdot 0{,}64\ m = \mathbf{0{,}544\ m^2}$

Parallelogramm

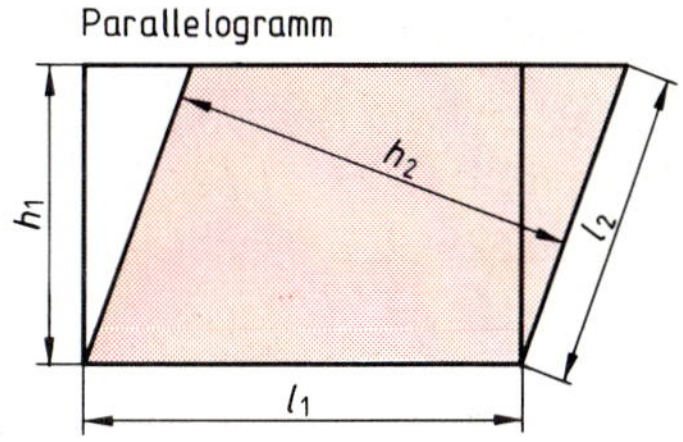

2.1.5 Dreieck

Dreiecke

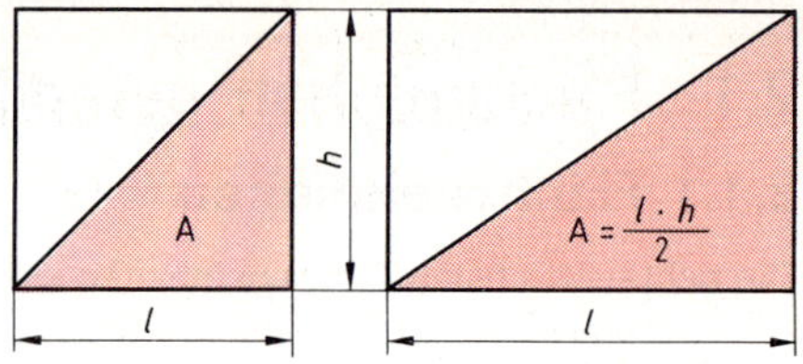

Zwei Dreiecke ergeben zusammen je nach ihrer Form ein Quadrat, ein Rechteck oder ein Parallelogramm. Der Flächeninhalt von Dreiecken beträgt die Hälfte der Flächeninhalte von Quadraten, Rechtecken oder Parallelogrammen mit gleicher Grundseite und Höhe.

$$A = \frac{l \cdot h}{2}$$ (Grundseite mal Höhe)

Beispiel: $l = 6\text{ cm}$, $h = 4{,}5\text{ cm}$

$$A = \frac{6\text{ cm} \cdot 4{,}5\text{ cm}}{2} = \mathbf{13{,}5\ cm^2}$$

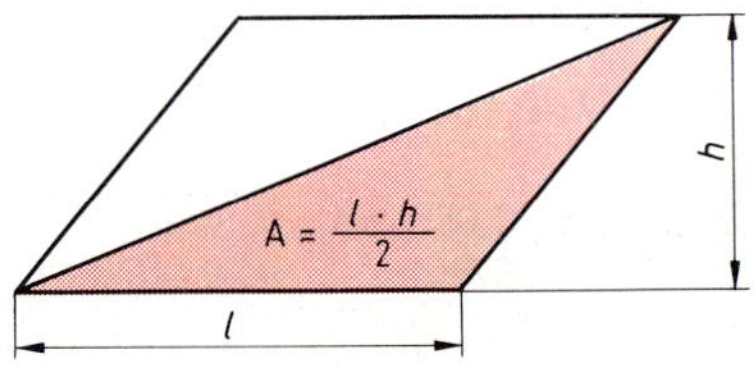

2.1.6 Trapez

Trapeze besitzen zwei parallel verlaufende Seiten (untere Breite und obere Breite).

Trapeze lassen sich in flächengleiche Rechtecke verwandeln (siehe Abbildung). Der Flächeninhalt ergibt sich aus dem Produkt der mittleren Breite und der Trapezhöhe.

Trapez

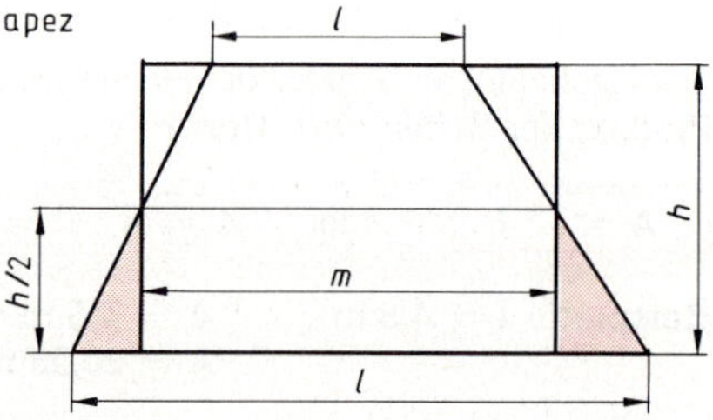

$$A = m \cdot h$$ (mittlere Breite mal Trapezhöhe)

Die mittlere Breite (Mittelwert der Breiten) ist gleich der halben Summe der beiden Breiten.

$$m = \frac{l_1 + l_2}{2}$$

Die Flächengleichung für das Trapez lautet also:

$$A = \frac{l_1 + l_2}{2} \cdot h$$ oder $$A = \frac{(l_1 + l_2) \cdot h}{2}$$

Schreibweise mit Klammer

Beispiel: $l_1 = 1{,}8\text{ m}$; $l_2 = 0{,}9\text{ m}$; $h = 1{,}2\text{ m}$

$$A = \frac{(1{,}8\text{ m} + 0{,}9\text{ m}) \cdot 1{,}2\text{ m}}{2} = \mathbf{1{,}62\ m^2}$$

2.1.7 Zusammengesetzte Flächen

Küchen - Arbeitsplatte

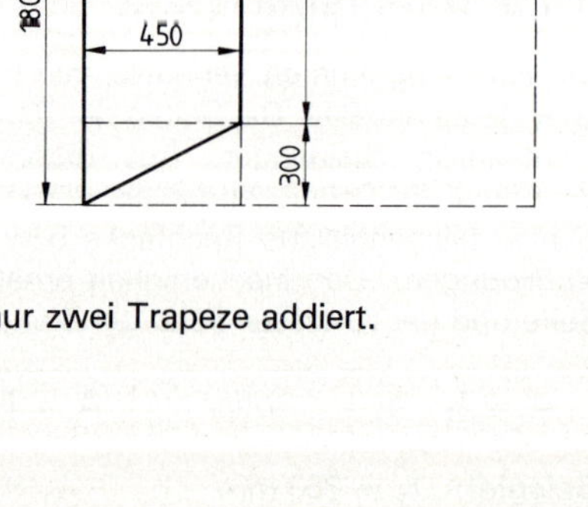

Ein Flächeninhalt kann sich auch aus Teilflächen zusammensetzen. Um den Flächeninhalt zu erhalten, unterteilt man die Gesamtfläche in Teilflächen. Den Flächeninhalt der zusammengesetzten Fläche erhält man aus der Summe oder der Differenz der Teilflächen.

Die abgebildete Fläche kann man wie folgt berechnen:

Beispiel 1: A = Trapez + Rechteck + Dreieck

Beispiel 2: A = Trapez − Rechteck − Dreieck

Beispiel 3: $A = \text{Trapez}_1 + \text{Trapez}_2$

Die kürzeste Rechnung ergibt sich nach Beispiel 3. Hier werden nur zwei Trapeze addiert.

$$\mathbf{A = m_1 \cdot h_1 + m_2 \cdot h_2}$$

$$A = \frac{(0{,}7\text{ m} + 0{,}4\text{ m}) \cdot 1{,}55\text{ m}}{2} + \frac{(1{,}8\text{ m} + 1{,}5\text{ m}) \cdot 0{,}45\text{ m}}{2}$$

$$A = 0{,}8525\text{ m}^2 + 0{,}7425\text{ m}^2 = \mathbf{1{,}595\ m^2}$$

Aufgaben zu 2.1

2.1.1 Flächeneinheiten

a) Nennen Sie die gebräuchlichsten Flächeneinheiten!

b) Nennen Sie die Umrechnungszahl je Einheit!

c) Geben Sie die Flächengröße in der angegebenen Einheit an:

$0{,}65\ m^2 = \ldots\ldots\ dm^2$,	$0{,}804\ m^2 = \ldots\ldots\ cm^2$
$2{,}056\ m^2 = \ldots\ldots\ dm^2$,	$0{,}0735\ m^2 = \ldots\ldots\ mm^2$
$356\ dm^2 = \ldots\ldots\ m^2$,	$4538\ cm^2 = \ldots\ldots\ dm^2$
$45000\ cm^2 = \ldots\ldots\ m^2$,	$320000\ mm^2 = \ldots\ldots\ dm^2$
$7450\ cm^2 = \ldots\ldots\ dm^2$,	$560000\ mm^2 = \ldots\ldots\ m^2$

2.1.2 Quadrat

a) Eine quadratische Tischplatte hat die Seitenlänge $l = 75$ cm. Berechnen Sie den Flächeninhalt A in m^2!

b) Ein Raum ist 4,25 m lang und 4,25 m breit. Berechnen Sie den Flächeninhalt in m^2!
Der Raum soll mit Fertigparkettplatten 25 cm mal 25 cm ausgelegt werden. Wieviel Parkettplatten werden benötigt?

2.1.3 Rechteck

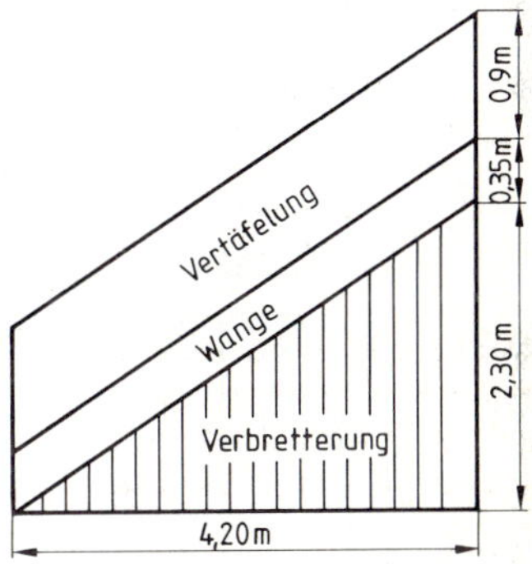

a) Eine Wand, 4,5 m lang und 2,5 m hoch, soll vertäfelt werden. Wieviel Quadratmeter Vertäfelung sind herzustellen?

b) Ein Wohnzimmer, 6,25 m lang und 4,75 m breit, soll einen Parkettboden aus 25 cm mal 25 cm Parkettplatten erhalten. Wieviel m^2 werden gebraucht? Wieviel Parkettplatten werden benötigt?

c) Die Höhe einer Schranktür soll 1,6 mal größer sein als ihre Breite von 45 cm. Welchen Flächeninhalt A hat die Tür in m^2?

d) Ein Regal soll 5 Böden erhalten. Jeder Boden ist 1,35 m lang und 45 cm breit. Wieviel m^2 Flächeninhalt haben die 5 Böden?

2.1.4 Parallelogramm

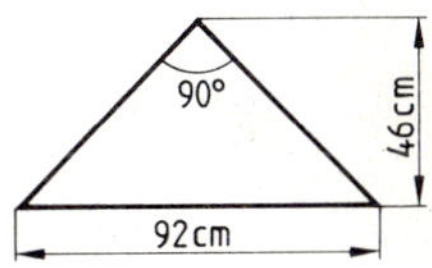

Eckregal

a) Eine Treppenwange hat die rechts angegebenen Abmessungen. Berechnen Sie den Flächeninhalt A der Wange in m^2!

b) Die Wand über der Treppenwange soll vertäfelt werden (siehe Bild). Wieviel m^2 Flächeninhalt hat die parallelogrammförmige Vertäfelung?

2.1.5 Dreieck

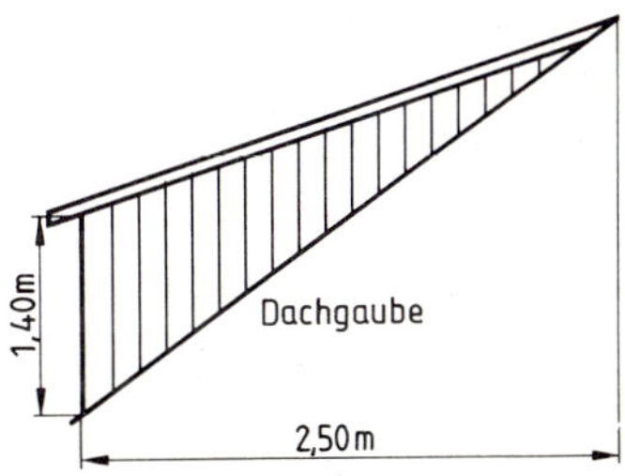

a) Die Dreieckfläche unter der Treppenwange Aufgabe 2.1.4 a) soll verbrettert werden.
Wieviel m^2 Verbretterung werden benötigt?

b) Ein Eckregal erhält 5 Böden (siehe Bild). Berechnen Sie den Flächeninhalt A in m^2 für alle 5 Böden!

c) Drei Dachgauben (Dreieckflächen) sollen verbrettert werden.
Die Seitenansicht ist rechts abgebildet.
Wieviel m^2 Bretter werden benötigt?

2.1.6 Trapez

a) Ein konisch besäumtes Brett ist unten 34 cm breit und oben 20 cm breit. Seine Länge beträgt 2,80 m.

Berechnen Sie den Flächeninhalt des Brettes in m²!

b) Eine Wand mit Dachschräge soll verbrettert werden. Wievel m² werden benötigt?

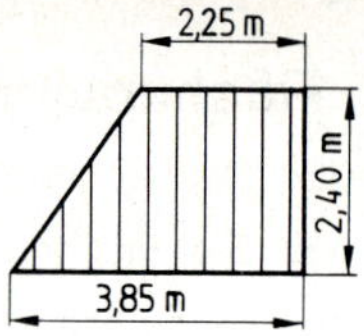

2.1.7 Zusammengesetzte Flächen

Stellen Sie bei den folgenden Aufgaben zuerst die Grundgleichung auf! Beispiel: $A = A_1 + A_2 - A_3$

Verwandeln Sie die Maße in die Einheit *m*, wenn sie nicht schon in *m* angegeben sind!

Merke: Zeichenmaße ohne Einheit sind mm-Maße!

Berechnen Sie die Flächeninhalte der abgebildeten Flächen in m²!

a)

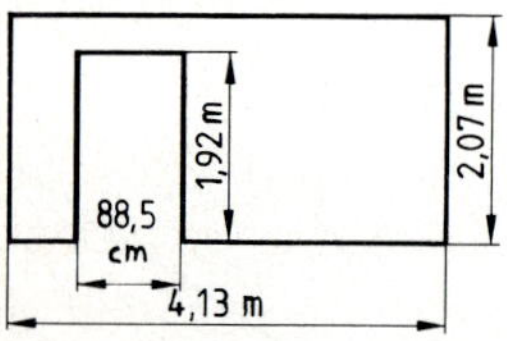

b)

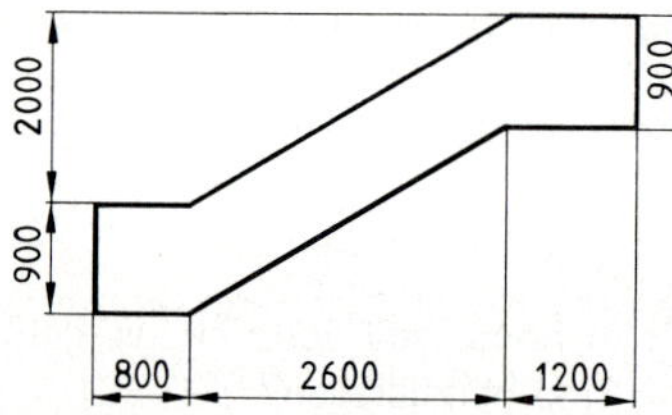

c)

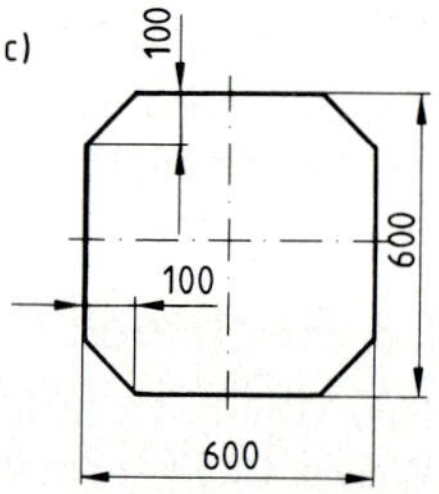

d)

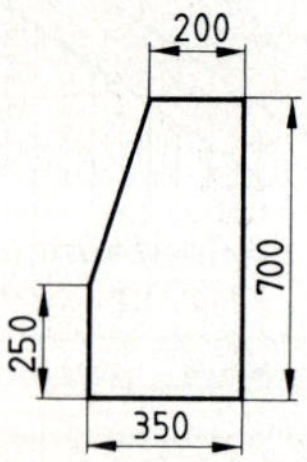

e)

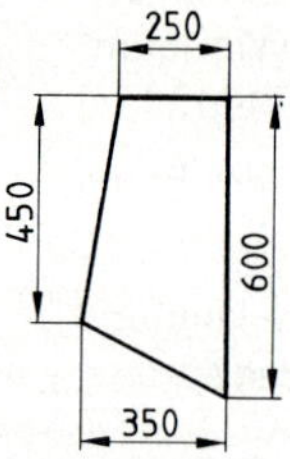

f)

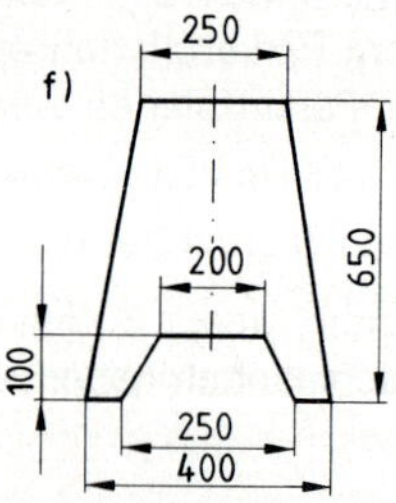

g)

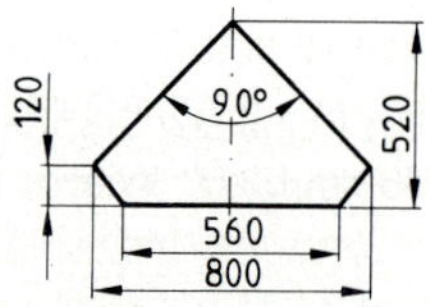

h)

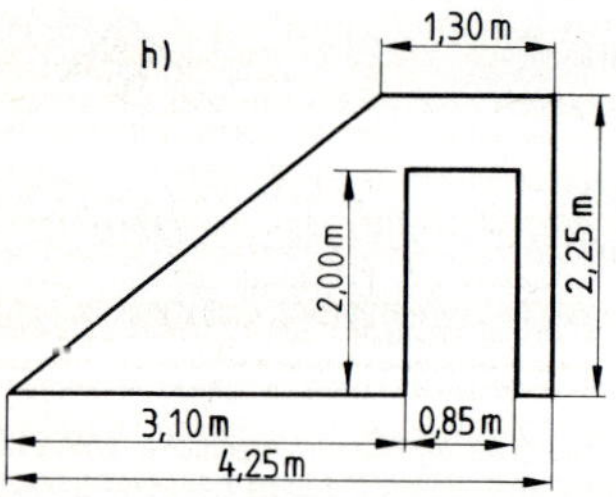

i)

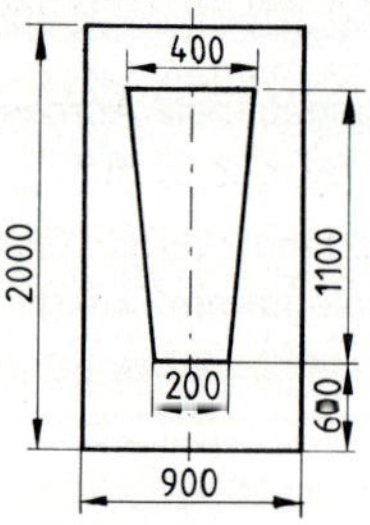

j)

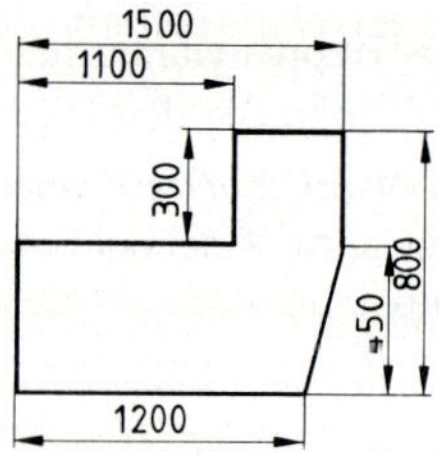

k)

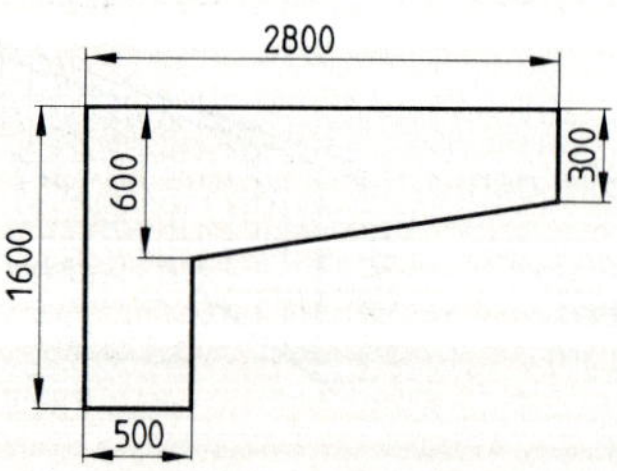

l)

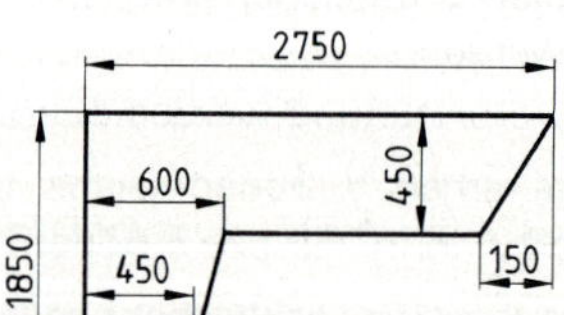

2.2 Flächeninhalt von Brettern und Bohlen

2.2.1 Parallel besäumte Bretter und Bohlen gleicher Länge und Breite

Gesamtfläche = Länge · Breite · Anzahl
$$A = l \cdot b \cdot n$$

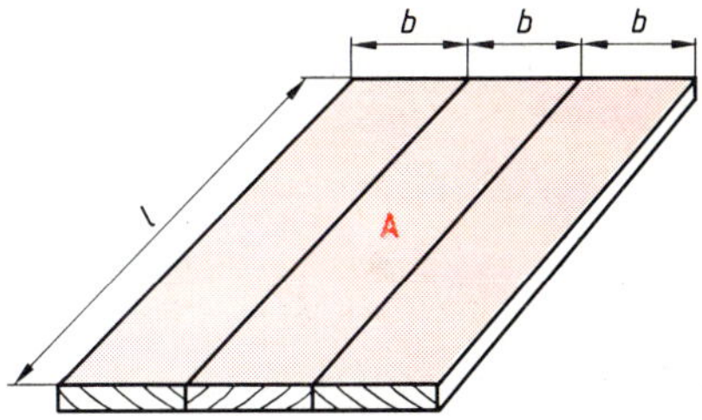

Beispiel: $l = 2{,}5\ \text{m}$, $b = 0{,}15\ \text{m}$, $n = 3$

$A = 2{,}5\ \text{m} \cdot 0{,}15\ \text{m} \cdot 3 = \mathbf{1{,}125\ m^2}$

2.2.2 Parallel besäumte Bretter und Bohlen gleicher Länge aber ungleicher Breiten

Gesamtfläche = Länge · Summe der Breiten
$$A = l \cdot (b_1 + b_2 + b_3 + \ldots)$$

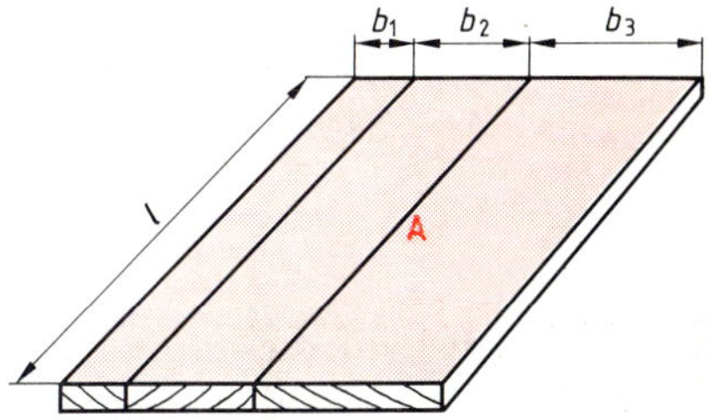

Beispiel: $l = 2{,}25\ \text{m}$, $b_1 = 12\ \text{cm}$, $b_2 = 15\ \text{cm}$, $b_3 = 17\ \text{cm}$

$A = 2{,}25 \cdot (0{,}12\ \text{m} + 0{,}15\ \text{m} + 0{,}17\ \text{m})$

$A = 2{,}25\ \text{m} \cdot 0{,}44\ \text{m} = \mathbf{0{,}99\ m^2}$

2.2.3 Parallel besäumte Bretter und Bohlen gleicher Breite aber ungleicher Länge

Gesamtfläche = Breite · Summe der Längen
$$A = b \cdot (l_1 + l_2 + l_3 + \ldots)$$

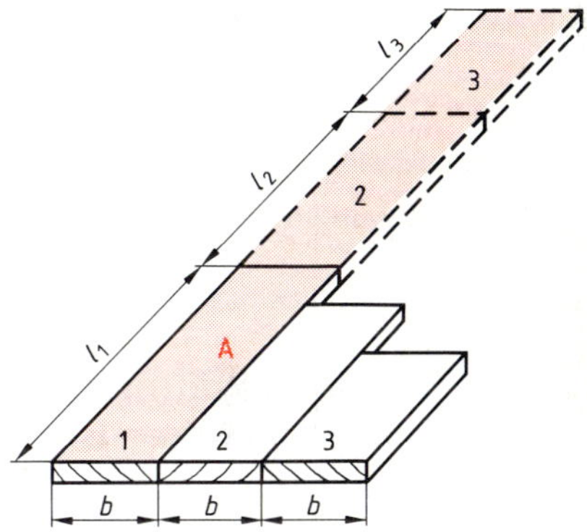

Beispiel: $b = 22\ \text{cm}$, $l_1 = 3\ \text{m}$, $l_2 = 2{,}5\ \text{m}$, $l_3 = 2{,}25\ \text{m}$

$A = 0{,}22\ \text{m} \cdot (3\ \text{m} + 2{,}5\ \text{m} + 2{,}25\ \text{m})$

$A = 0{,}22\ \text{m} \cdot 7{,}75\ \text{m} = \mathbf{1{,}705\ m^2}$

2.2.4 Konisch besäumte Bretter und Bohlen

Konisch besäumte Bretter und Bohlen haben die Form eines Trapezes.

Fläche = mittlere Breite · Länge
$$A = b_m \cdot l$$

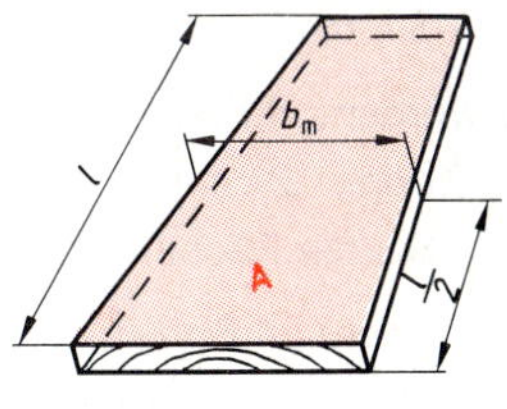

Beispiel: $b_m = 28\ \text{cm}$, $l = 2{,}20\ \text{m}$

$A = 0{,}28\ \text{m} \cdot 2{,}2\ \text{m} = \mathbf{0{,}616\ m^2}$

2.2.5 Unbesäumte Bretter

Merke: Bretter sind bis 35 mm dick. Bei unbesäumten Brettern wird die mittlere Breite der Bretter auf der linken Seite (Schmalseite) der Bretter gemessen.

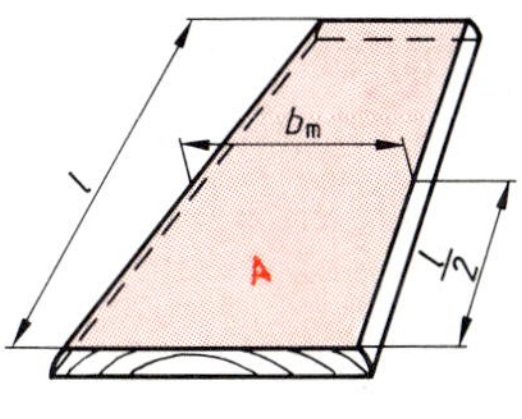

Fläche = mittlere Breite (links) · Länge
$$A = b_m \cdot l$$

2.2.6 Unbesäumte Bohlen

Merke: Bohlen sind 40 mm bis maximal 120 mm dick. Bei Bohlen wird im Gegensatz zu Brettern die mittlere Breite auf der rechten Seite (breite Seite) **und** der linken Seite (schmale Seite) gemessen. Aus diesen beiden Breiten ermittelt man einen Mittelwert.

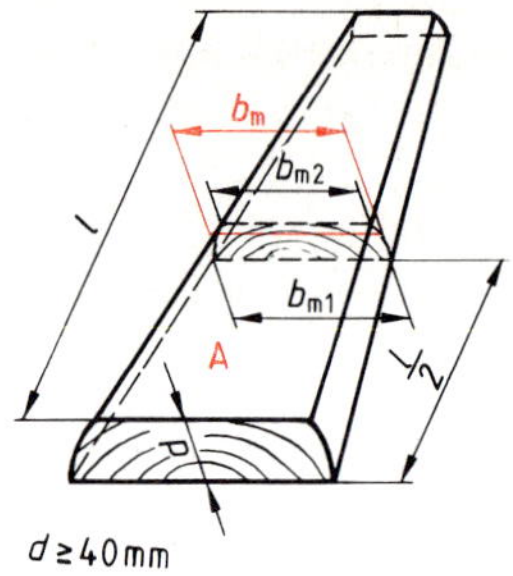

Fläche = Mittelwert der beiden mittl. Breiten · Länge

$$\mathbf{A = \frac{(b_{m1} + b_{m2}) \cdot l}{2}}$$

Beispiel: $b_{m1} = 47$ cm, $b_{m2} = 41$ cm, $l = 3$ m

$$A = \frac{(0{,}47\ \text{m} + 0{,}41\ \text{m}) \cdot 3\ \text{m}}{2}$$

$$A = 0{,}44\ \text{m} \cdot 3\ \text{m} = \mathbf{1{,}32\ m^2}$$

Aufgaben zu 2.2

2.2.1 Parallel besäumte Bretter und Bohlen gleicher Länge und Breite

a) Geliefert wurden: 15 Bretter, Breite = 24 cm, Länge = 3,5 m. Berechnen Sie die Fläche aller Bretter in m^2!

b) Geliefert wurden: 20 Bretter, Länge = 2,75 m, Breite = 18 cm. Berechnen Sie die Fläche aller Bretter in m^2!

c) Geliefert wurden: 6 Bohlen, Länge = 3 m, Breite = 35 cm. Berechnen Sie die Fläche aller Bohlen in m^2!

2.2.2 Parallel besäumte Bretter und Bohlen gleicher Länge aber ungleicher Breite

a) Geliefert wurden: 10 Bretter, Länge = 3,25 m.
Breiten: 12 cm, 14 cm, 15 cm, 15 cm, 17 cm, 18 cm, 18 cm, 20 cm, 20 cm, 22 cm.
Berechnen Sie die Fläche aller Bretter in m^2!

b) Geliefert wurden: 6 Bretter, Länge = 4 m
Breiten: 21 cm, 21 cm, 24 cm, 24 cm, 25 cm, 25 cm
Berechnen Sie die Fläche aller Bretter in m^2!

c) Geliefert wurden: 4 Bohlen, Längen = 4,5 m Breiten: 36 cm, 38 cm, 40 cm, 42 cm
Berechnen Sie die Fläche aller Bohlen in m^2!

2.2.3 Parallel besäumte Bretter und Bohlen gleicher Breite aber ungleicher Länge

a) Geliefert wurden: 9 Bretter, Breite = 20 cm
Längen: 2,75 m, 3 m, 3,25 m, 3,25 m, 3,5 m, 3,5 m, 3,75 m, 4 m, 4 m
Berechnen Sie die Fläche aller Bretter in m^2!

b) Geliefert wurden: 5 Bohlen, Breite = 35 cm Längen: 2,5 m, 2,75 m, 3 m, 3 m, 3,25 m
Berechnen Sie die Fläche aller Bohlen in m^2!

2.2.4 Konisch besäumte Bretter und Bohlen

a) Ein konisch besäumtes Brett hat folgende Maße: Mittlere Breite = 28 cm, Länge = 3,25 m
Berechnen Sie die Fläche des Brettes in m^2!

b) Ein konisch besäumtes Brett ist unten = 32 cm breit und oben = 23 cm breit. Seine Länge beträgt 3 m.
Wie groß ist seine mittlere Breite? Berechnen Sie die Fläche des Brettes in m^2!

c) Eine konisch besäumte Bohle ist unten = 43 cm breit und oben = 35 cm breit. Die Länge beträgt 4,25 m.
Wie groß ist die mittlere Breite? Berechnen Sie die Fläche in m^2!

2.2.5 Unbesäumte Bretter

a) Mit welcher mittleren Breite wird die Fläche unbesäumter Bretter berechnet? An der linken oder rechten Seite?

b) Fertigen Sie dazu eine Skizze an und zeichnen Sie die mittlere Breite ein!

c) Ein unbesäumtes Brett hat die mittlere Breite = 23 cm. Seine Länge beträgt 3,25 m.
Berechnen Sie die Fläche in m^2!

2.2.6 Unbesäumte Bohlen

a) Mit welcher mittleren Breite wird die Fläche unbesäumter **Bohlen** berechnet? Wo wird gemessen?

b) Die mittlere Breite einer Bohle beträgt auf der rechten Seite = 38 cm und auf der linken Seite = 32 cm.
Mit welcher mittleren Breite wird die Fläche berechnet?

c) Eine Bohle hat auf der rechten Seite die mittlere Breite = 39 cm und auf der linken Seite die mittlere Breite = 34 cm. Die Bohle ist 4,5 m lang.
Berechnen Sie die Fläche in m^2!

d) Berechnen Sie die Fläche der unbesäumten Bohle!
Mittlere Breite, rechts = 41 cm; Mittlere Breite, links = 34 cm; Länge = 3,75 m

2.3 Kreis, Kreisteile, Ellipse

2.3.1 Kreisfläche

Eine Kreisfläche läßt sich wie ein Parallelogramm oder ein Trapez in ein flächengleiches Rechteck verwandeln. Unterteilt man z. B. einen Kreis in 16 gleiche Kreisausschnitte (siehe Bild) und setzt diese wechselseitig aneinander, so erhält man eine rechteckförmige Fläche (siehe Bild).

Unterteilt man den Kreis in unendlich viele Kreisausschnitte, so ergibt sich ein wirkliches Rechteck. Die Grundseite dieses Rechtecks ist so lang wie der halbe Kreisumfang.

$$\frac{U}{2} = \frac{d \cdot \pi}{2} \quad \text{oder} \quad \frac{2r\pi}{2} = r\pi$$

Die Höhe des Rechtecks ist der Kreisradius r oder der halbe Durchmesser $\frac{d}{2}$.

Berechnet man nun nach der Formel A = Grundseite · Höhe das Rechteck, so erhalten wir die Flächengleichung des Kreises.

$$A = r\pi \cdot r \qquad A = \frac{d \cdot \pi}{2} \cdot \frac{d}{2}$$

$$\boldsymbol{A = r^2 \pi} \quad \text{oder} \quad \boldsymbol{A = \frac{d^2 \cdot \pi}{4}}$$

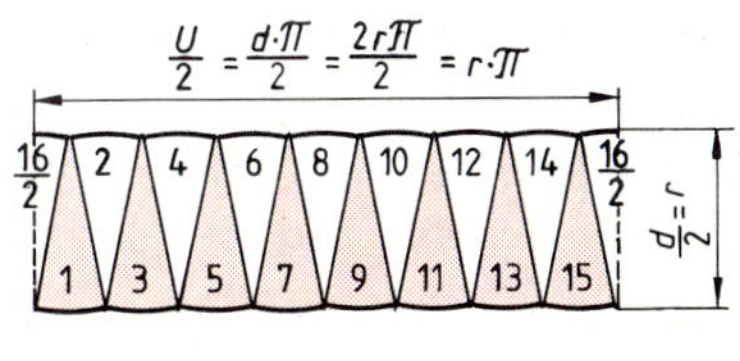

Berechnungsbeispiel:

Der Durchmesser eines Kreises ist d = 85 cm = 0,85 m. Dann ist der Radius r = 42,5 cm = 0,425 m.

$A = r^2 \cdot \pi$

$A = 0{,}425\text{ m} \cdot 0{,}425\text{ mm} \cdot 3{,}14\ldots$

$\mathbf{A = 0{,}567\ldots\ m^2}$

$A = \dfrac{d^2 \cdot \pi}{4} = \dfrac{0{,}85\text{ m} \cdot 0{,}85\text{ m} \cdot 3{,}14}{4}$

$\mathbf{A = 0{,}567\ldots\ m^2}$

Umformung der Flächengleichung

Ist der Flächeninhalt gegeben und der Radius gesucht, so wird die Gleichung $A = r^2\pi$ nach r umgeformt.

Seitentausch: $\mathbf{r^2 \cdot \pi = A} \mid :\pi;$ $\quad \mathbf{r^2 = \frac{A}{\pi}} \mid \sqrt{\ };$ $\quad \boxed{\mathbf{r = \sqrt{\frac{A}{\pi}}}}$

2.3.2 Kreisausschnitt

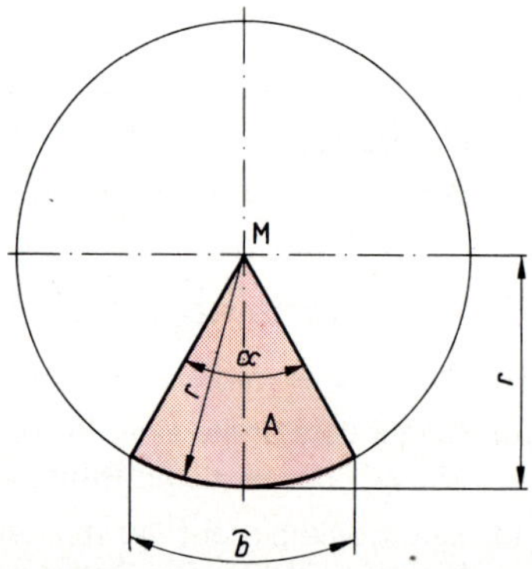

Ist der Winkel eines Kreisausschnittes bekannt, dann ergibt sich der Flächeninhalt des Kreisausschnittes nach der Gleichung

$$\boxed{\mathbf{A_\triangle = \frac{r^2 \cdot \pi \cdot \alpha}{360^\circ}}}$$

Da der ganze Kreis in 360° unterteilt ist, ist ein Kreisausschnitt mit dem Winkel $\alpha = 1°$ der 360-zigste Teil des ganzen Kreises. Ist der Winkel α z. B. 45°, so ist dieser Kreisausschnitt 45mal größer oder $\frac{45}{360} = \frac{1}{4}$ der Kreisfläche des ganzen Kreises.

Beispiel: r = 50 cm = 0,5 m; Winkel α = 72°

$$A = \frac{r^2 \cdot \pi \cdot \alpha}{360^\circ} = \frac{0{,}5\text{ m} \cdot 0{,}5\text{ m} \cdot 3{,}14 \cdot 72^\circ}{360^\circ} = \mathbf{0{,}157\ldots\ m^2}$$

Der Kreisausschnitt kann aber auch wie ein Dreieck berechnet werden.

Der Flächeninhalt eines Dreiecks ist $A = \dfrac{\text{Grundseite} \cdot \text{Höhe}}{2}$

Der Kreisausschnitt unterscheidet sich vom Dreieck lediglich dadurch, daß die Grundseite nicht gerade, sondern gekrümmt sowie Höhe und Seitenlängen gleich sind. Die Höhe des Kreisausschnittes ist der Radius r des Kreises.

Entsprechend der Dreiecksformel erhalten wir die Gleichung: $\boxed{\mathbf{A_\triangle = \frac{b \cdot r}{2}}}$

Mit dieser Gleichung kann aber nur gerechnet werden, wenn die Länge b bekannt ist. Da $b = \dfrac{2r \cdot \pi \cdot \alpha}{360^\circ}$ ist, erhält man durch Einsetzung wieder die oben angegebene Gleichung $\dfrac{r^2 \cdot \pi \cdot \alpha}{360^\circ} = A_\triangle$

2.3.3 Kreisabschnitt

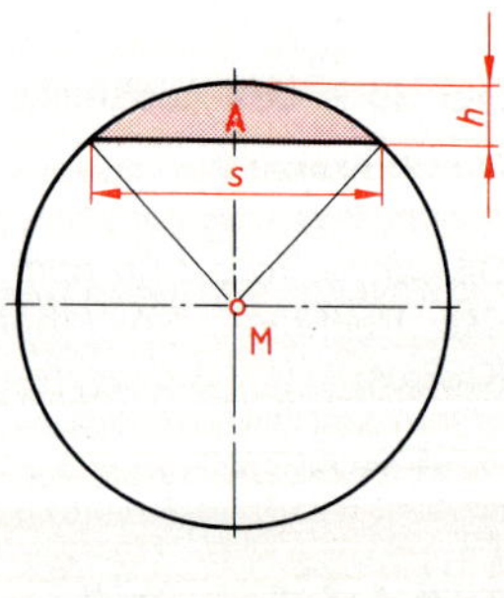

Zeichnet man in einen Kreis eine Sehne s, so erhält man eine von s und dem Bogen b begrenzte Fläche. Sie heißt Kreisabschnitt. Bei einer genauen mathematischen Berechnung der Kreisabschnittfläche muß man vom Kreisausschnitt ein Dreieck (siehe Bild) subtrahieren. Für eine Berechnung in der Praxis des Tischlers genügt die Näherungsgleichung.

$$\boxed{\mathbf{A \approx \frac{2 \cdot s \cdot h}{3}}}$$

Die Gleichung sagt aus, daß der Kreisabschnitt etwa ²/₃ eines Rechtecks mit der Grundseite s und der Höhe h beträgt.

Merke: Den Bogen bezeichnet man als Stichbogen.

Berechnungsbeispiel:

Ein Stichbogen hat die Breite $b = s = 1{,}5$ m und die Stichbogenhöhe $h = 25$ cm $= 0{,}25$ m.

Wie groß ist der Flächeninhalt des Kreisabschnittes?

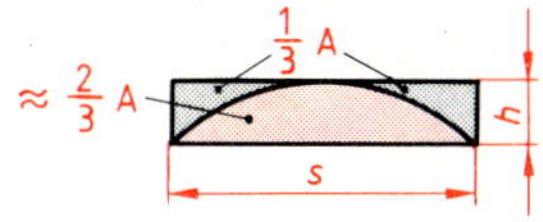

$$A \approx \frac{2 \cdot s \cdot h}{3} \approx \frac{2 \cdot 1{,}5\ \text{m} \cdot 0{,}25\ \text{m}}{3} \approx \mathbf{0{,}25\ m^2}$$

2.3.4 Ellipse

Eine Ellipse hat im Gegensatz zum Kreis zwei Radien (Halbmesser) r_1 und r_2. Die Flächengleichung der Ellipse erhalten wir aus der Flächengleichung des Kreises.

Kreisfläche $A = r \cdot r \cdot \pi$. Um die Ellipsenfläche zu erhalten, setzen wir für das eine r, r_1 und für das andere r, r_2 ein. So erhalten wir die Flächengleichung der Ellipse

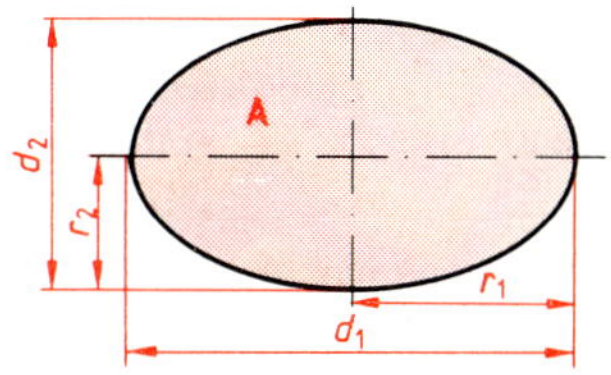

$$A_{\text{Ellipse}} = r_1 \cdot r_2 \cdot \pi$$

Beispiel: Ein ellipsenförmiger Tisch ist $d_1 = 1{,}2$ m lang und $d_2 = 90$ cm breit. Wie groß ist der Flächeninhalt der Tischplatte?

$r_1 = 0{,}6$ m, $r_2 = 0{,}45$ m

$A = r_1 \cdot r_2 \cdot \pi$

$A = 0{,}6\ \text{m} \cdot 0{,}45\ \text{m} \cdot 3{,}14 = \mathbf{0{,}847\ldots\ m^2}$

2.3.5 Zusammengesetzte Flächen

Flächen können sich auch aus geradlinig begrenzten und kreis- bzw. ellipsenförmigen Flächen zusammensetzen.

Die Gesamtfläche ergibt sich aus der Summe bzw. Differenz der Teilflächen.

Beispiel:

Die rechts abgebildete Gesamtfläche setzt sich aus einer Viertelellipse, einem Kreisabschnitt und zwei Rechtecken zusammen. Hiervon muß noch eine **Viertelkreis-Restfläche** subtrahiert werden.

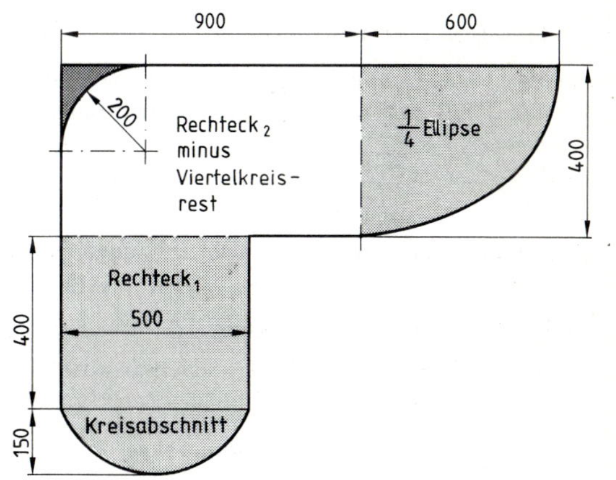

Die Viertelkreis-Restfläche ist

$A_{Vkr} =$ Quadrat $-$ Viertelkreis

$$A_{Vkr} = r^2 - \frac{r^2 \cdot \pi \cdot \alpha}{360^\circ}$$

$$A_{Vkr} = 0{,}2\ \text{m} \cdot 0{,}2\ \text{m} - \frac{0{,}2\,\text{m} \cdot 0{,}2\,\text{m} \cdot 3{,}14}{4}$$

$$A_{Vkr} = 0{,}04\ \text{m}^2 - 0{,}0314\ \text{m}^2 = \mathbf{0{,}0086\ m^2}$$

$A_{ges} =$ Viertelellipse + Kreisabschnitt + Rechteck$_1$ + Rechteck$_2$ $-$ Viertelkreis-Restfläche

$$A_{ges} = \frac{r_1 \cdot r_2 \cdot \pi}{4} + \frac{2\,s \cdot h}{3} + l_1 \cdot h_1 + l_2 \cdot h_2 - \left(\frac{r^2 - r^2 \cdot \pi}{4}\right)$$

$$A_{ges} = \frac{0{,}6\ \text{m} \cdot 0{,}4\ \text{m} \cdot 3{,}14}{4} + \frac{2 \cdot 0{,}5\ \text{m} \cdot 0{,}15\ \text{m}}{3} + 0{,}5\ \text{m} \cdot 0{,}4\ \text{m} + 0{,}9\ \text{m} \cdot 0{,}4\ \text{m} - 0{,}0086\ \text{m}^2$$

$$A_{ges} = 0{,}1884\ \text{m}^2 + 0{,}05\ \text{m}^2 + 0{,}2\ \text{m}^2 + 0{,}36\ \text{m}^2 - 0{,}0086\ \text{m}^2$$

$$A_{ges} = \mathbf{0{,}7898\ m^2}$$

Aufgaben zu 2.3

2.3.1 Kreisfläche

a) Entwickeln Sie die Formeln zur Berechnung der Kreisfläche!

b) Der Radius eines Kreises ist $r = 5$ cm. Berechnen Sie seine Fläche A in cm²!

c) Eine kreisförmige Tischplatte mit dem Durchmesser $d = 1$ m wird aus einer quadratischen Platte 1 m mal 1 m zugeschnitten.
Wie groß ist die Fläche der kreisrunden Platte in m²? Wieviel m² beträgt der Abfall (Verschnitt)?

d) Ein Baumstamm hat einen mittleren Durchmesser $d_m = 64$ cm. Berechnen Sie die mittlere Querschnittfläche A_m in dm² und in m²!

e) Der Umfang eines Kreises ist $U = 266{,}9$ cm. Berechnen Sie den Durchmesser d in cm und den Flächeninhalt A in m²!

f) Der Flächeninhalt einer kreisrunden Platte soll $A = 1{,}2$ m² betragen. Wie groß muß der Radius r des Kreises in m sein?

g) Eine Kreisöffnung soll $A = 7$ m² groß sein. Wie groß muß der Radius r des Kreises in m sein?

2.3.2 Kreisausschnitt

a) Entwickeln Sie die Formel für die Fläche des Kreisausschnitts!

b) Entwickeln Sie die Formel für die Fläche des Kreisausschnitts mit Hilfe der Bogenlänge b!

c) Ein Kreisauschnitt hat den Radius $r = 1$ m. Wie groß ist die Fläche für den Winkel $\alpha = 1°$ in m²?

d) Ein Kreisausschnitt hat den Radius $r = 54$ cm. Berechnen Sie die Fläche A in m² für folgende Winkel:
$\alpha = 10°$, $\alpha = 30°$, $\alpha = 45°$, $\alpha = 72°$, $\alpha = 120°$

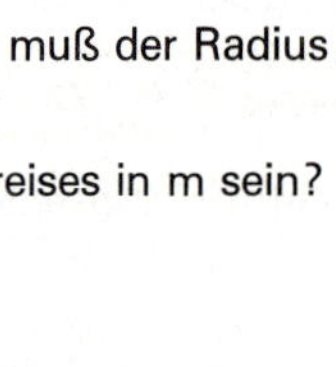

e) Ein kreisausschnittförmiges Eckbrett hat den Winkel $\alpha = 90°$ und den Radius $r = 45$ cm. Berechnen Sie den Flächeninhalt A in m²!

f) Fünf kreisausschnittförmige Eckbretter mit dem Winkel $\alpha = 90°$ und dem Radius $r = 50$ cm werden aus einer Platte, Länge = 240 cm; Breite = 52 cm zugeschnitten (siehe Bild).
Wie groß ist der Abfall (Verschnitt) in m²?

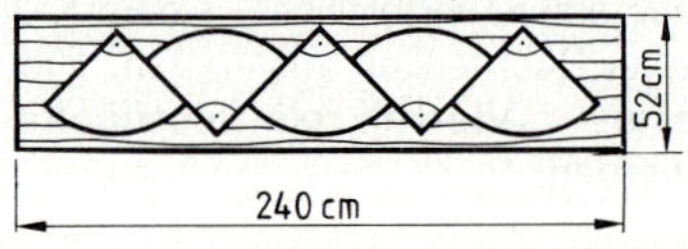

g) Die Trittstufe einer Wendeltreppe hat die rechts angegebenen Maße. Berechnen Sie den Flächeninhalt der Stufe in m²! Entwickeln Sie die Formel für die Berechnung!

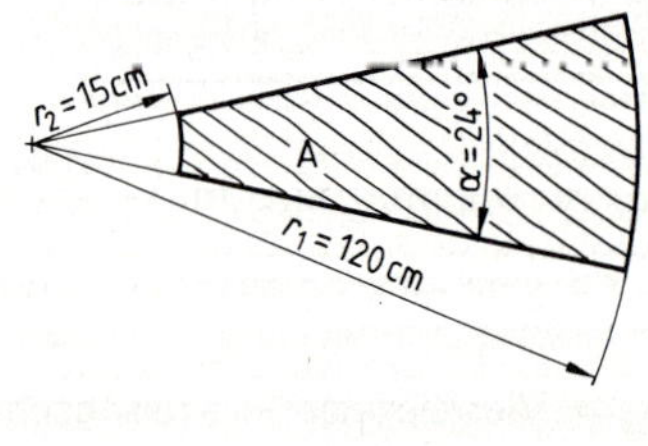

h) Der Radius eines Kreisausschnittes ist $r = 84$ cm.
Wie lang muß der Bogen b in cm sein, damit der Flächeninhalt des Kreisausschnitts $A = 0{,}6$ m² ist?

i) Der Flächeninhalt eines Kreisausschnitts mit dem Radius $r = 70$ cm soll $A = 2564{,}33$ cm² groß werden. Wie groß muß der Winkel α sein? Stellen Sie die Formel zunächst nach α um!

2.3.3 Kreisabschnitt

a) Ein Kreisabschnitt hat die Sehnenlänge $s = 1{,}2$ m und die Höhe $h = 25$ cm. Berechnen Sie den Flächeninhalt A in m² mit Hilfe der Näherungsgleichung!

b) Aus einem Brett, Länge = 95 cm, Breite = 20 cm wird ein Kreisabschnitt mit der Länge $s = 94$ cm und der Höhe $h = 18$ cm zugeschnitten. Berechnen Sie den Abfall (Verschnitt) in m²!

c) Aus einer Platte wird ein Kreisabschnitt herausgeschnitten (siehe Bild). Berechnen Sie die Fläche A in m^2!

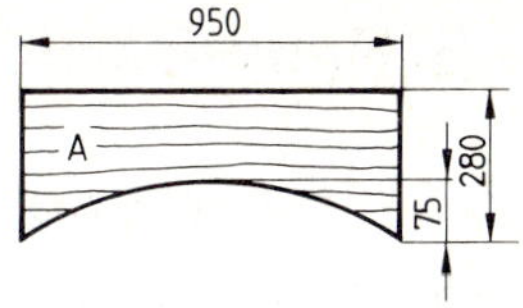

d) Ein Kreisabschnitt mit der Sehnenlänge $s = 72$ cm soll einen Flächeninhalt $A = 0{,}0576$ m^2 erhalten.
Wie groß muß die Höhe h in cm sein?

e) Von einem Kreis mit dem Durchmesser $d = 75$ cm wird ein Kreisabschnitt mit der Sehnenlänge $s = 60$ cm und der Höhe $h = 15$ cm abgeschnitten.
Wie groß ist der Flächeninhalt der Restfläche (Kreis- minus Kreisabschnitt) in m^2?

2.3.4 Ellipse

a) Eine ellipsenförmige Tischplatte hat die Radien $r_1 = 60$ cm und $r_2 = 40$ cm. Berechnen Sie den Flächeninhalt der Platte in m^2!

b) Der kleine Radius einer Ellipse ist $r_2 = 45$ cm. Der Radius r_1 soll 1,6mal größer sein als Radius r_2. Wie groß wird der Flächeninhalt der Ellipse in m^2?

c) Der Durchmesser einer ellipsenförmigen Platte sind $d_1 = 1{,}10$ m und $d_2 = 84$ cm. Berechnen Sie den Flächeninhalt in m^2!

d) Der Flächeninhalt einer Ellipse soll $A = 1$ m^2 betragen. Wie groß muß der Radius r_1 werden, wenn $r_2 = 44$ cm beträgt?

2.3.5 Zusammengesetzte Flächen

Berechnen Sie den Flächeninhalt der abgebildeten Flächen in m^2! Bilden Sie zuerst die Gleichung! Die Maße sind in mm angegeben!

a)

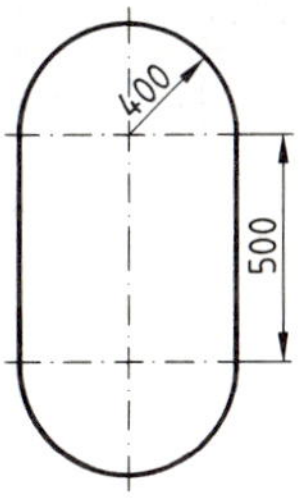

b)

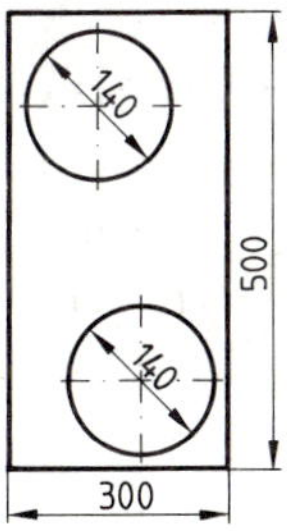

c)

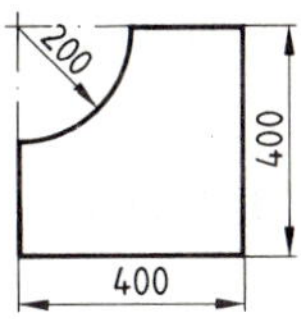

d)

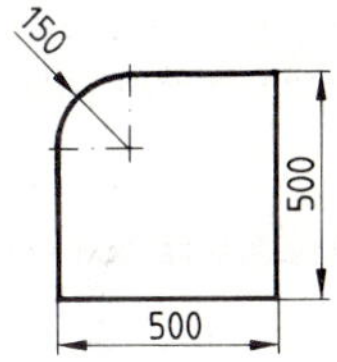

e)

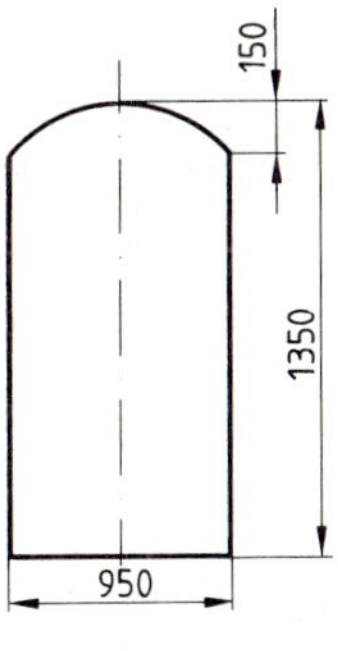

f)

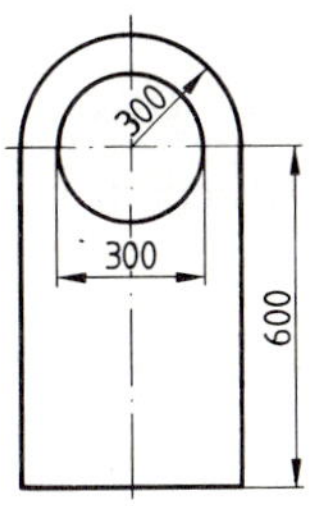

g)

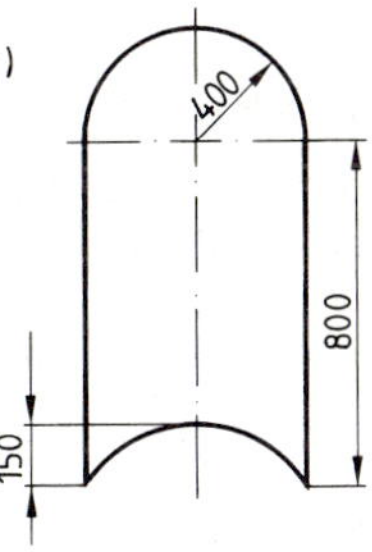

h)

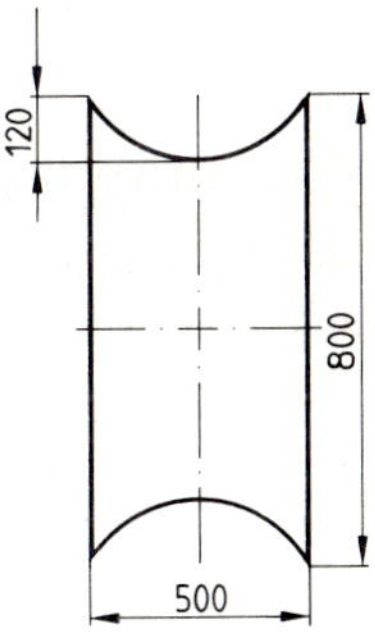

i)

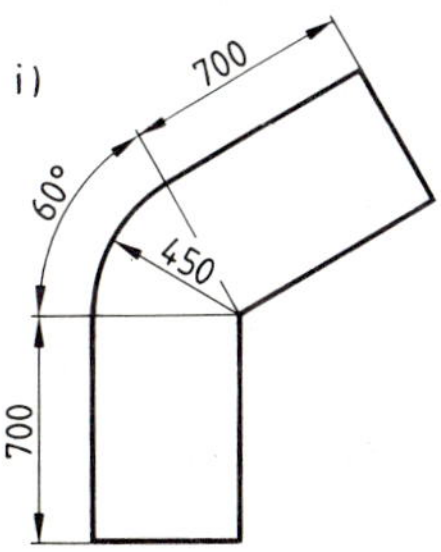

j)

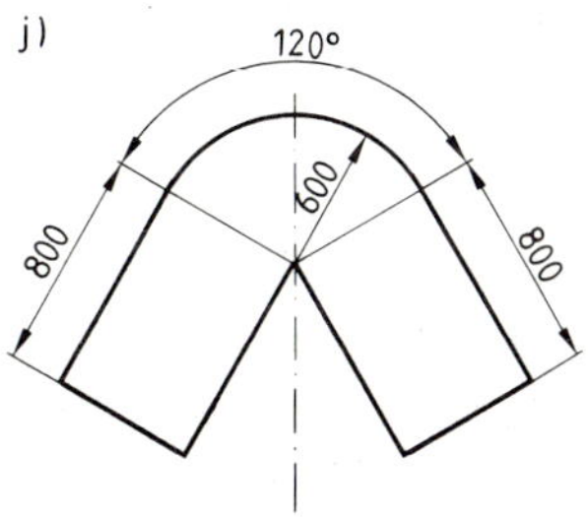

k)

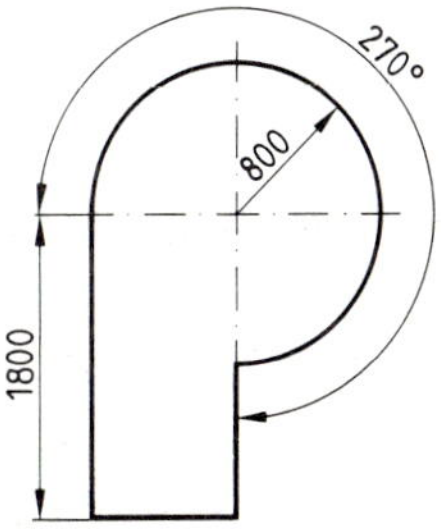

3 Rauminhalte

3.1 Prismatische und zylinderförmige Körper

3.1.1 Raumeinheiten (Volumeneinheiten)

Die Einheit des Raumes (Volumens) ist das Kubikmeter (m^3). Ein Würfel mit der Kantenlänge $l = 1\,m$ hat das Volumen $V = 1\,m^3$. Da 1 m in 10 dm unterteilt ist, sind in $1\,m^3$ $10^3\,dm^3$ enthalten. Die gebräuchlichsten Raumeinheiten (Volumeneinheiten) sind:

m^3, dm^3, cm^3, mm^3

Die Umrechnungszahl je Einheit ist die Zahl 1000.

$1\,m^3 = 1000\,dm^3$; $1\,dm^3 = 1000\,cm^3$; $1\,cm^3 = 1000\,mm^3$

Beispiel: $0{,}025\,m^3 = 25\,000\,cm^3$

Merke: $1\,dm^3 = 1$ Liter

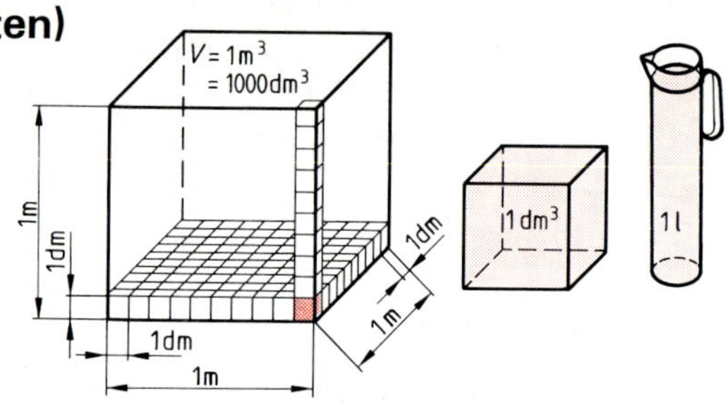

Würfel und Raumeinheiten

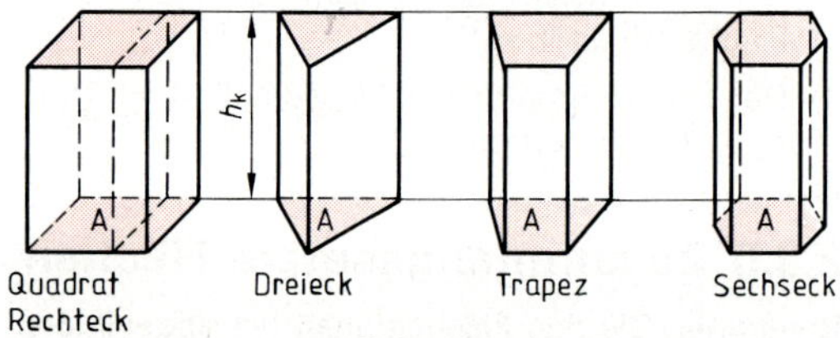

Prismatische Körper

3.1.2 Prismatische Körper

Prismatische Körper haben geradlinig begrenzte Grundflächen. Außerdem sind Grundfläche und Deckfläche gleich. Sie liegen parallel zueinander.

3.1.3 Zylinderförmige Körper

Zylinderförmige Körper haben kreisförmige Grundflächen. Grund- und Deckflächen sind ebenfalls gleich und liegen parallel zueinander.

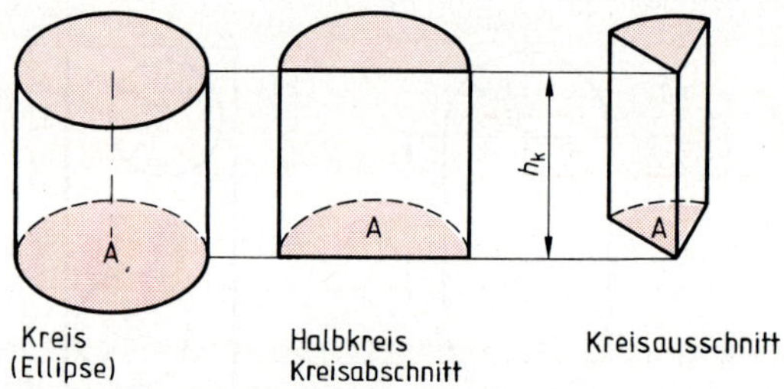

Zylinderförmige Körper

3.1.4 Volumenberechnung prismatischer und zylindrischer Körper

Der Rauminhalt (Volumen V) der prismatischen und zylindrischen Körper läßt sich nach einer Grundgleichung berechnen. Sie lautet:

$$\textbf{Volumen} = \textbf{Grundfläche} \cdot \textbf{Körperhöhe}$$
$$V = A \cdot h_k$$

Die Körperhöhe wird mit h_k bezeichnet, um sie von der Höhe h eines Dreiecks, Trapezes usw. zu unterscheiden. Je nach Grundfläche des Körpers erhalten wir aus der Grundgleichung die spezielle Gleichung.

Beispiel: Ein 80 cm hoher zylinderförmiger Körper hat einen Kreisausschnitt als Grundfläche, $r = 12\,cm$, $\alpha = 120°$.

Grundgleichung: $V = A \cdot h_k$

Spezielle Gleichung: $V = \dfrac{r^2 \cdot \pi \cdot \alpha \cdot h_k}{360°}$

$$V = \frac{12\,cm \cdot 12\,cm \cdot 3{,}14 \cdot 120° \cdot 80\,cm}{360°}$$

$V = 12\,057{,}6\,cm^3 = 12{,}0576\,dm^3$

3.1.5 Volumenberechnung von Kanthölzern, Balken, Brettern und Bohlen

Kanthölzer, Balken, Bretter und Bohlen sind ihrer Form nach prismatische Körper. Das Volumen von Kanthölzern, Balken, parallel besäumten Brettern und Bohlen berechnet man nach der Gleichung:

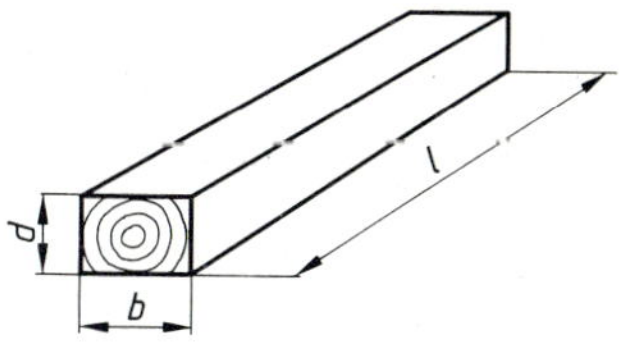

Volumen = Länge · Breite · Dicke
$$V = l \cdot b \cdot d$$

oder: $V = b \cdot d \cdot l$ (Vertauschungsgesetz)

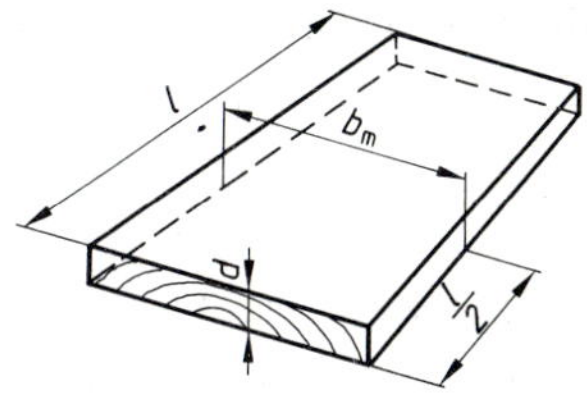

Konisch besäumte Bretter und Bohlen und unbesäumte Bretter und Bohlen werden nach der gleichen Formel berechnet. Man setzt lediglich als Breite die **mittlere Breite** (b_m) in die Gleichung ein.

Volumen = mittlere Breite · Länge · Dicke
$$V = b_m \cdot l \cdot d$$

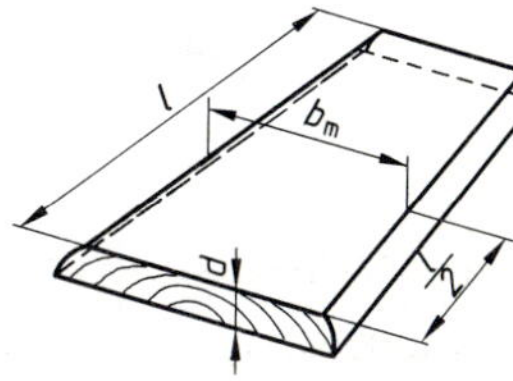

Berechnungsbeispiel: Die rechts abgebildete unbesäumte Bohle hat folgende Abmessungen:

b_{m1} = 46 cm, b_{m2} = 41 cm, Länge l = 3 m, Dicke d = 45 mm.

Berechnen Sie das Volumen in m³, und geben Sie das Volumen in dm³ und cm³ an!

$$V = b_m \cdot l \cdot d$$

$$V = \frac{(b_{m1} + b_{m2}) \cdot l \cdot d}{2}$$

$$V = \frac{(0{,}46\ \text{m} + 0{,}41\ \text{m}) \cdot 3\ \text{m} \cdot 0{,}045\ \text{m}}{2}$$

$$V = \mathbf{0{,}058725\ m^3 = 58{,}725\ dm^3 = 58\,725\ cm^3}$$

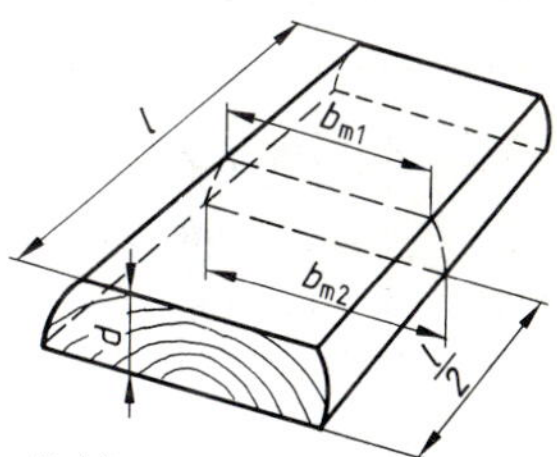

$d \geq 40$ mm

Aufgaben zu 3.1

3.1.1 Raumeinheiten

Rechnen Sie die Größen in andere Einheiten um!

a) 0,65 m³ = ? dm³
b) 3600 dm³ = ? m³
c) 650 000 cm³ = ? m³
d) 0,0042 m³ = ? cm³
e) 8 400 000 mm³ = ? dm³
f) 3,08 dm³ = ? mm³
g) 81 000 cm³ = ? m³
h) 15,5 m³ = ? dm³
i) 0,065 dm³ = ? cm³
j) 0,0006 m³ = ? cm³
k) 6300,5 cm³ = ? dm³
l) 84 000 mm³ = ? cm³

3.1.2 und 3.2.4 Prismatische Körper

a) Woran erkennt man prismenförmige Körper?

b) Wie berechnet man das Volumen *V* prismenförmiger Körper?

c) Ein Prisma hat eine rechteckige Grundfläche. Wie lautet in diesem Falle die Gleichung?

d) Ein Prisma hat eine dreieckige Grundfläche. Geben Sie die Formel für *V* an!

e) Ein Prisma hat eine trapezförmige Grundfläche. Geben Sie die Formel für *V* an!

Die Abbildungen zeigen prismatische Körper in der Vorderansicht und Draufsicht. Die Maße sind in cm angegeben. Berechnen Sie das Volumen der Körper in cm^3!

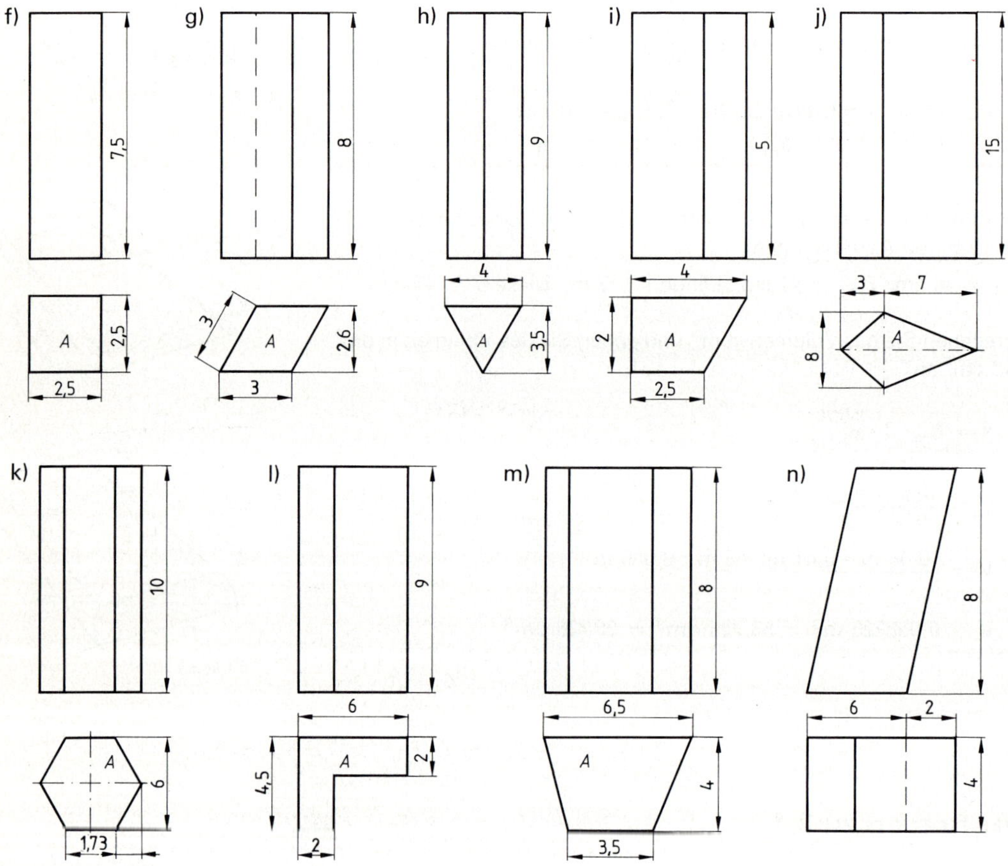

o) Ein Blechkanister hat die Innenmaße: Länge = 30 cm; Breite = 25 cm; Höhe = 50 cm. Wieviel Liter (dm^3) Flüssigkeit faßt der Kanister?

p) Ein Raum ist 5,5 m lang, 4,25 m breit und 2,55 m hoch. Wie groß ist das Volumen *V* in m^3?

q) Ein Kanister (rechteckig) ist 45 cm lang, 30 cm breit und 60 cm hoch. Wir gießen 54 Liter Öl in den Kanister. Wie hoch ist er danach gefüllt?

r) Ein rechtwinkliger Holzkasten soll ein Innenvolumen V = 140 Liter erhalten. Er soll innen 50 cm breit und 35 cm hoch werden. Wie lang muß er innen sein?

3.1.3 und 3.1.4 Zylinderförmige Körper

a) Nach welcher Grundgleichung berechnet man zylinderförmige Körper?

b) Die Grundfläche eines Zylinders ist ein Kreis. Wie lautet die Berechnungsformel für das Volumen?

c) Die Grundfläche eines zylinderförmigen Körpers ist ein Kreisausschnitt. Wie lautet jetzt die Formel für V?

d) Die Grundfläche eines zylinderförmigen Körpers ist ein Kreisabschnitt. Wie lautet die Formel für V?

e) Die Grundfläche eines zylinderförmigen Körpers ist eine Ellipse. Wie lautet die Gleichung für V?

Berechnen Sie das Volumen der abgebildeten zylinderförmigen Körper (Vorderansicht und Draufsicht gegeben) in dm³! Die Maße sind in mm angegeben! Stellen Sie zuerst die Gleichung für V auf!

f)

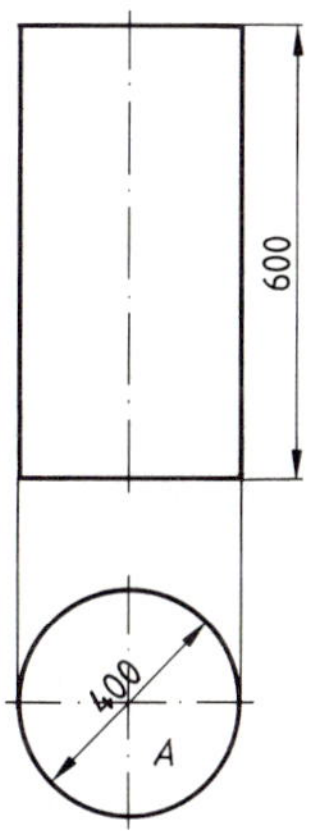

g)

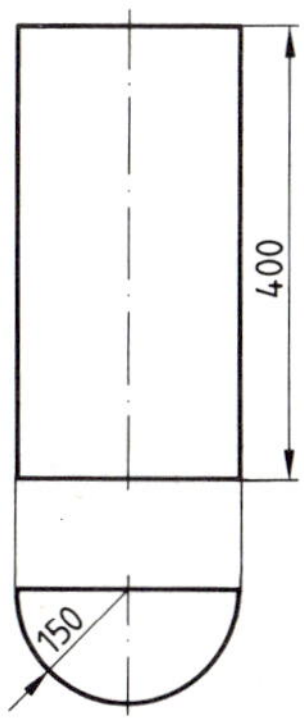

h)

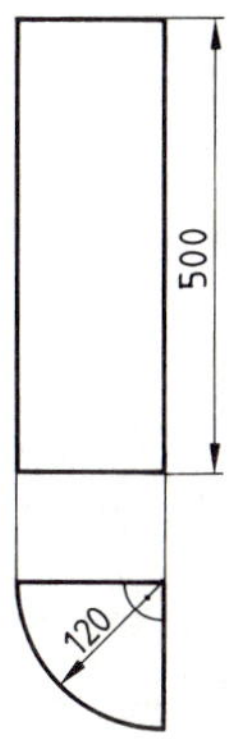

i)

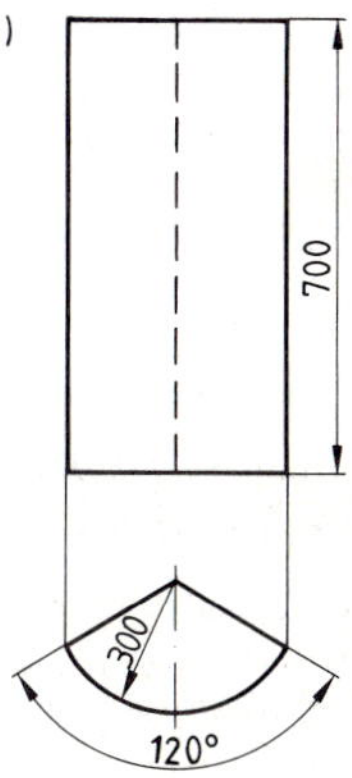

j)

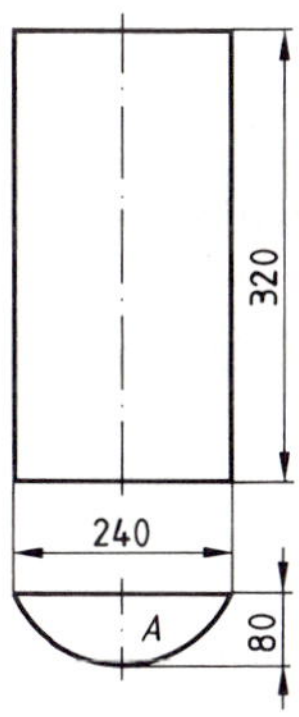

k)

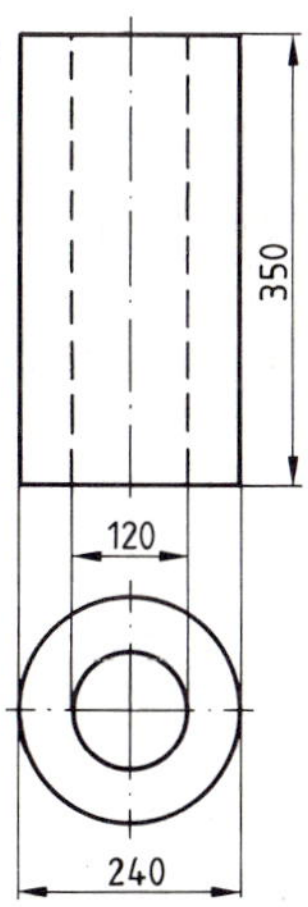

l)

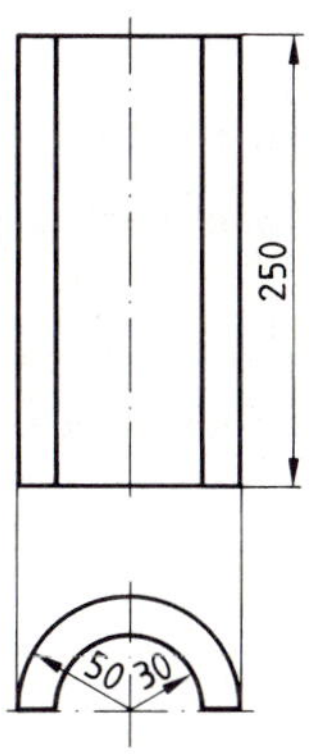

m)

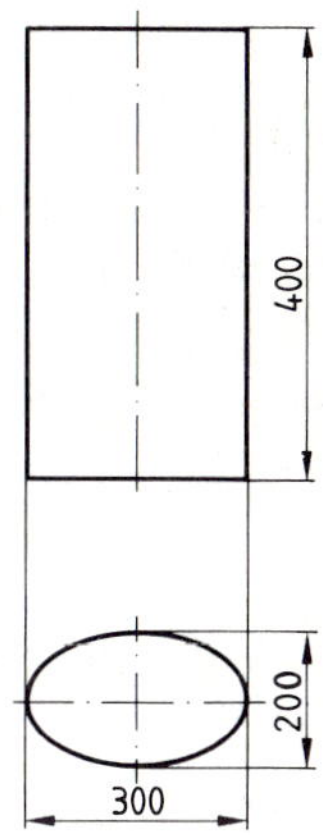

3.1.5 Volumenabrechnung von Kanthölzern, Balken, Brettern und Bohlen

Berechnen Sie das Volumen folgender Kanthölzer, Aufgaben a) bis d) in m^3!

a) Querschnitt = 8/8 (in cm), Länge = 4,5 m

b) Querschnitt = 10/12 (in cm), Länge = 5,5 m

c) Querschnitt = 14/16 (in cm), Länge = 3,5 m

d) Querschnitt = 6/8 (in cm), Länge = 50 laufende Meter

e) Wieviel laufende Meter Kanthölzer mit dem Querschnitt 10/10 erhält man beim Einkauf von $V = 1\ m^3$?

Berechnen Sie das Volumen folgender Balken, Aufgaben a) bis d) in m^3!

a) Querschnitt = 10/20 (in cm), Länge = 4,25 m

b) Querschnitt = 12/20 (in cm), Länge = 5,5 m

c) Querschnitt = 18/24 (in cm), Länge = 54 laufende Meter

d) Querschnitt = 16/20 (in cm), Längen: 12 Stück je 4,25 m und 7 Stück je 2,5 m

e) Jemand kauft 3,6 m^3 Balken mit dem Querschnitt = 12/24.
Wieviel laufende Meter Balken müssen geliefert werden?

Berechnen Sie das Volumen folgender besäumter Bretter und Bohlen in m^3, Aufgaben a) bis f)!

a) 40 Bretter, alle 22 cm breit, 4,5 m lang und 26 mm dick

b) 12 Bohlen, alle 35 cm breit, 5 m lang und 55 mm dick

c) 8 Bretter, alle 16 cm breit und 22 mm dick. Längen: 5 Stück je 4 m lang und 3 Stück je 3,5 m lang

d) 5 Bohlen, alle 40 cm breit und 45 mm dick. Längen: 3 m, 3,5 m, 3,75 m, 4 m, 4,25 m

e) 20 Bretter, alle 25 mm dick und 3,5 m lang. Breiten: 10 Bretter je 18 cm breit, 5 Bretter je 20 cm breit und 5 Bretter je 22 cm breit

f) 4 Bohlen, alle 40 mm dick und 3,40 m lang. Breiten: 30 cm, 35 cm, 38 cm, 42 cm.

g) Jemand kauft $V = 1{,}35\ m^3$ parallel besäumte Bohlen, alle 45 mm dick, 4 m lang und 30 cm breit.
Wieviel Bohlen erhält er?

h) Jemand kauft $V = 2{,}1\ m^3$ parallel besäumte Bretter, alle 3,75 m lang, 14 cm breit und 20 mm dick.
Wieviel m^2 erhält er? Wieviel Bretter müssen geliefert werden?

Berechnen Sie das Volumen folgender unbesäumter Bretter und Bohlen in m^3, Aufgaben a) bis c)!

a) Mittlere Breite des Brettes an der linken Seite = 26 cm. Länge = 4,5 m, Dicke = 30 mm

b) Mittlere Breiten einer Bohle b_{m1} = 37 cm, b_{m2} = 43 cm. Länge = 5 m, Dicke = 45 mm

c) Mittlere Breiten einer Bohle b_{m1} = 39 cm, b_{m2} = 46 cm, Länge = 5,5 m, Dicke 50 mm

d) Das Volumen einer Bohle soll laut Rechnung $V = 0{,}102\ m^3$ betragen. Die Bohle hat eine mittlere Breite b_m = 40 cm und ist 60 mm dick. Wie lang müßte die Bohle sein?

3.2 Pyramiden- und kegelförmige Körper — Rundholz

3.2.1 Rauminhalt der Pyramide und des Kegels

Pyramiden und Kegel sind spitz zulaufende Körper. Ist die Grundfläche A geradlinig begrenzt, so handelt es sich um Pyramiden. Ist die Grundfläche ein Kreis, so heißt der Körper Kegel. Der rechts abgebildete Würfel läßt sich aus sechs gleichen Pyramiden zusammensetzen. Der halbe Würfel enthält folglich drei Pyramiden. Also lautet die Rauminhaltsformel für die Pyramide:

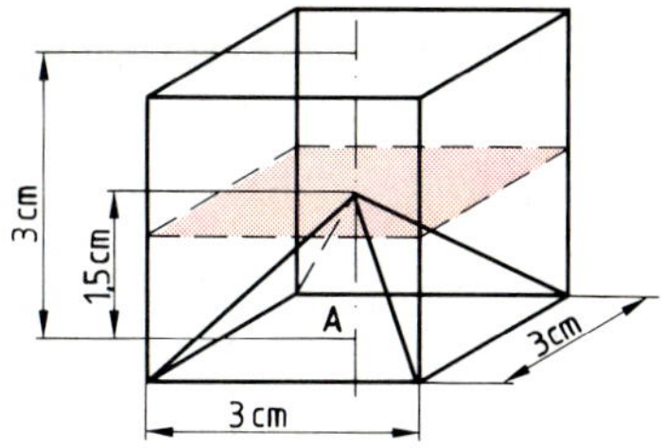

$$\textbf{Volumen} = \frac{\textbf{Grundfläche} \cdot \textbf{Höhe}}{3}$$

$$V = \frac{A \cdot h_k}{3}$$

Würfelvolumen = 3 cm · 3 cm · 3 cm = 27 cm³ Pyramidenvolumen = $\frac{3\text{ cm} \cdot 3\text{ cm} \cdot 1{,}5\text{ cm}}{3}$ = **4,5 cm³**

Pyramiden mit verschiedenen Grundflächen **Kegel**

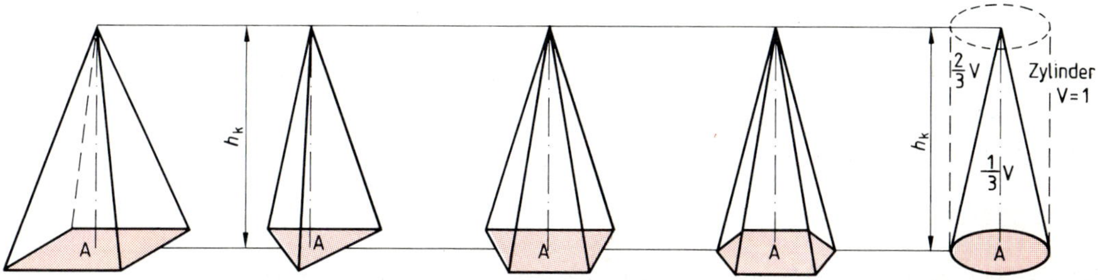

Die Grundgleichung $V = \frac{A \cdot h_k}{3}$ gilt für alle Pyramidenformen und ebenfalls für alle Kegel.

Das Volumen des abgebildeten Kegels beträgt ⅓ des Zylindervolumens bei gleicher Grundfläche und Körperhöhe.

3.2.2 Pyramidenstumpf und Kegelstumpf — Rundholz

Legt man parallel zur Grundfläche verlaufende Schnitte durch Pyramiden und Kegel, so entstehen Stümpfe (abgestumpfte Pyramiden und Kegel).

Pyramidenstumpf

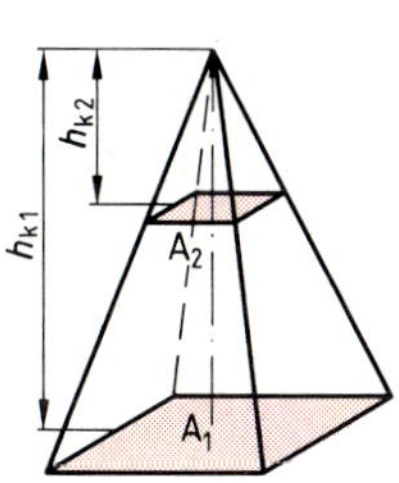

Kegelstumpf

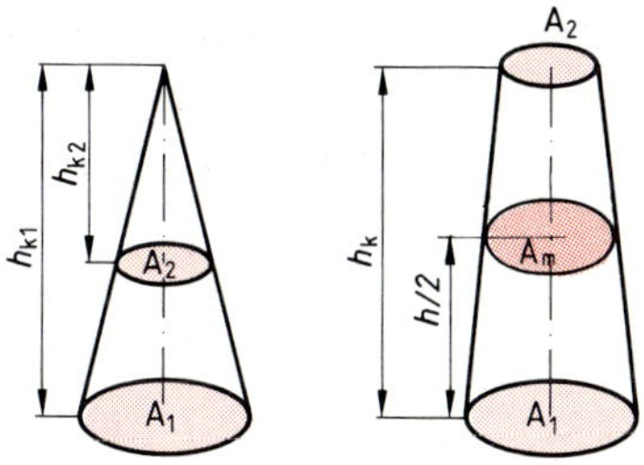

Rundholz = Kegelstumpf

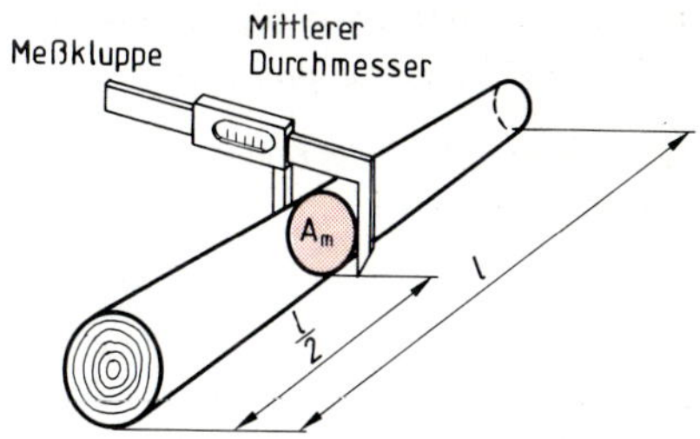

Den Rauminhalt (Volumen) der Pyramiden- und Kegelstümpfe erhält man mathematisch genau, indem man das Volumen der ganzen Pyramide bzw. des ganzen Kegels berechnet und von diesem Volumen das Volumen der abgeschnittenen Pyramide bzw. des abgeschnittenen Kegels subtrahiert. Das ist aber nur möglich, wenn alle zur Berechnung notwendigen Maße bekannt sind. Die Gleichung für den Pyramiden- und Kegelstumpf lautet also:

$$V = \frac{A_1 \cdot h_{k1}}{3} - \frac{A_2 \cdot h_{k2}}{3}$$

In der Praxis dagegen berechnet man das Volumen von Stümpfen mit Hilfe einer vereinfachten angenäherten Formel: Sie lautet:

Volumen ≈ mittlere Querschnittfläche · Höhe	$\boldsymbol{V \approx A_m \cdot h_k}$

Die mittlere Querschnittfläche erhält man, indem man entweder Grundfläche A_1 und Schnittfläche A_2 addiert und durch zwei dividiert $A_m = \frac{A_1 + A_2}{2}$ oder die mittlere Querschnittfläche aus den gegebenen mittleren Maßen berechnet. Ein Baumstamm hat etwa die Form eines Kegelstumpfes. Mißt man mit einer Meßkluppe (siehe Bild) den Durchmesser auf halber Stammlänge (d_m), so läßt sich die mittlere Querschnittfläche berechnen. Multipliziert man diese mit der Länge (Höhe) des Stammes, so erhält man annähernd genau das Rundholzvolumen.

Beispiel: Ein Rundholz hat einen mittleren Durchmesser d_m = 58 cm = 0,58 m. Dann ist der mittlere Radius r_m = 29 cm = 0,29 m. Das Rundholz ist l = 5 m lang. Berechnen Sie das Volumen in m³!

Grundformel als angenäherte Formel $\boldsymbol{V \approx A_m \cdot l}$

Da A_m kreisförmig ist, schreiben wir $V \approx r_m^2 \cdot \pi \cdot l$

$V \approx 0{,}29\ \text{m} \cdot 0{,}29\ \text{m} \cdot 3{,}14 \cdot 5\ \text{m}$

$\boldsymbol{V \approx 1{,}32\ldots\ \text{m}^3}$

Aufgaben zu 3.2

3.2.1 Rauminhalt (Volumen) der Pyramide und des Kegels

a) Welches gemeinsame Kennzeichen haben Pyramiden und Kegel?

b) Wodurch unterscheidet sich die Pyramide vom Kegel?

c) Eine Pyramide mit der quadratischen Grundfläche 6 cm mal 6 cm ist 3 cm hoch.
Wieviel dieser Pyramiden benötigt man, um einen Würfel mit der Seitenlänge = 6 cm zu erhalten?
Wie groß ist das Volumen des Würfels in cm³. Wie groß ist das Volumen der einzelnen Pyramide in cm³?
Wieviel Pyramiden ergeben das halbe Würfelvolumen?

d) Nach welcher Grundformel lassen sich alle Pyramiden und Kegel berechnen?

e) Vier Pyramiden haben verschiedene Grundflächen: Quadrat, Rechteck, Dreieck, Trapez. Bilden Sie für die vier Pyramiden die speziellen Formeln zur Berechnung ihres Volumens!

f) Drei kegelförmige Körper haben verschiedene Grundflächen: Kreis, Kreisausschnitt, Ellipse.
Bilden Sie für die drei kegelförmigen Körper die speziellen Formeln zur Berechnung ihres Volumens!

Berechnen Sie für die abgebildeten Körper das Volumen V in cm³ (Maße in mm). Schreiben Sie zuerst die spezielle Formel!

g)

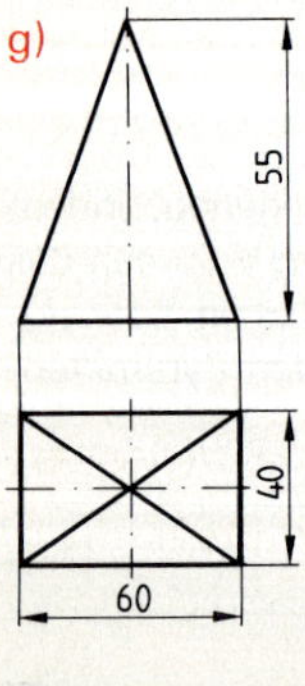

h)

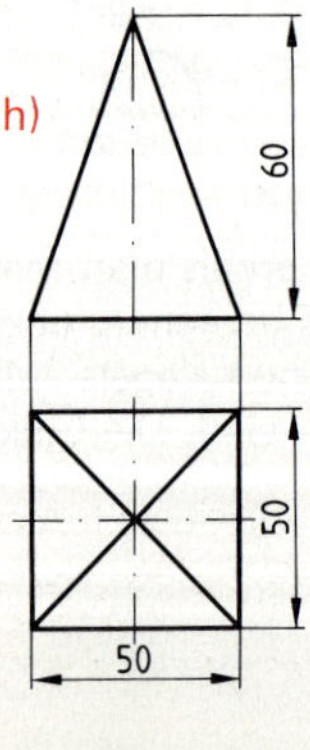

i)

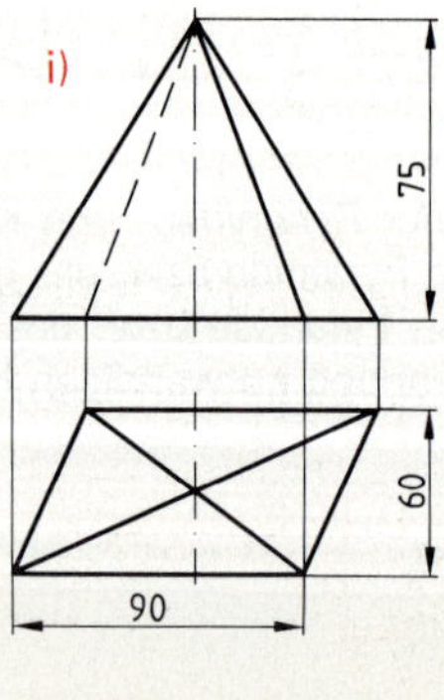

j)

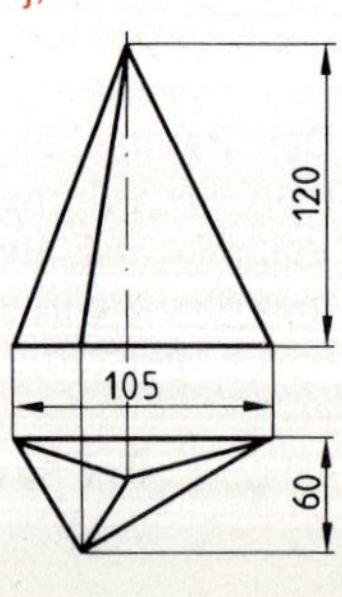

k)

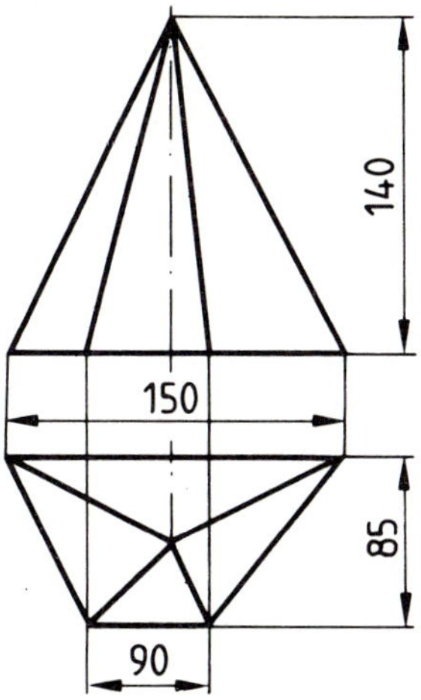

l)

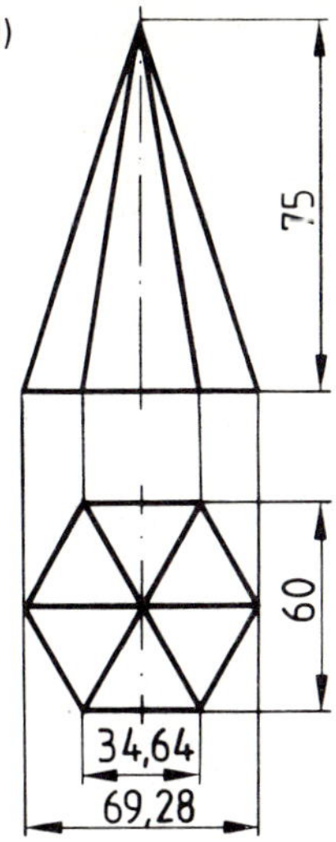

m)

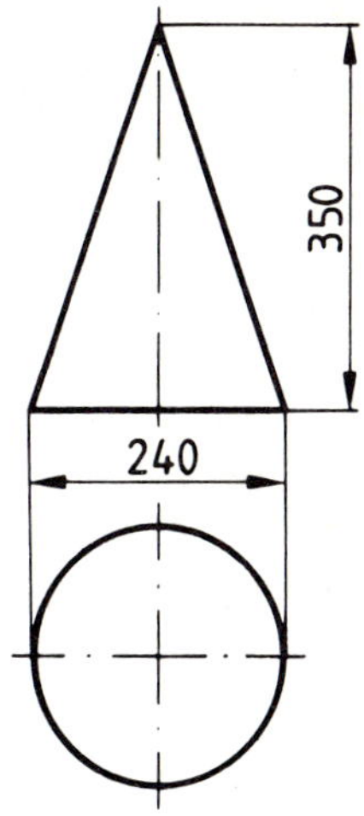

n)

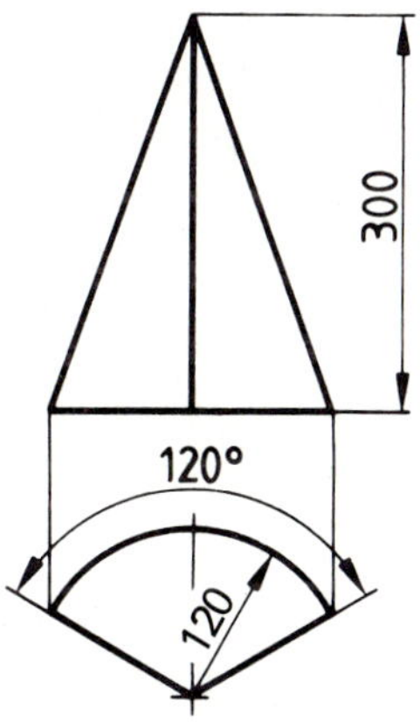

o)

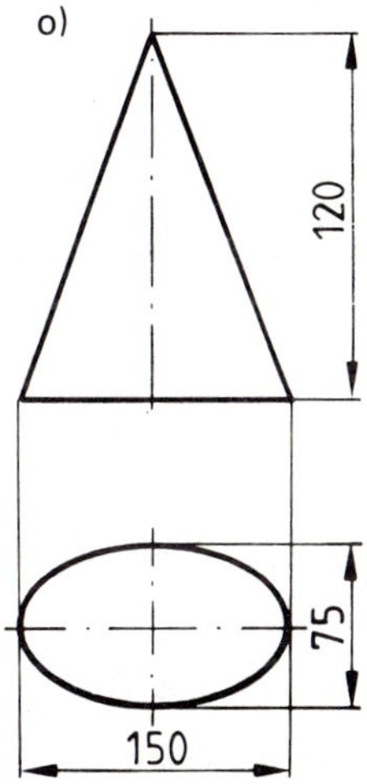

p) siehe Text!

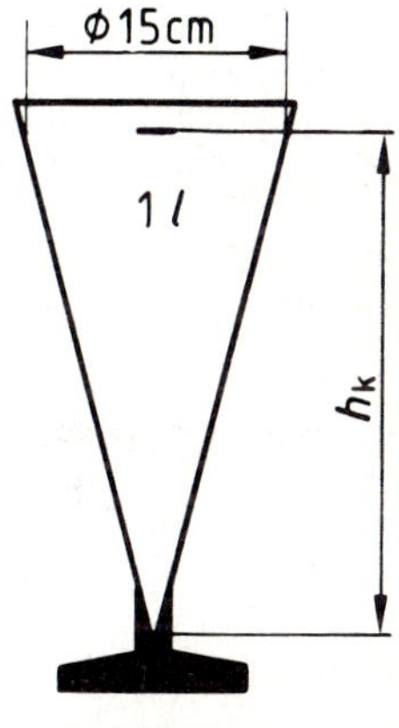

Meßbecher

p) Ein Zeltdach (Pyramide) mit quadratischer Grundfläche, 8 m mal 8 m, ist 9 m hoch. Welchen Rauminhalt hat das Dach in m³?

q) Ein kegelförmiger Meßbecher hat am oberen Skalenstrich einen Durchmesser d = 15 cm. Welche Höhe h_k muß der Skalenstrich haben, damit genau V = 1 Liter (dm³) angezeigt wird?

r) Ein kegelförmiger Sandhaufen hat einen Durchmesser von etwa $d \approx 2{,}4$ m und eine Höhe $h_k \approx 1{,}5$ m. Wieviel m³ Sand sind das ungefähr?

3.2.2 Pyramidenstumpf und Kegelstumpf — Rundholz

3.2.2.1 Pyramidenstumpf und Kegelstumpf

a) Wie erhält man aus einer Pyramide bzw. einem Kegel einen Pyramidenstumpf bzw. einen Kegelstumpf?

b) Wie kann man das Volumen der Stümpfe mathematisch genau berechnen?

c) Nach welcher angenäherten Formel berechnet man das Volumen der Stümpfe in der Praxis?

d) Da annähernd gleichmäßig gewachsene Bäume kreisförmige Querschnittflächen haben, die sich nach oben annähernd proportional verringern, kann man Rundhölzer als Kegelstümpfe betrachten. Welche Maße benötigt man, um das Volumen der Rundhölzer mit Hilfe der Näherungsformel zu berechnen?

Berechnen Sie das Volumen der abgebildeten Stümpfe mathematisch genau in cm^3 (Maße in mm).

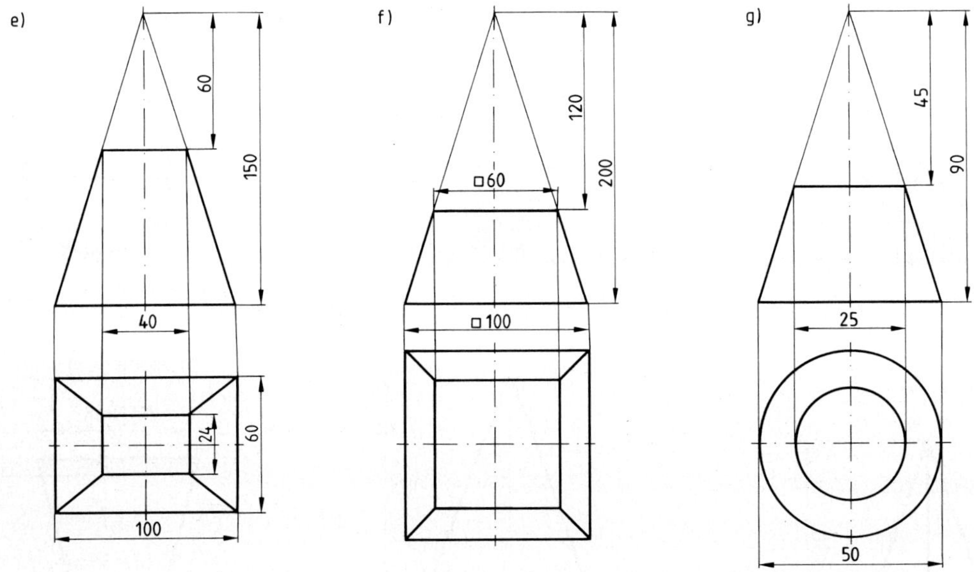

3.2.2.2 Rundholz

Berechnen Sie das Volumen der Rundhölzer in m^3 mit Hilfe der angenäherten Formel!

a) Mittlerer Durchmesser d_m = 60 cm, Länge l = 5 m

b) Mittlerer Durchmesser d_m = 56 cm, Länge l = 4,5 m

c) Mittlerer Durchmesser d_m = 74 cm, Länge l = 6 m

d) Mittlerer Durchmesser d_m = 82 cm, Länge l = 7,5 m

e) Stammdurchmesser (unten) = 65 cm, Zopfdurchmesser (oben) = 37 cm, Länge l = 8 m

f) Stammdurchmesser = 49 cm, Zopfdurchmesser = 36 cm, Länge l = 5 m

g) Ein Sägewerk kauft folgende Rundhölzer:
Stamm 1: Mittlerer Durchmesser = 45 cm, Länge = 5,5 m
Stamm 2: Mittlerer Durchmesser = 56 cm, Länge = 5 m
Stamm 3: Mittlerer Durchmesser = 58 cm, Länge = 4 m
Stamm 4: Mittlerer Durchmesser = 64 cm, Länge = 5,4 m
Berechnen Sie das Gesamtvolumen der vier Stämme in m^3!

h) Weil keine Meßkluppe zur Verfügung steht, wird mit einem Bandmaß der mittlere Umfang eines Rundholzes gemessen. Er beträgt U = 1633 mm. Die Länge beträgt l = 4,5 m.
Berechnen Sie das Volumen des Rundholzes in m^3!

i) Für ein Rundholz wurde das Volumen V = 1,06 m^3 angegeben. Der mittlere Durchmesser beträgt d_m = 52 cm. Wie lang muß der Stamm sein, wenn das berechnete Volumen stimmt?

4 Prozent-, Zins- und Mischungsrechnung

4.1 Holzfeuchte, Holzschwund und Feuchtegleichgewicht

4.1.1 Holzfeuchte, Holzschwund

Frisch gefälltes Holz enthält mitunter mehr als 50% Wasser, das sich in den Zellhohlräumen und in den Zellwänden befindet (siehe Bilder). Wenn das Wasser in den Zellhohlräumen verdunstet ist, hat Holz den sogenannten **Fasersättigungsbereich** erreicht. Im Fasersättigungsbereich enthalten die Zellwände etwa 30% Wasser. Erst beim Verdunsten des in den Zellwänden gebundenen Wassers fängt das Holz an zu schwinden. Der maximale Schwund ist im Darrpunkt erreicht. Im gedarrten Zustand beträgt der Wassergehalt (Feuchtigkeit) null Prozent.*

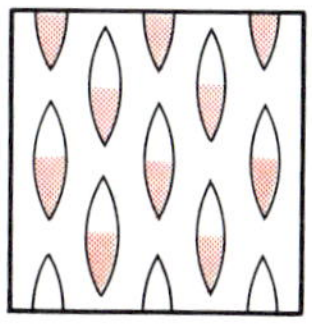

Wasser in den Zellhohlräumen Feuchte $> 30\%$

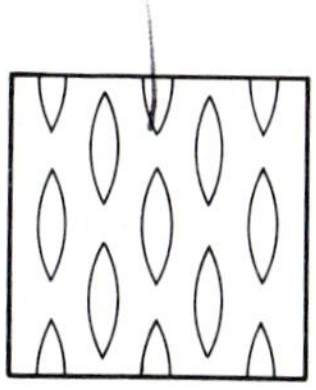

Wasser nur noch in den Zellwänden Feuchte $\leq 30\%$

4.1.2 Bestimmung der Holzfeuchte

Die Holzfeuchtigkeit wird entweder mit Hilfe einer Darrprobe oder mit Hilfe eines elektrischen Holzfeuchte-Meßgerätes ermittelt.

Bei der Darrprobe schneidet man möglichst 60 cm vom Hirnholzende eines Brettes entfernt eine 2 bis 3 mm dicke Querschnittprobe ab. Diese Holzprobe wird gewogen, anschließend in einem Darrofen getrocknet (gedarrt) und danach noch einmal gewogen. Der Gewichtsverlust beim Darren ist dem Wassergehalt der Probe gleich. Prozentual gibt man die Feuchtigkeit bezogen auf das Darrgewicht an. Das Darrgewicht wird also mit 100% angesetzt.

Beispiel: Gewicht (Masse) des abgeschnittenen Probestückes

im feuchten Zustand (Naßgewicht)	=	35 g
Darrgewicht (Masse) der Probe	=	28 g
Gewichtsverlust (Wassermenge)	=	**7 g**

$$28\text{ g} = 100\%$$
$$7\text{ g} = x$$

$$\textbf{Holzfeuchte in \%} = \frac{\textbf{Gewichtsverlust} \cdot \textbf{100\%}}{\textbf{Darrgewicht}}$$

$$\textbf{Holzfeuchte in \%} = \frac{\textbf{(Naßgewicht − Darrgewicht in g)} \cdot \textbf{100\%}}{\textbf{Darrgewicht in g}}$$

$$x = \frac{7\text{ g} \cdot 100\%}{28\text{ g}}$$

$$x = \textbf{25\% Feuchte}$$

Das Brett, dem das Probestück entnommen wurde, besitzt nach unserer Berechnung eine Holzfeuchte von 25%. Es liegt mit seinem Feuchtegehalt 5% unter dem Fasersättigungsbereich. In diesem Zustand kann es für Tischlerarbeiten nicht verwendet werden.

4.1.3 Holzschwund

Der Holzschwund beginnt erst unterhalb des Fasersättigungsbereiches (30% Feuchte) und endet beim Darrpunkt (0% Feuchte). Darrt man zum Beispiel ein Stück Eichenholz mit 30% Holzfeuchte, so läßt sich mit einer Schieblehre feststellen, daß der Schwund des Stückes prozentual nicht in allen Richtungen gleich groß ist. Beim abgebildeten Stück beträgt der gesamte Schwund

in **Richtung der Jahresringe**	=	3,9 mm	=	7,8%
in **Richtung der Markstrahlen**	=	2 mm	=	4%
in **Richtung der Holzfaser**	=	0,05 mm	=	0,05%

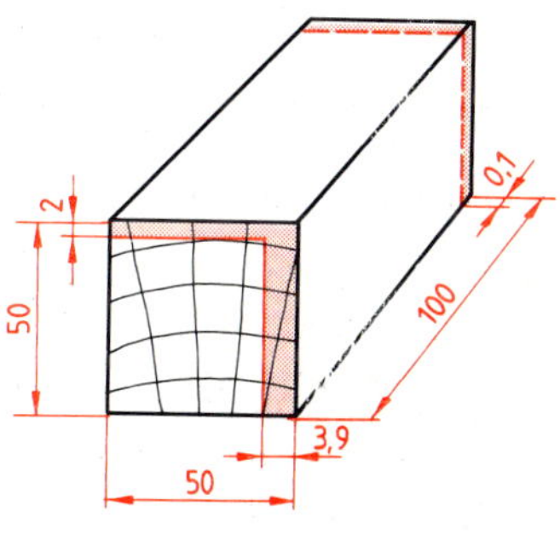

* Fachkunde Schreiner, Wuppertal 1980

Berechnung des Schwundes in Prozent

Das ursprüngliche Maß im Fasersättigungsbereich – auch Feuchtemaß genannt – wird mit 100% angesetzt. Die Länge in Richtung der Jahresringe beträgt beim abgebildeten Stück 50 mm. Der Schwund in Richtung der Jahresringe beträgt 3,9 mm.

50 mm = 100% **3,9 mm = x**	$$\textbf{Schwund in \%} = \frac{\textbf{Schwundmaß in mm} \cdot \textbf{100\%}}{\textbf{Feuchtemaß (ursprüngliche Länge) in mm}}$$

Schwund in Richtung der Jahresringe $x = \frac{3{,}9 \text{ mm} \cdot 100\%}{50 \text{ mm}} = \mathbf{7{,}8\%}$

Merke: Holz schwindet am stärksten in Richtung der Jahresringe. Der maximale Schwund der Hölzer beträgt in dieser Richtung durchschnittlich 8%. In Richtung der Markstrahlen schwinden die Hölzer weniger stark. Der Schwund in dieser Richtung beträgt durchschnittlich 4%. In Richtung der Faser (Längsrichtung) schwinden die Hölzer durchschnittlich 0,1% – also praktisch überhaupt nicht.*

4.1.4 Das Holzfeuchtegleichgewicht

Holz ändert seine Feuchte je nach der Feuchte der Luft, in der es sich befindet. Die Feuchte der Luft ist aber sehr stark von der Temperatur abhängig. So kann z. B. 1 m³ Luft bei 0 °Celsius maximal nur 4,9 g Wasser aufnehmen. Bei 20 °C aber schon 17,2 g und bei 80 °C sogar 291 g (siehe Diagramm rechts!). Ist Luft maximal mit Wasser gesättigt, so beträgt ihre **relative Feuchtigkeit** 100%. In diesem Zustand kann sie kein Wasser mehr aufnehmen. Holz, das sich in Luft mit der relativen Feuchtigkeit von 100% befindet, kann also nicht trocknen. In der Regel liegt die relative Luftfeuchtigkeit in beheizten Räumen bei ≈ 40%. Das heißt, daß die Luft nur 40% der maximal möglichen Wassermenge enthält. Bei 20 °C enthält 1 m³ Raumluft 17,2 g · 0,4 (40%) = = 6,88 g Wasser. In dieser Raumluft nimmt Holz eine Holzfeuchte von 8% an. Werden Vollhölzer oder holzhaltige Platten im Möbelbau verarbeitet, so muß, wenn das Holz in den Räumen weder schwinden noch quellen soll, die Holzfeuchtigkeit 8% betragen. Dies ist nur durch künstliche Trocknung zu erreichen.

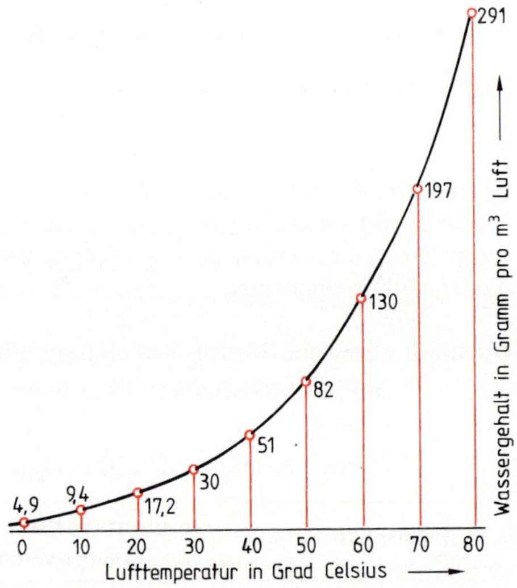

Zwischen der **Holzfeuchte**, der **Lufttemperatur** und der **relativen Luftfeuchte** besteht ein Zusammenhang, der in dem rechts abgebildeten Diagramm dargestellt ist.

Beträgt z. B. die Lufttemperatur 10 °C und die relative Luftfeuchte 75%, so erreicht ein in dieser Luft getrocknetes Brett eine Holzfeuchte von etwa 15% (siehe Diagramm). Herrscht in einer Trockenkammer eine Temperatur von 60 °C und eine relative Luftfeuchtigkeit von 40%, so würde ein Brett in der Kammer eine Holzfeuchte von 6% erreichen.*

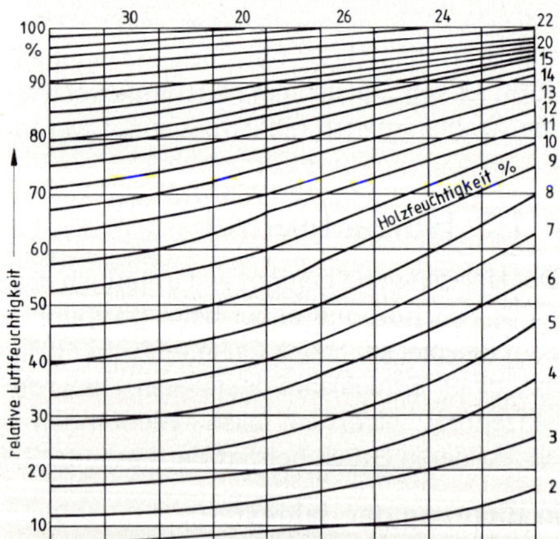

* Fachkunde Schreiner, Wuppertal 1980

4.1.5 Tatsächlicher Schwund der Hölzer

Die beim Darren ermittelten und in Tabellen angegebenen Schwundmaße in Prozent geben den maximalen Schwund in Richtung der Jahresringe und der Markstrahlen an. Wird Holz je nach Verwendungszweck entsprechend dem Feuchtegleichgewicht auf die richtige Holzfeuchte vorgetrocknet, so kann es später weder schwinden noch quellen. Nur bei Änderung der Lufttemperatur und der relativen Luftfeuchte treten geringe Maßänderungen auf. Wenn aber z. B. Holz mit 15% Feuchtegehalt in beheizten Räumen auf 8% nachtrocknet, so ergibt sich folgender tatsächlicher Schwund in Prozent:

In Richtung der Jahresringe beträgt der maximale Schwund einer Holzart 8% bei 30% Holzfeuchte. Das Holz im Raum trocknet aber nur von 15% auf 8% Feuchte. Das ist eine Differenz von 7% Feuchte. Der tatsächliche Schwund in Richtung der Jahresringe beträgt dann $^7/_{30}$ von 8%.

$$\textbf{Tatsächlicher Schwund in \%} \approx \frac{\textbf{Holzfeuchtedifferenz} \cdot \textbf{maximaler Schwund}}{\textbf{30}}$$

$$\text{Tatsächlicher Schwund in \%} \approx \frac{(15\% - 8\%) \cdot 8\%}{30\%} = \mathbf{1{,}86\%}$$

Eine 500 mm breite Vollholzfüllung aus Seitenbrettern (liegende Jahresringe) würde also

$$\frac{500\text{ mm} \cdot 1{,}86\%}{100\%} = \mathbf{9{,}3\ mm}\text{ schwinden.}$$

Aus Kernbrettern hergestellt wäre der Schwund nur etwa halb so groß, da Holz in Richtung der Markstrahlen nur etwa halb so viel schwindet.

Bei Mittelbrettern läge der Schwund zwischen 4,65 und 9,3 mm.

Daraus ergibt sich folgende Formel:

$$\textbf{Tatsächlicher Schwund in mm} = \frac{\textbf{Länge in mm} \cdot \textbf{tatsächlicher Schwund in \%}}{\textbf{100\%}}$$

Wenn man davon ausgeht, daß sich der Schwund ab Fasersättigungsbereich annähernd proportional mit der Holzfeuchte ändert, so läßt sich der Zusammenhang durch das rechts abgebildete Diagramm darstellen. Bei einer Holzfeuchtedifferenz von 7% (15% – 8%) entsprechend unserem Berechnungsbeispiel ergibt sich aus dem Diagramm ein tatsächlicher Schwund in Richtung der Jahresringe von 1,86%.

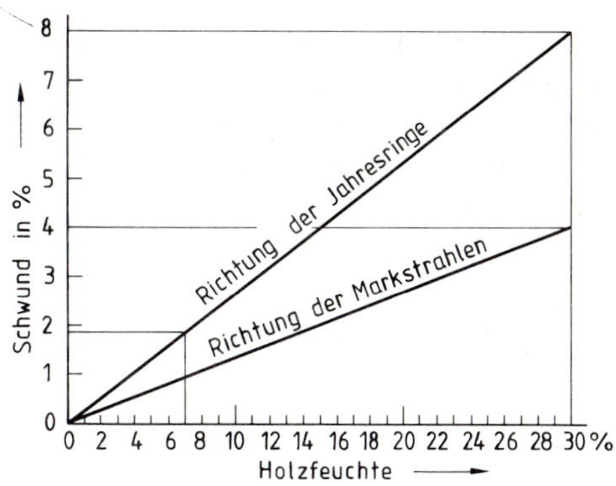

Hinweis:

Da Splintholz innerhalb eines Brettes einen höheren Feuchtegehalt als Kernholz besitzt, ist der Schwund des Splintholzes immer etwas größer als der des Kernholzes.

Furniere sollten wegen der Leimwasseraufnahme auf 6% vorgetrocknet werden.

Da Darrproben sehr viel Zeit in Anspruch nehmen, ist es erforderlich, daß jeder Tischlerbetrieb ein elektrisches Holzfeuchte-Meßgerät besitzt. Es zeigt bei richtiger Handhabung die Holzfeuchte hinreichend genau an und erspart dem Betriebsinhaber spätere Reklamationen seiner Kunden.

Schwund bei völliger Austrocknung ab Fasersättigungspunkt		
Holzart	Schwund in Richtung der Markstrahlen Mittelw. 4%	Jahresringe Mittelw. 8%
Ahorn	3 ...4	5... 8
Buche	5 ...9	8...12
Eiche	4 ...5	8...10
Fichte	3 ...4	5... 8
Kiefer	3 ...4,1	5... 8
Lärche	3 ...5	7... 9
Nußbaum	5,4...6	9...12
Tanne	3 ...4	6... 9
Ulme (Rüster)	4,6...5	8... 9

Schwindmaße in Prozent pro 1% Feuchtegehaltsänderung		
Holzart	Schwund in Richtung der Markstrahlen in %	Jahresringe in %
Ahorn	0,10–0,20	0,22–0,30
Buche	0,19–0,22	0,38–0,44
Eiche	0,15–0,22	0,32–0,35
Fichte	0,12–0,19	0,24–0,33
Kiefer	0,13–0,19	0,25–0,33
Lärche	0,14	0,29
Nußbaum	0,18–0,20	0,25–0,30
Tanne	0,10–0,15	0,28–0,33
Ulme	0,15–0,20	0,28–0,30

Damit das Schwinden und Quellen von Vollholz und holzhaltigen Platten so gering wie nötig gehalten werden kann, müssen entsprechend dem Feuchtegleichgewicht folgende Sollfeuchtewerte eingehalten werden:

Holzfeuchte für Bauteile im mitteleuropäischen Klima	
Bauholz	12% bis 18%
Holzgegenstände und Geräte im Freien	12% bis 16%
Fenster, Außentüren	12% bis 15%
Möbel, Innentüren, Parkettböden in Räumen mit Ofenheizung mit Zentralheizung	10% bis 12% 8% bis 10%
Täfelungen	6% bis 8% bis 10%

Aufgaben zu 4.1

4.1.1 Holzfeuchte, Schwund

a) Ein frisch gefällter Stamm enthält 50% Wasser. Er hat die Masse $m = 850$ kg. Wieviel kg Wasser sind im Stamm enthalten?

b) Von welchem Wassergehalt in Prozent an beginnt Holz zu schwinden?

c) Warum bezeichnet man 30% Holzfeuchte als Fasersättigungsbereich?

d) Wieviel kg Wasser enthält ein Brett mit der Masse $m = 12$ kg im Fasersättigungsbereich?

4.1.2 Bestimmung der Holzfeuchte

a) Welche beiden Möglichkeiten hat der Tischler, die Feuchtigkeit in % zu bestimmen?

b) Auf welches Gewicht bezieht man die Holzfeuchtigkeit in %? Welches Gewicht wird mit 100% angesetzt?

Welchen Feuchtigkeitsgehalt hat die gedarrte Probe?

Berechnen Sie für die angegebenen Darrproben die Holzfeuchtigkeit in Prozent!

c) Naßgewicht = 38 g
   Darrgewicht = 30 g

d) Naßgewicht = 42 g
   Darrgewicht = 36 g

e) Naßgewicht = 32 g
   Darrgewicht = 28 g

f) Naßgewicht = 35,5 g
   Darrgewicht = 32,7 g

g) Naßgewicht = 45,6 g
   Darrgewicht = 41,1 g

h) Naßgewicht = 52,4 g
   Darrgewicht = 38,6 g

i) Bei welcher Probe liegt die Feuchte über dem Fasersättigungsbereich (30%)?

4.1.3 Holzschwund

a) Welche drei Schwundrichtungen sind beim Holz zu unterscheiden?

b) Wie groß ist der maximale Schwund etwa als Mittelwert bei den Hölzern in Richtung der Jahresringe und in Richtung der Markstrahlen?

c) Wann wird dieser maximale Schwund erreicht?

d) Eine quadratische Holzprobe hat bei 30% Feuchte eine Seitenlänge von 40 mm. Beachten Sie! 40 mm = 100%. Nach dem Darren beträgt das Maß in Richtung der Jahresringe gemessen = 36,7 mm und in Richtung der Markstrahlen gemessen = 38,4 mm (gemessen mit einer Schieblehre).

   Berechnen Sie den maximalen Schwund in Prozent in Richtung der Jahresringe und in Richtung der Markstrahlen!

e) Eine Eichenprobe ist im Fasersättigungsbereich in Richtung der Jahresringe = 60 mm lang, nach dem Darren nur noch 54,5 mm lang. Die gleiche Probe ist in Richtung der Markstrahlen = 25 mm lang, nach dem Darren nur noch 23,8 mm lang. Berechnen Sie den maximalen Schwund in Prozent für beide Richtungen!

f) Wie groß ist der maximale Schwund eines 15 cm breiten Seitenbrettes in mm, wenn wir von dem Mittelwert = 8% Schwund ausgehen?

g) Wie groß ist der maximale Dickenschwund in mm eines 30 mm dicken Seitenbrettes, wenn wir mit dem Mittelwert = 4% Schwund rechnen?

4.1.4 Holzfeuchtegleichgewicht

a) Auch die Luft enthält Feuchtigkeit. Wovon hängt es ab, wieviel Wasser 1 m³ Luft maximal aufnehmen kann?

b) Wieviel Gramm Wasser kann 1 m³ Luft bei 20 Grad Celsius und bei 60 Grad Celsius aufnehmen? Siehe Diagramm!

c) Ein Kubikmeter Luft kann bei 10 Grad Celsius maximal 9,4 g Wasser aufnehmen. Welche **relative Luftfeuchte** hat die Luft bei diesem Wassergehalt?

d) Ein Kubikmeter Luft enthält bei 20 °C 8,6 g Wasser. Wie groß ist die relative Luftfeuchtigkeit in Prozent?

e) Ein Kubikmeter Luft enthält bei 60 °C 52 g Wasser. Wie groß ist ihre relative Feuchte?

f) Ein Kubikmeter Luft enthält bei 20 °C 15 g Wasser. Diese Luft wird in einem Raum auf 40 °C erwärmt. Wie groß war die relative Luftfeuchtigkeit bei 20 °C und wie groß ist sie nach der Erwärmung auf 40 °C?

Das Diagramm auf der Lehrseite zeigt den Zusammenhang zwischen der relativen Feuchte der Luft, der Temperatur der Luft und der Holzfeuchte. Entnehmen Sie dem Diagramm die gesuchten Größen!

g) Lufttemperatur = 20 °C; relative Luftfeuchte = 42%; Holzfeuchte = ? %

h) Lufttemperatur = 10 °C; relative Luftfeuchte = 75%; Holzfeuchte = ? %

i) Lufttemperatur = 80 °C; relative Luftfeuchte = 28%; Holzfeuchte = ? %

j) Holz soll in einer Trockenkammer 8% Holzfeuchte erhalten. Welche relative Luftfeuchte muß der Luftfeuchtemesser anzeigen, wenn die Kammertemperatur 70 °C beträgt?

k) Holz soll in einer Trockenkammer 8% Holzfeuchte erhalten. Die relative Luftfeuchte beträgt 50%. Welche Temperatur ist erforderlich?

4.1.5 Tatsächlicher Schwund der Hölzer

a) Für welchen Holzfeuchtigkeitsbereich und für welche Richtungen wird der Schwund der Hölzer in den Tabellen von Fachbüchern angegeben?

b) Warum ist der tatsächliche Schwund immer geringer?

c) Ein Seitenbrett mit liegenden Jahresringen hat bei 15% Holzfeuchte (lufttrocken) eine Breite von 180 mm. Es wird in einer Kammer auf 8% Holzfeuchte getrocknet. Der maximale Schwund beträgt in Richtung der Jahresringe für diese Holzart 9% Schwund. Wie groß ist der tatsächliche Schwund des Brettes in der Breite (Richtung der Jahresringe) in Prozent und in mm?

d) Ein Kernbrett ist bei 18% Holzfeuchte 200 mm breit. Es wird auf 10% Holzfeuchte getrocknet. Der maximale Schwund in Richtung der Markstrahlen (Breite des Brettes) beträgt 4%. Wie groß ist der tatsächliche Schwund des Brettes in Prozent und in mm?

e) Bei einem Mittelbrett liegt der maximale Schwund etwa zwischen 4 und 8%, also bei **6%** (maximaler Schwund) in beiden Richtungen (Breite und Dicke).
Wie groß ist der tatsächliche Schwund in Prozent und in mm wenn das Mittelbrett bei 15% Holzfeuchte 240 mm breit und 25 mm dick ist und in einer Trockenkammer auf 9% Holzfeuchte getrocknet wird?

f) Ein Kernbrett hat die Dicke = 30 mm. Bei einer Messung mit einem elektrischen Feuchtemeßgerät ergibt sich an der Splintseite des Kernbrettes eine Holzfeuchte von 25% und an der Kernseite eine Holzfeuchte von 21%. Das Brett wird in einer Trockenkammer auf 8% Holzfeuchte getrocknet. Der maximale Dickenschwund (Richtung der Markstrahlen) beträgt 4%.
Berechnen Sie zunächst den tatsächlichen Schwund in % an der Splintseite und an der Kernseite!
Berechnen Sie weiter den tatsächlichen Schwund in mm an der Splintseite und der Kernseite!

g) Eine Vollholztischplatte wird aus Kernbrettern verleimt und hat bei 10% Holzfeuchte eine Breite = 750 mm. Im Raum trocknet die Platte auf 8% Holzfeuchte nach. Der maximale Schwund beträgt 4%. Wie groß ist der tatsächliche Schwund in % und in mm?

h) Die Tischplatte, Aufgabe g, wird aus Seitenbrettern verleimt. Der maximale Schwund beträgt dann etwa 8%. Wie groß ist dann der tatsächliche Schwund in % und in mm?

i) Eine Tischlerplatte mit 8% Holzfeuchte ist mit Schälfurnier (Richtung der Jahresringe) abgesperrt und 800 mm breit. Sie wird auf nur einer Seite so stark angefeuchtet, daß das Schälfurnier auf dieser Seite eine Holzfeuchte von 24% erreicht. Maximal schwindet bzw. quillt das Furnier etwa 8%.
Wie groß ist das tatsächliche Quellmaß in % und in mm?

j) Das aufrechte Rahmenstück einer Außentür hat bei 15% Holzfeuchte eine Breite von 200 mm. Es ist aus Kernbrettern gefertigt mit einem maximalen Schwund von etwa 4%. Durch starke Hitze und Sonneneinstrahlung im Sommer trocknet das Rahmenstück auf 8% Holzfeuchte. Wie groß ist der tatsächliche Schwund in % und in mm? Wie groß würde bei unsachgemäßer Eckverbindung die Brüstungsfuge etwa werden?

k) Für eine Heizkörperverkleidung wird Holz mit 9% Holzfeuchte und liegenden Jahresringen verarbeitet. Der maximale Schwund beträgt etwa 8%. Es trocknet bei hoher Heizkörpertemperatur auf 5% Holzfeuchte. Wie groß ist der tatsächliche Schwund in %?

4.2 Verschnittberechnung

4.2.1 Einschnittverlust bei Rundholz

Beim Einschneiden von Rundhölzern im Sägewerk entsteht Verschnitt. Die Abbildung rechts zeigt den mittleren Querschnitt eines Stammes mit dem mittleren Durchmesser $d_m = 0{,}4$ m. Die mittlere Querschnittfläche hat die Größe

$A_m = r^2 \cdot \pi = 0{,}2\ \text{m} \cdot 0{,}2\ \text{m} \cdot 3{,}14 = \mathbf{0{,}125\ m^2}$

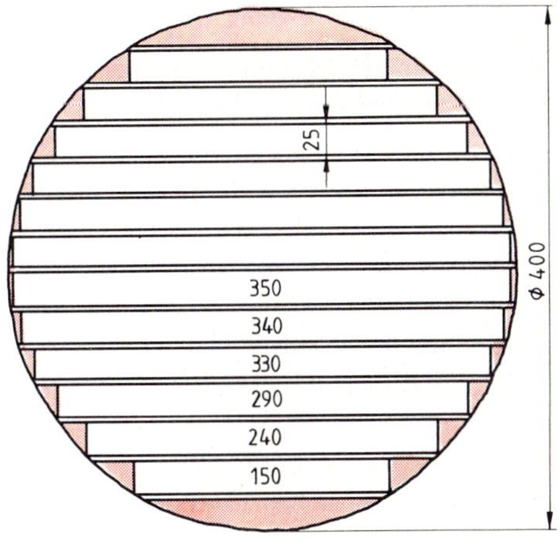

Multiplizieren wir diese Querschnittfläche mit der Länge des Stammes, $l = 4$ m, so erhalten wir das Stammvolumen, das man auch als Blockmaß bezeichnet.

Blockmaß $V = A_m \cdot l$ $\quad V = 0{,}125\ \text{m}^2 \cdot 4\ \text{m} = \mathbf{0{,}5\ m^3}$

Aus dem Stamm wurden 12 Bretter mit der Dicke = 25 mm geschnitten, die aber verschieden große Breiten haben. Den Gesamtquerschnitt aller 12 Bretter erhalten wir durch Multiplikation der Summe aller Breiten mit der Brettdicke.

Gesamtquerschnittfläche A_g = Summe aller Brettbreiten · Brettdicke

$A_g = 2 \cdot (0{,}35 + 0{,}34\ \text{m} + 0{,}33\ \text{m} + 0{,}29\ \text{m} + 0{,}24\ \text{m} + 0{,}15\ \text{m}) \cdot 0{,}025\ \text{m} =$
$= \mathbf{0{,}085\ m^2}$

Das Gesamtvolumen der 12 Bretter von 4 m Länge ist dann $V_g = 0{,}085\ \text{m}^2 \cdot 4\ \text{m} = 0{,}34\ \text{m}^3$. Dieses Volumen bezeichnet man als **Würfelmaß**.

Würfelmaß $V_g = A_g \cdot l$

Der Einschnittverlust beträgt also $0{,}5\ \text{m}^3 - 0{,}34\ \text{m}^3 = \mathbf{0{,}16\ m^3}$

Einschnittverlust = Blockmaß − Würfelmaß

Der prozentuale Verschnitt (Verlust) wird bei Rundholz auf das Blockmaß bezogen.

Merke: Blockmaß = 100%

Bei unserem abgebildeten Stamm beträgt der Verschnitt in Prozent:

$0{,}5\ \text{m}^3 = 100\%$
$0{,}16\ \text{m}^3 = x$

$$x = \frac{100\% \cdot 0{,}16\ \text{m}^3}{0{,}5\ \text{m}^3} = \mathbf{32\%}$$

Ebenso kann man den Verschnitt mit Hilfe der Querschnittflächen berechnen:

$0{,}125\ \text{m}^2 = 100\%$
$0{,}04\ \text{m}^2 = x$

$$x = \frac{100\% \cdot 0{,}04\ \text{m}^2}{0{,}125\ \text{m}^2} = \mathbf{32\%}$$

Je nach Stammform, Dicke der Bretter und Art des Einschnitts liegt der Verschnitt bei Rundhölzern zwischen 20% und 35%.

$$\textbf{Rundholzverschnitt in \%} = \frac{\textbf{Verschnitt in m}^2\textbf{ oder m}^3 \cdot \textbf{100\%}}{\textbf{Blockmaß (Rundmaß) in m}^2\textbf{ oder m}^3}$$

4.2.2 Verschnitt beim Zuschneiden und Bearbeiten in der Werkstatt

Beim Zuschneiden von fertigen Leisten entsteht Längenverschnitt, beim Zuschneiden von Trägerplatten Flächenverschnitt und beim Zuschneiden und Aushobeln von Vollholz Flächen- und Dickenverschnitt.

Merke: In der Tischlerei berechnet man dem Kunden in der Regel die Rohholzdicke und berücksichtigt allgemein den **Flächenverschnitt** bei Vollhölzern und Trägerplatten.

Die Holzliste enthält die **Fertigmaße** der einzelnen Stücke. Länge mal Breite ergibt die **Fertigholzmenge in Quadratmeter**. Da der Verschnitt dem Kunden in Rechnung gestellt werden muß, wird der Verschnitt der Fertigholzmenge zugeschlagen. Dabei geht der Tischlermeister von Erfahrungswerten bzw. **Richtwerten** aus. Der größte Verschnitt in Prozent entsteht beim Zuschneiden von Furnieren und Edelhölzern.

Verschnittrichtwerte in %			
Trägerplatten 15%,	**Nadelhölzer 30 bis 35%,**	**Laubhölzer 40 bis 100%,**	**Edelfurniere 50 bis 100%**

Bei der Berechnung des Verschnitts wird im Gegensatz zum Rundholz immer von der **Fertigholzmenge** ausgegangen. **Fertigholzmenge = 100%**

Beispiel für die Berechnung des Verschnitts in Prozent

Aus einem konisch besäumten Brett mit der mittleren Breite $b_m = 0{,}32$ m und der Länge $l = 2{,}1$ m werden 7 Rahmenhölzer mit den Fertigmaßen Länge = 1 m und Breite = 6 cm = 0,06 m zugeschnitten.

Wie groß ist der Verschnitt in Prozent?

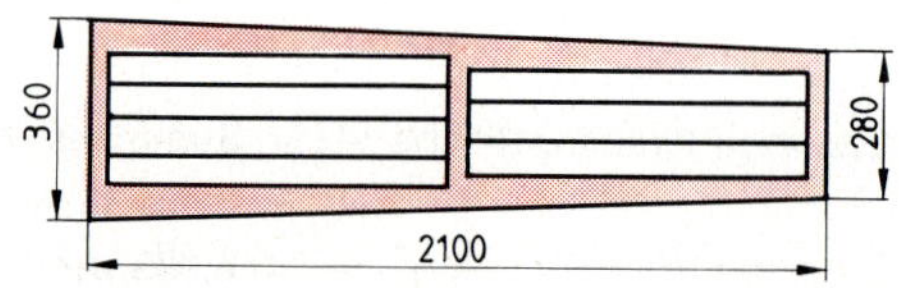

Rohholzmenge des Brettes in m² $A_R = b_m \cdot l = 0{,}32\ \text{m} \cdot 2{,}1\ \text{m} = \mathbf{0{,}672\ m^2}$

Fertigholzmenge der sieben Rahmenstücke in m² $A_F = l \cdot b \cdot \text{Stückzahl} = 1\ \text{m} \cdot 0{,}06\ \text{m} \cdot 7 = \mathbf{0{,}42\ m^2}$

Verschnitt in m² = Rohholzmenge minus Fertigholzmenge $= 0{,}672\ \text{m}^2 - 0{,}42\ \text{m}^2 = \mathbf{0{,}252\ m^2}$

$$0{,}672\ \text{m}^2 = 100\% \qquad 0{,}252\ \text{m}^2 = x$$

$$x = \frac{0{,}252\ \text{m}^2 \cdot 100\%}{0{,}672\ \text{m}^2} = \mathbf{37{,}5\%\ Verschnitt}$$

$$\textbf{Verschnitt in \%} = \frac{\textbf{Verschnitt in m}^2 \cdot \mathbf{100\%}}{\textbf{Fertigholzmenge in m}^2}$$

Der Verschnitt-Prozentsatz wird nicht jedesmal vom Tischler berechnet. Er geht vielmehr von den aus Erfahrung gewonnenen Richtsätzen aus.

Beispiel: Für einen Schrank wird laut Holzliste eine Fertigholzmenge $A_F = 4{,}5\ \text{m}^2$ Tischlerplatten, 19 mm dick, benötigt. Nach dem Richtsatz rechnet der Meister 15% Verschnitt hinzu.

Berechnung: 100% + 15% = 115% = 115 : 100 = 1,15

$$4{,}5\ \text{m}^2 = 100\% \qquad x = 115\%$$

$$\text{Rohholzmenge } x = \frac{4{,}5\ \text{m}^2 \cdot 115\%}{100\%} = \mathbf{5{,}175\ m^2}$$

$$\textbf{Rohholzmenge in m}^2 = \frac{\textbf{Fertigholzmenge} \cdot \textbf{(100\% + Verschnittprozentsatz)}}{\mathbf{100\%}}$$

Würde bei einer Fertigholzmenge von $A_F = 2{,}8\ \text{m}^2$ der Verschnitt 40% betragen, so rechnen wir in kürzester Form:

Rohholzmenge $A_R = 2{,}8\ \text{m}^2 \cdot 1{,}4 = \mathbf{3{,}92\ m^2}$

Aufgaben zu 4.2

4.2.1 Einschnittverlust bei Rundholz

a) Was versteht man unter dem **Blockmaß** eines Rundholzes?

b) Was versteht man unter dem **Würfelmaß** eines eingeschnittenen Rundholzes?

c) Wie erhält man auf einfachste Art den **Verschnitt**, der beim Einschneiden im Sägewerk entsteht?

d) Auf welches Maß bezieht man den Verschnitt in Prozent?

Welches Maß wird mit 100% angesetzt?

e) Ein Stamm mit dem mittleren Durchmesser d_m = 50 cm wird in 60 mm dicke Bohlen mit den rechts angegebenen mittleren Breiten eingeschnitten. Berechnen Sie das Rundmaß und das Würfelmaß in m²! Berechnen Sie den Verschnitt in m² und in Prozent aus!

Der Stamm ist 5 m lang. Wie groß ist das Rundmaß und das Würfelmaß in m³?

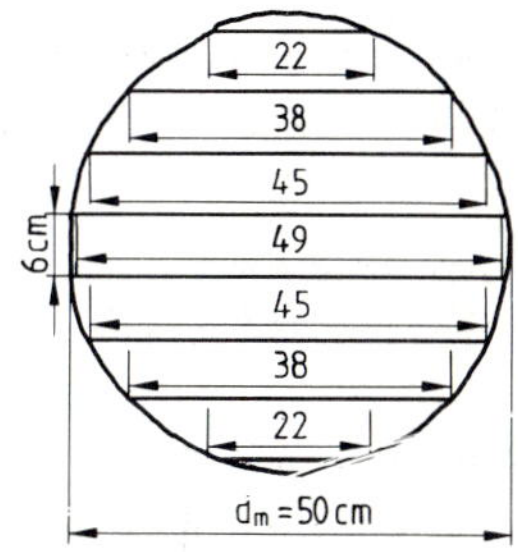

f) Ein Stamm mit dem mittleren Durchmesser d_m = 60 cm wird wie in der Abbildung dargestellt eingeschnitten. Die Bretter sind 26 mm dick und besäumt.

Berechnen Sie das Rundmaß und Würfelmaß in m²!

Berechnen Sie den Verschnitt in m² und in Prozent! Welchen Zweck hat die Art dieses Einschneidens?

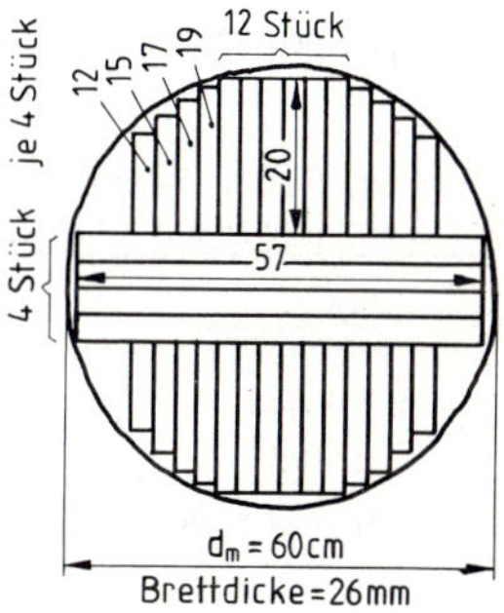

g) Aus einem Stamm mit dem mittleren Durchmesser d_m = 42 cm werden 30 mm dicke Bretter geschnitten. Man erhält Bretter mit folgenden mittleren Breiten: 1 Stück = 41 cm, 2 Stück = 39 cm, 2 Stück = 33 cm, 2 Stück = 27 cm und 2 Stück = 16 cm.

Berechnen Sie das Rundmaß und Würfelmaß in dm²! Berechnen Sie den Verschnitt in dm² und in Prozent!

h) Der Verschnitt bei einem Rundholzstamm beträgt 30%. Das Rundholz hat einen mittleren Durchmesser d_m = 58 cm und ist l = 6 m lang. Berechnen Sie das Rundmaß und das Würfelmaß in m³!

Wieviel m² Bretter können erzeugt werden, wenn alle die Dicke = 25 mm haben?

i) Der Verschnitt beträgt 25%. Der mittlere Stammdurchmesser ist d_m = 54 cm, die Länge l = 5 m. Es wurden Bohlen mit der Dicke h = 45 mm geschnitten.

Berechnen Sie das Rundmaß und das Würfelmaß in m³! Wieviel m² Bohlen ergibt das?

j) Der Verschnitt beträgt 35%. Mittlerer Stammdurchmesser d_m = 38 cm, Länge des Stammes l = 4,5 m. Brettdicke = 22 mm. Berechnen Sie das Rundmaß und Würfelmaß in m³! Berechnen Sie die Fläche der geschnittenen Bretter in m²!

4.2.2 Verschnitt beim Zuschneiden und Bearbeiten in der Werkstatt

a) Aus einer rechteckigen Platte, Länge = 2 m, Breite = 1 m, werden 6 Flächen, Länge = 60 cm, Breite = 45 cm zugeschnitten. Berechnen Sie die Rohholzmenge, die Fertigholzmenge und den Verschnitt in m^2! Berechnen Sie den Verschnitt in Prozent! Welche Holzmenge wird mit 100% angesetzt?

b) Aus einem parallel besäumten Brett, Länge = 1,5 m, Breite = 12 cm werden 4 Rahmenhölzer, Länge = 70 cm, Breite = 5 cm, zugeschnitten. Berechnen Sie die Rohholzmenge, die Fertigholzmenge und den Verschnitt in m^2. Berechnen Sie den Verschnitt in Prozent!

c) Aus einer Bohle, untere Breite = 32 cm, obere Breite = 28 cm, Länge = 3 m, werden 7 Rahmenhölzer, Länge = 1,4 m, Breite = 6 cm, zugeschnitten. Berechnen Sie den Verschnitt in Prozent!

d) Aus einem Bohlenstück, untere Breite = 40 cm, obere Breite = 34 cm, Länge = 1,15 m, wird eine trapezförmige Treppenstufe, Länge = 1,10 m; Breite b_1 = 38 cm, Breite b_2 = 20 cm, zugeschnitten. Berechnen Sie den Verschnitt in Prozent!

e) Aus einer quadratischen Platte mit der Seitenlänge a = 1,25 m wird eine kreisrunde Tischplatte mit dem Durchmesser d = 1,2 m zugeschnitten. Berechnen Sie den Verschnitt in Prozent!

f) Zwei Türen, je 65 cm lang und 40 cm breit, werden von außen mit Nußbaum furniert. Hierfür werden zwei Furnierblätter, je 2 m lang und 18 cm breit beim Zuschneiden verbraucht. Berechnen Sie den Furnierverschnitt in Prozent!

g) Für einen Schrank werden als Fertigholzmenge 2,65 m^2 Tischlerplatten, 19 mm dick, benötigt. Die Teile werden aus einer Platte mit der Länge = 2,5 m und der Breite = 1,25 m zugeschnitten. Berechnen Sie den Verschnitt in Prozent!

h) Für ein Regal werden folgende Teile, die aus gleich dickem Vollholz zugeschnitten werden, benötigt:

Teile	Fertigmaße	
2 Seiten	Länge = 1,8 m	Breite = 50 cm
7 Böden	Länge = 1,0 m	Breite = 48 cm
1 Sockelstück	Länge = 1,0 m	Breite = 12 cm

Beim Zuschneiden werden hierfür 12 Bretter je 3 m lang und 16 cm breit benötigt. Berechnen Sie den Verschnitt in Prozent!

i) Für einen Schrank werden als Fertigholzmenge A_F = 6,75 m^2 Tischlerplatten gleicher Dicke benötigt. Wieviel m^2 werden in Rechnung gestellt bei einem Verschnittrichtsatz von 15%?

j) Insgesamt sind A_F = 4,45 m^2 (Fertigholzmenge) zu furnieren. Wieviel m^2 Furnier sind zu berechnen bei einem Verschnittrichtsatz von 40%?

k) Eine kreisrunde Tischplatte hat den Durchmesser d = 1,10 m. Als Verschnittrichtsatz werden 25% angesetzt. Wieviel m^2 sind für die Platte in der Kalkulation anzusetzen?

l) Für ein Fenster werden als Fertigholzmenge 1,2 m^2 Vollholz gleicher Dicke benötigt. Wieviel m^2 sind dem Kunden zu berechnen bei einem Verschnittrichtsatz von 35%?

m) Für ein Regal aus Nadelholz werden folgende Stücke, die aus gleichdickem Holz zugeschnitten werden, benötigt:

Teile	Fertigmaße	
2 Seiten	Länge = 1,6 m	Breite = 40 cm
5 Böden	Länge = 0,95 m	Breite = 38 cm

Verschnittrichtsatz = 30%. Berechnen Sie die Rohholzmenge in m^2!

4.3 Kaufmännische Prozentrechnung und Zinsrechnung

4.3.1 Prozentrechnung mit dem Grundwert

Beispiel: Ein Kunde erhält bei Barzahlung einen Preisnachlaß (Skonto) von 3%. Der Rechnungsbetrag ist 400,— DM. Wieviel DM beträgt der Preisnachlaß? Wieviel DM hat der Kunde zu zahlen?

Merke: Der Rechnungsbetrag über 400,— DM ist in dieser Aufgabe der **Grundwert *g*** auf den man sich bezieht. Das heißt, daß der Grundwert mit 100% angesetzt wird. $\mathbf{g = 100\%}$

Der Preisnachlaß in Prozent ist der **Prozentsatz *p*.** $p = 3\% = \frac{3}{100}$

Der Preisnachlaß in DM ist der **Prozentwert *w*.**

Wir erhalten ihn, wenn wir den Rechnungsbetrag (Grundwert) mit dem Bruch $^3/_{100}$ multiplizieren.

$$\textbf{Prozentwert} = \frac{\textbf{Grundwert} \cdot \textbf{Prozentsatz}}{\textbf{100\%}}$$

$$\mathbf{w = \frac{g \cdot p}{100\%}}$$

$$w = \frac{400,\!- \text{ DM} \cdot 3\%}{100\%}$$

$$w = \mathbf{12,\!- \text{ DM}}$$

Der Preisnachlaß beträgt 12,— DM. Der Kunde hat also 400,— DM — 12,— DM = 388,— DM zu zahlen.

In der gestellten Aufgabe war der Prozentwert gesucht. Ebenso kann aber auch der Prozentsatz oder der Grundwert gesucht sein. Ist das der Fall, so ist die Gleichung $w = \frac{g \cdot p}{100}$ nach p oder g umzustellen.

$$\mathbf{p = \frac{w \cdot 100\%}{g}}$$

$$p = \frac{12,\!- \text{ DM} \cdot 100\%}{400,\!- \text{ DM}} = \mathbf{3\%}$$

$$\mathbf{g = \frac{w \cdot 100\%}{p}}$$

$$g = \frac{12,\!- \text{ DM} \cdot 100\%}{3\%}$$

$$g = \mathbf{400,\!- \text{ DM}}$$

4.3.2 Prozentrechnung mit dem verminderten oder vermehrten Grundwert

Die in 4.3.1 gegebene Aufgabe könnte auch folgenden Wortlaut haben:

Ein Kunde erhält auf einen Rechnungsbetrag 3% Skonto (Preisnachlaß) und hat nach Abzug des Preisnachlasses 388,— DM zu zahlen. Wie hoch war der Rechnungsbetrag?

Überlegung: Der Rechnungsbetrag = Grundbetrag *g* muß wiederum mit 100% angesetzt werden. Nach Abzug von 3% bleiben 97% des Rechnungsbetrages zu zahlen. Also setzen wir: 388,— DM = 97%
g = 100%

Dann ist der Rechnungsbetrag $g = \frac{388,\!- \text{ DM} \cdot 100\%}{97\%} = \mathbf{400,\!- \text{ DM}}$

Allgemein gilt bei einem verminderten Grundwert:

$$\textbf{Grundwert} = \frac{\textbf{Verminderter Grundwert} \cdot \textbf{100\%}}{\textbf{(100\% − Prozentsatz)}}$$

Nun kann aber in Aufgaben auch der vermehrte Grundwert angegeben werden. Dazu folgendes Beispiel: Eine Ware wird nach **Aufschlag von 40%** zu einem Preis von 560,— DM verkauft. Wieviel DM betrug der Einkaufspreis? Der gesuchte Einkaufspreis ist hier der Grundwert g = 100%.

Da 40% aufgeschlagen wurden, setzen wir: 560,— DM = 140%
g = 100%

Dann betrug der Einkaufspreis $g = \frac{560,\!- \text{ DM} \cdot 100\%}{140\%} = \mathbf{400,\!- \text{ DM}}$

Allgemein gilt bei einem vermehrten Grundwert

$$\textbf{Grundwert} = \frac{\textbf{Vermehrter Grundwert} \cdot \textbf{100\%}}{\textbf{(100\% + Prozentsatz)}}$$

4.3.3 Zinsrechnung

Beispiel: Jemand zahlt am 1. Januar 900,– DM auf ein Sparkonto ein und erhält dafür einen Zinssatz $p = 3\%$. Wieviel Zinsen in DM erhält er,

a) wenn er das Kapital $k = 900,–$ DM bis zum 31. Dezember nicht abhebt?

b) wenn er das Kapital $k = 900,–$ DM nach 120 Tagen = 4 Monate abhebt?

Merke: Der Zinssatz ist ein Prozentsatz, der für genau 1 Jahr gilt. Zur Vereinfachung der Rechnung wird ein Monat mit 30 Tagen und ein Jahr mit 30 · 12 = **360 Tagen** angesetzt. Sparkassen und Banken berechnen deshalb Zinsen für jeden einzelnen Tag.

Lösung a) Die Zinsen für ein Jahr entsprechen dem Prozentwert in Gleichung Abschnitt 4.3.1. ***g* = *k* (Kapital).** Der Zinssatz ist der Prozentsatz für ein ganzes Jahr. ***p* = Zinssatz-Prozentsatz für ein Jahr.**

Die Gleichung in 4.3.1 lautet: $$w = \frac{g \cdot p}{100}$$

Entsprechend lautet die **Zinsgleichung für 1 Jahr** $$\mathbf{z = \frac{k \cdot p}{100\%}}$$ $$z = \frac{900,-\text{ DM} \cdot 3\%}{100\%} = \mathbf{27,-\text{ DM}}$$

$$\textbf{Zinsen für 1 Jahr} = \frac{\textbf{Kapital} \cdot \textbf{Zinssatz}}{\textbf{100\%}}$$

Die Zinsen betragen also für 1 Jahr = 12 Monate = 360 Tage 27,– DM

Lösung b) Wird das Kapital nach 120 Tagen = 4 Monate wieder abgehoben, so muß die Bank die Zinsen für diese Zeit berechnen. Würde das Kapital nur 1 Tag auf der Bank gelegen haben, so erhielte der Kunde den 360-zigsten Teil von 27,– DM an Zinsen, also 27 DM : 360 Tage = = **0,075 DM/Tag**. Da der Bank das Kapital aber 120 Tage zur Verfügung stand, erhält der Kunde 0,075 DM/Tag · 120 Tage = 9,– DM Zinsen.

Aus dieser Überlegung ergibt sich folgende Gleichung für die Berechnung von Zinsen für Tage oder auch Monate:

$$\textbf{Zinsen für eine bestimmte Zeit in Tagen} = \frac{\textbf{Kapital} \cdot \textbf{Zinssatz} \cdot \textbf{Zeit in Tagen}}{\textbf{360 Tage}}$$

$$\mathbf{z = \frac{k \cdot p \cdot t\,(Tage)}{100\% \cdot 360\,(Tage)}}$$

$$z = \frac{900,-\text{ DM} \cdot 3\% \cdot 120}{100\% \cdot 360} = \mathbf{9,-\text{ DM}}$$

Statt der Zinsen z für einen bestimmten Zeitraum kann in Aufgaben aber auch das Kapital k, oder der Zinssatz p, oder die Zeit t in Tagen gesucht sein. Ist das der Fall, so wird die Grundgleichung nach k oder t umgestellt.

$$\mathbf{k = \frac{z \cdot 100\% \cdot 360\text{ Tage}}{p \cdot t}} \qquad k = \frac{9,-\text{ DM} \cdot 100\% \cdot 360\text{ Tage}}{3\% \cdot 120\text{ Tage}} = \mathbf{900,-\text{ DM}}$$

$$\mathbf{p = \frac{z \cdot 100\% \cdot 360\text{ Tage}}{k \cdot t}} \qquad p = \frac{9,-\text{ DM} \cdot 100\% \cdot 360\text{ Tage}}{900,-\text{ DM} \cdot 120\text{ Tage}} = \mathbf{3\%}$$

$$\mathbf{t = \frac{z \cdot 100\% \cdot 360\text{ Tage}}{k \cdot p}} \qquad t = \frac{9,-\text{ DM} \cdot 100\% \cdot 360\text{ Tage}}{900,-\text{ DM} \cdot 3\%} = \mathbf{120\text{ Tage}}$$

Aufgaben zu 4.3

4.3.1 Prozentrechnung mit dem Grundwert

a) Eine Rechnung beträgt 100,— DM. Bei Barzahlung wird ein Preisnachlaß (Skonto) von 3% gewährt. Was ist hier der Grundwert *g*? Was ist hier der Prozentsatz *p*? Wie groß ist der Prozentwert *w*? Wieviel DM hat der Käufer bei Barzahlung zu zahlen?

b) Eine Rechnung beträgt ohne Mehrwertsteuer 400,— DM. Hinzu kommt die Mehrwertsteuer von 13%. Was ist in dieser Aufgabe der Grundwert *g*? Was ist hier der Prozentwert *p*? Wie hoch ist die Mehrwertsteuer in DM? Welche Bezeichnung hat die Mehrwertsteuer in DM? Wodurch unterscheidet sich die Aufgabe von Aufgabe a)? Wieviel DM hat der Kunde einschließlich Mehrwertsteuer zu zahlen?

	Grundwert	Prozentsatz	Prozentwert
c)	375,— DM	?	15,— DM
d)	575,— DM	3%	?
e)	?	4%	36,— DM

f) Ein Meister kauft eine größere Holzmenge für 4500,— DM (ohne Mehrwertsteuer) ein. Er erhält einen Mengen**rabatt** (Preisnachlaß) von 5%. Wieviel DM kann er vom Rechnungsbetrag abziehen? Was ist in dieser Aufgabe *g, p* und *w*? Wieviel DM hat er (ohne Mehrwertsteuer) zu zahlen?

g) Der Stundenlohn eines Gesellen betrug nach dem Tarifvertrag des letzten Jahres = 10,50 DM. Nach dem neuen Tarifvertrag wird der Stundenlohn um 6% erhöht. Welchen Stundenlohn erhält er nach dem neuen Tarifvertrag?

h) Eine Rechnung beträgt 875,— DM. Nach Abzug eines Preisnachlasses (Rabatt für Dauerkunden) zahlt der Käufer aber nur 822,50 DM. Wie groß ist der Preisnachlaß in DM? Wie hoch ist der Preisnachlaß in % vom ursprünglichen Rechnungsbetrag? Was ist in dieser Aufgabe der *g, p* und *w*?

i) Jemand zahlt einschließlich Mehrwertsteuer 550,87 DM; und ohne Mehrwertsteuer = 487,50 DM. Wieviel DM macht die Mehrwertsteuer aus? Wieviel Prozent Mehrwertsteuer wurden berechnet? Was ist in dieser Aufgabe *g, p, w*?

j) Der Stundenlohn eines Gesellen betrug im letzten Jahr = 11,50 DM. Jetzt erhält er einen Stundenlohn von 12,30 DM. Wie hoch war die Lohnerhöhung in Prozent?

k) Ein Geselle verdiente im letzten Monat brutto = 2460,— DM. Nach Abzug der Lohnsteuer und der Sozialversicherungsbeiträge verbleiben ihm netto = 1787,60 DM. Wie hoch sind seine Abzüge in DM und in Prozent, bezogen auf den Bruttolohn?

4.3.2 Prozentrechnung mit dem verminderten oder vermehrten Grundwert

a) Nach Abzug von 3% Skonto vom Rechnungsbetrag zahlt ein Kunde 246,— DM. Wie hoch war der Rechnungsbetrag? Um welchen Betrag handelt es sich bei den 246,— DM? Welchem Prozentsatz entsprechen diese 246,— DM?

b) Jemand zahlt einschließlich Mehrwertsteuer einen Betrag von 503,98 DM. Die Mehrwertsteuer beträgt 13% auf den Rechnungsbetrag. Welchem Prozentsatz entsprechen die 503,98 DM. Wie nennt man diesen Betrag? Welcher Betrag ist der Grundwert?

c) Jemand erhält einen Mengenrabatt von 10% auf den Rechnungsbetrag. Nach Abzug des Rabattes überweist er netto = 7425,— DM. Wie hoch war der Rechnungsbetrag? Was ist hier der Grundwert? Was ist hier der verminderte Grundwert?

d) Nach einer Lohnerhöhung von 6,5% auf den letzten Lohn, erhält ein Geselle nunmehr einen Stundenlohn von 12,14 DM. Wie hoch war sein Stundenlohn vor der Lohnerhöhung?

e) Nach einer Pachterhöhung um 12% zahlt ein Meister für eine gepachtete Werkstatt monatlich 1388,80 DM. Wie hoch war die Pacht vorher?

f) Nach Aufschlag von einem Verschnittsatz von 35% stellt ein Meister 6,48 m^2 Rohholzmenge in Rechnung. Wieviel m^2 betrug die Fertigholzmenge laut Holzliste?

g) Wegen einer mangelhaften Arbeit hält ein Kunde 20% der Rechnungssumme zurück und zahlt zunächst nur 1900,— DM. Wie hoch war der Rechnungsbetrag? Wieviel DM hat er zurückbehalten?

h) Während der Ausführung von Innenausbauarbeiten erhält ein Meister vom Auftraggeber zunächst eine Anzahlungsrate von 30% des Angebotspreises = 5560,80 DM. Wie hoch ist der Angebotspreis?

i) Im Schlußverkauf setzt ein Geschäft den Preis einer Ware um 40% herunter und weist den verminderten Preis mit 83,40 DM aus. Wie hoch war der Preis vorher?

j) Nach einem Schwund von 1,8% hat ein Brett eine Breite von 156 mm. Wie breit war das Brett vor dem Schwund?

k) Das Würfelmaß eines eingeschnittenen Baumstammes beträgt bei einem Verschnitt von 35% vom Blockmaß 1,32 m^3. Wie groß war das Rundmaß des Stammes in m^3?

l) Nach einem Aufschlag von 15% Verschnitt auf die Fertigholzmenge stellt ein Meister dem Kunden 6,44 m^2 Spanplatten in Rechnung. Wie groß war die Fertigholzmenge in m^2?

4.3.3 Zinsrechnung

a) Für welchen Zeitraum gilt im allgemeinen ein angegebener Zinssatz?

b) Mit wieviel Tagen wird grundsätzlich 1 Monat, 1 Jahr angesetzt?

c) Jemand zahlt 1000,— DM auf ein neu eröffnetes Sparkonto ein. Der Zinssatz beträgt 3%.
Wieviel DM Zinsen erhält er nach genau einem Jahr? Wieviel DM Zinsen erhält er für einen Tag? Entwickeln Sie anhand dieser einfachen Aufgabe die Zinsformel!

d) Jemand zahlt am 18. 4. eines Jahres 4500,— DM auf ein Sparkonto. Zinssatz = 3%. Am 15. 12. des gleichen Jahres hebt er den Betrag wieder ab. Wieviel Tage werden berechnet? Wieviel Zinsen haben sich angesammelt?

e) Jemand zahlt am 12. 2. eines Jahres 1200,— DM auf ein Sparkonto ein. Am 21. 6. des gleichen Jahres zahlt er noch einmal 900,— DM ein. Wieviel Zinsen erhält er Ende des Jahres? Wieviel DM hat er Ende des Jahres auf dem Konto? Zinssatz = 4,5%.
Am 15. 4. des nächsten Jahres löst er sein Sparkonto auf. Wieviel DM sind dann auf dem Konto!

f) Um eine reale Geldentwertung zu vermeiden, legt jemand 6000,— DM in Bundesschatzbriefen an und erhält dafür 7,5%. Wieviel Zinsen erhält er in einem Jahr? Wieviel DM hat er real erzielt, wenn die Geldentwertung in dem Jahr 5,2% betrug?

g) Jemand kauft Aktien im Nennwert von 4000,— DM. Er muß jedoch dem Kurs entsprechend 7200,— DM tatsächlich dafür bezahlen. Nach einem Jahr erhält er aus dem Gewinn der Aktiengesellschaft 15% Dividende (Dividende = Zinssatz) auf den Nennwert. Wieviel DM Dividende sind das? Wie hoch hat sich sein tatsächlich bezahlter Betrag von 7200,— DM verzinst?

h) Jemand erhält nach einem Jahr für sein Kapital von 3650,— DM 164,25 DM Zinsen. Wie hoch war der Zinssatz?

i) Jemand erhält für ein Kapital das mit 6% verzinst wird, nach einem Jahr 288,— DM Zinsen. Wie hoch war das Kapital?

j) Jemand erhält bei einem Zinssatz von 8% und einem Kapital von 4500,— DM 90,— DM Zinsen.
Wieviel Tage wurde es verzinst?

k) Jemanden wird ein Kapital von 2700,— DM 9 Monate lang zu 4,5% verzinst. Wieviel Zinsen erhält er?

l) Jemand erhält für einen Zeitraum von 7 Monaten für ein Kapital von 12300,— DM 358,75 DM Zinsen. Wie hoch ist der Zinssatz?

m) Jemand erhält für den Zeitraum von 147 Tagen bei einem Zinssatz von 3% für ein Kapital 66,15 DM Zinsen. Wie hoch war das Kapital?

n) Jemand erhält für ein Kapital von 6420,— DM bei einem Zinssatz von 7,5% 321,— DM Zinsen. Wieviel Tage lang wurde das Kapital verzinst?

4.4 Mischungsrechnung

4.4.1 Begriff der Mischung

Eine Mischung kann sich a) aus verschiedenartigen Stoffen, b) aus gleichen Stoffen mit unterschiedlicher Qualität, unterschiedlicher Konzentration oder unterschiedlichem Preis zusammensetzen.

Eine Mischung läßt sich a) **nach Gewichtsteilen**, b) **nach Raumteilen**, zusammenstellen.

Beim Mischen können Gemenge, Lösungen, Emulsionen oder sogar chemische Verbindungen entstehen.

Der Tischler mischt Glutinleime und Dispersionsleime mit Wasser und Streckmitteln, Kondensationsleime mit Härter und Füllmitteln, Kleber, Mattierungen und Lacke mit Verdünnungen und bestimmte chemische Lacke mit Härter (Härterlacke) und einer zweiten Komponente (Zweikomponentenlacke).

Der Tischler mischt oft auch Beizen und Farben. Kaufleute mischen Waren verschiedener Preisklassen und erhalten so Waren mit Mischpreisen.

4.4.2 Einfaches Mischungsrechnen nach Gewichtsteilen oder Raumteilen

Beispiel: Es sollen 2 kg Härterlösung angerührt werden. Nach Angaben des Herstellers sind 3 Gewichtsteile Härterpulver mit 5 Gewichtsteilen Wasser zu mischen. Wieviel kg Härterpulver sind mit wieviel kg Wasser anzurühren?

Lösung: 3 Gewichtsteile Härterpulver + 5 Gewichtsteile Wasser = 8 Gewichtsteile der Mischung.

Da 2 kg Härterlösung hergestellt werden sollen, erhalten wir für 1 Gewichtsteil der Lösung =

$$= \frac{2\text{ kg}}{8} = \frac{1}{4}\text{ kg} = \mathbf{0{,}25\ kg}$$

Folglich benötigen wir:

	3 mal 0,25 kg	=	0,75 kg	Härterpulver
und	5 mal 0,25 kg	=	1,25 kg	Wasser
			2,00 kg	Lösung

Nennen wir 1 Gewichtsteil = x so erhalten wir als Gleichung

$$3x + 5x = 2$$
$$8x = 2 \qquad x = \frac{2}{8} = \frac{1}{4} = \mathbf{0{,}25\ kg}$$

Allgemein gilt:

$$\textbf{Stoffmenge eines Stoffes in Gewichtseinheiten oder Raumeinheiten} = \frac{\textbf{Gesamtmenge der Mischung} \cdot \textbf{Anteile der Stoffmenge}}{\textbf{Gesamtanteile}}$$

4.4.3 Kaufmännisches Mischungsrechnen

Beispiel a) Jemand mischt 2 Liter einer Mattierung mit dem Literpreis = 8,50 DM mit 4 Liter einer Mattierung mit dem Literpreis = 5,25 DM. Wieviel DM kostet 1 Liter der gemischten Mattierung?

Lösung: 2 Liter · 8,5 DM/Liter + 4 Liter · 5,25 DM/Liter = **38,– DM**

2 + 4 = **6 Liter Mischmattierung kosten also 38,– DM**

Dann kostet ein Liter Mischmattierung $= \frac{38{,}-\text{ DM}}{6} = \mathbf{6{,}33\ DM}$

Allgemein gilt:

$$\textbf{Preis der Mischung} = \frac{\textbf{Anteile}_1 \cdot \textbf{Preis}_1 + \textbf{Anteile}_2 \cdot \textbf{Preis}_2}{\textbf{Gesamtanteile}}$$

Beispiel b) Jemand mischt 4 Liter 75%-igen Alkohol mit 6 Liter 20%-igen Alkohol. Welchen Prozentsatz Alkohol hat die Mischung?

Lösung: $\frac{4 \cdot 75 + 6 \cdot 20}{4 + 6} = \frac{300 + 120}{10} = \frac{420}{10} = \mathbf{42\%}$

Allgemein gilt:

$$\textbf{Prozentsatz der Mischung} = \frac{\textbf{Anteile}_1 \cdot \textbf{Prozentsatz}_1 + \textbf{Anteile}_2 \cdot \textbf{Prozentsatz}_2}{\textbf{Gesamtanteile}}$$

Aufgaben zu 4.4

4.4.1 Begriff der Mischung

a) Welchen Zweck hat das Mischen von Leim mit Streckmitteln?

b) Welchen Zweck hat das Mischen von Kauritleim mit Härter?

c) Warum werden oft Waren verschiedener Preisklassen gemischt?

4.4.2 Einfaches Mischungsrechnen nach Gewichtsteilen oder Raumteilen

a) Nach einer Gebrauchsanweisung soll 1 Gewichtsteil Leimpulver mit 2,5 Gewichtsteilen Wasser gemischt werden. Wieviel Gewichtsteile Leimpulver und wieviel Gewichtsteile Wasser sind zu mischen, um 7 kg Leim zu erhalten?

b) Nach Gebrauchsanweisung sollen Härterpulver und Wasser im Gewichtsverhältnis 1:5 gemischt werden. Wieviel kg Härterpulver und wieviel kg Wasser sind erforderlich, um 3 kg Lösung zu erhalten?

c) Bei einem Härterlack soll das Mischungsverhältnis Lack : Härter 10 : 1 betragen. Wieviel Kubikzentimeter (cm^3) Lack und wieviel cm^3 Härter müssen gemischt werden, um $5\frac{1}{2}$ Liter gemischten Lack zu erhalten? **Merke:** 1 Liter = 1000 cm^3

d) Bei einem Zweikomponentenlack soll das Mischungsverhältnis der beiden Substanzen 2:1 betragen. Wieviel Kubikzentimeter benötigt man von den Substanzen, 1,5 Liter gemischten Lack zu erhalten?

e) Drei verschiedene Stoffe sollen nach Gewichtsteilen im Verhältnis 2:3:4 gemischt werden. Die Gesamtmenge der Mischung soll 4,5 kg betragen. Wieviel kg sind von jedem Stoff erforderlich?

f) Zwei Stoffe wurden nach Gewichtsteilen im Verhältnis 3:7 gemischt. Vom ersten Stoff sind 12 kg in der Mischung enthalten. Wie groß ist die gesamte Mischung in kg? Wieviel kg sind vom zweiten Stoff in der Mischung? **Hinweis:** Stellen Sie die Gleichung um!

g) Zwei Stoffe werden nach Raumteilen im Verhältnis 3:5 gemischt. Vom ersten Stoff sind 4 Liter in der Mischung enthalten. Wie groß ist die Literzahl der gesamten Mischung? Wieviel Liter sind vom zweiten Stoff in der Mischung?

4.4.3 Kaufmännisches Mischungsrechnen

a) 5 kg einer Ware, Preis = 4,50 DM/kg werden mit 7 kg einer anderen, Preis = 2,70 DM/kg, gemischt. Wieviel kostet 1 kg der gemischten Ware?

b) 8 kg Leim, Preis = 5,80 DM/kg, werden mit 2 kg Streckmittel, Preis = 1,50 DM/kg gemischt. Wieviel DM kostet 1 kg des gestreckten Leimes?

c) Zwei Waren werden im Verhältnis 1:3 gemischt. Es sollen insgesamt 20 kg Mischung hergestellt werden.
Die erste Ware kostet 3,20 DM/kg, die zweite 2,40 DM/kg. Wieviel kostet 1 kg der Mischung?

d) 5 kg Leim werden 20% (auf 5 kg) Streckmittel zugesetzt. 1 kg Leim kostet 6,50 DM. 1 kg Streckmittel kostet 1,25 DM. Wieviel kostet 1 kg des gestreckten Leimes?

e) Einem Liter eines dickflüssigen Lackes werden 15% Verdünnung zugesetzt. 1 Liter Lack kostet 8,50 DM. 1 Liter Verdünnung kostet 3,60 DM. Wieviel kostet 1 Liter des verdünnten Lacks?

f) Jemand mischt 0,7 Liter 40-prozentigen Alkohol mit
1,4 Liter 60-prozentigem Alkohol.
Welchen Alkoholgehalt in Prozent hat die Mischung?

5 Massen-, Kraft- und Druckberechnung

5.1 Masse, Kraft, Dichte

5.1.1 Masse und Masseeinheiten

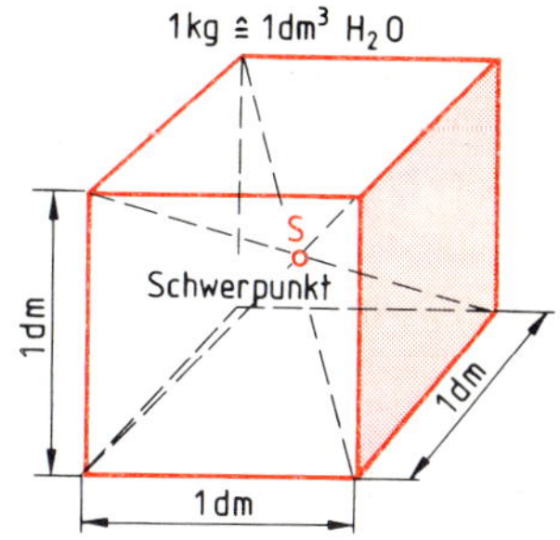

Die Masse, Formelzeichen m, hat die Einheit kg.

m = 1 kg entspricht der Masse von 1 dm³ = 1 Liter Wasser (H_2O) bei + 4° Celsius.

Außer der Einheit kg sind folgende Einheiten gebräuchlich:

t (Tonne), g (Gramm), mg (Milligramm)

Die Umrechnungszahl je Einheit ist die Zahl 1000.

1 t = 1000 kg	**1 kg = 1000 g**	**1 g = 1000 mg**

Umrechnungsbeispiele: 0,0753 kg = 75,3 g
850 mg = 0,85 g

5.1.2 Kraft und Krafteinheit

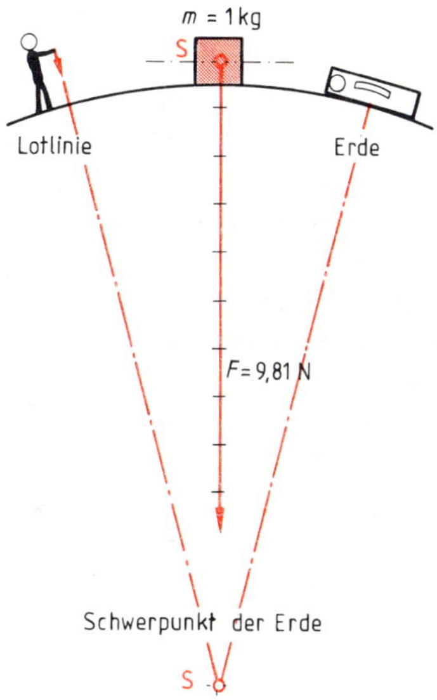

Massen ziehen sich gegenseitig an. Bei kleinen Massen sind die Anziehungskräfte kaum meßbar. Zwischen der Masse unserer Erde und größeren Massen auf der Erde wirken aber schon erhebliche Anziehungskräfte. Durch die Anziehungskraft der Erde wird die Gewichtskraft F_G der Massen auf der Erde verursacht. Diese Gewichtskraft gibt man zur Unterscheidung von der Masse in der Einheit N (Newton) an.

Während die Masse eine konstante Größe ist (1 kg hat auf dem Mond ebenfalls 1 kg Masse), ist die Gewichtskraft (Anziehungskraft) dagegen eine veränderliche Größe.

Merke: 1 kg Masse wird auf der Erdoberfläche mit der Kraft F_G = 9,81 N (Newton) angezogen. In der Praxis setzt man für 1 kg annähernd 10 N Gewichtskraft ein.

Beispiel: Welche Gewichtskraft hat die Masse m = 120 kg auf der Erde?

Wir rechnen: 120 · 10 ≈ 1200 N
genau 120 · 9,81 = **1177,2 N**

Masse in kg mal 9,81 (10) = Gewichtskraft in Newton auf der Erde

Hinweis: Balkenwaagen geben die Masse an. Kräfte werden dagegen mit Kraftmessern (z. B. Federwaagen) gemessen.

5.1.3 Dichte

Gibt man die Masse eines Stoffes in t, kg, g, mg je Raumeinheit, z. B. je 1 m³ , 1 dm³, 1 cm³, 1 mm³ an, so heißt diese Größe Dichte ϱ (rho).

Stahl hat z. B. die Dichte $\varrho = 7{,}8\,\frac{kg}{dm^3}\left(\frac{t}{m^3}, \frac{g}{cm^3}, \frac{mg}{mm^3}\right)$. Diese Dichte sagt aus, daß 1 dm³ Stahl die Masse 7,8 kg hat.

Lufttrockenes Kiefernholz hat dagegen die Dichte $\varrho = 0{,}52\,\frac{kg}{dm^3}$.

Das heißt, daß 1 dm³ lufttrockenes Kiefernholz 0,52 kg Masse hat. Will man die Dichte eines Stoffes bestimmen, so muß man die Masse m durch das Volumen V dividieren. Dichte ist also die volumenbezogene Masse.

$$\textbf{Dichte} = \frac{\textbf{Masse}}{\textbf{Volumen}} \qquad \varrho = \frac{m}{V}$$

Beispiel: Ein frisches Fichtenbrett mit etwa 50% Wassergehalt ist 2 m lang, 18 cm breit und 25 mm dick. Seine Masse beträgt $m = 6{,}66$ kg. Wie groß ist die Dichte des frischen Fichtenholzes?

Lösung: Volumen in dm³ $V = l \cdot b \cdot h = 20\text{ dm} \cdot 1{,}8\text{ dm} \cdot 0{,}25\text{ dm} = 9\text{ dm}^3$

$$\varrho = \frac{m}{V} = \frac{6{,}66\text{ kg}}{9\text{ dm}^3} = 0{,}74\,\frac{\text{kg}}{\text{dm}^3} \quad \left(\frac{\text{t}}{\text{m}^3}, \frac{\text{g}}{\text{cm}^3}, \frac{\text{mg}}{\text{mm}^3}\right)$$

Ist die Dichte eines Stoffes und das Volumen bekannt, so läßt sich die Masse berechnen. Nach m umgestellt lautet dann die Gleichung:

$$\boldsymbol{m = V \cdot \varrho}$$

$$\boldsymbol{V = \frac{m}{\varrho}}$$

Ist dagegen die Masse und die Dichte bekannt, so kann man das Volumen berechnen.

Mit den Größen unseres Beispiels würden wir also folgendermaßen rechnen:

$$m = \frac{9\text{ dm}^3 \cdot 0{,}74\text{ kg}}{\text{dm}^3} = \mathbf{6{,}66\ kg} \qquad V = \frac{6{,}66\text{ kg dm}^3}{0{,}74\text{ kg}} = \mathbf{9\ dm^3}$$

Hinweis: Beim Rechnen ist es vorteilhaft, die Masse in kg und das Volumen in dm³ einzustellen. Mit anderen Einheiten kann man nur rechnen, wenn sie sich auch kürzen lassen. Man kann z. B. die Dichte des frischen Eichenholzes statt mit $0{,}74\,\frac{\text{kg}}{\text{dm}^3}$ auch mit $740\,\frac{\text{kg}}{\text{m}^3}$ angeben.

Dichte ϱ von Hölzern und Baustoffen in $\frac{\text{kg}}{\text{dm}^3}\left(\frac{\text{t}}{\text{m}^3}\right)\left(\frac{\text{g}}{\text{cm}^3}\right)\left(\frac{\text{mg}}{\text{mm}^3}\right)$

Nadel- und Laubhölzer	Dichte frisch	lufttrocken	Verschiedene Baustoffe	Dichte
Fichte	0,74	0,48	Sägespäne (lose)	0,20
Tanne	0,67	0,45	Brennholz (gehäuft)	0,40
Kiefer	0,70	0,52	Sand, Kies (erdfeucht)	1,80
Lärche	0,81	0,60	Bimskies (trocken)	0,70
Eiche	1,04	0,75	Vollziegel	1,80
Rotbuche	1,00	0,75	Basalt	3,00
Pockholz	—	1,30	Aluminium	2,75
Teakholz	—	0,75	Grauguß	7,25
Balsaholz	—	0,15	Stahl	7,86

Aufgaben zu 5.1

5.1.1 Masse und Masseneinheiten

a) Welche Masse hat 1 dm³ reines Wasser bei 4 °Celsius?

b) Nennen Sie die gebräuchlichsten Masseneinheiten!
Rechnen Sie die Massen in die angegebenen Einheiten um!

c) 0,76 t = ? kg,
d) 5450 kg = ? t
e) 1,053 kg = ? g
f) 850 g = ? kg,
g) 250 g = ? mg
h) 3400 mg = ? g
i) 0,02 t = ? g
j) 280000 mg = ? kg
k) 0,006 kg = ? mg
l) 670000 g = ? kg
m) 72,05 kg = ? g
n) 0,0054 t = ? kg

5.1.2 Kraft und Krafteinheit

a) In welcher Einheit wird die Kraft F angegeben?

b) Mit welcher Kraft wird die Masse $m = 1$ kg auf der Erde angezogen?

c) Welche Masse hat ein Mensch auf dem Mond, wenn seine Masse auf der Erde $m = 72$ kg beträgt?

d) Mit welcher Kraft wird ein Mensch mit der Masse $m = 80$ kg auf der Erde angezogen?

e) Ein Mensch mit der Masse $m = 80$ kg wird auf dem Mond mit der Kraft $F = 129{,}6$ N angezogen. Wie ist der Unterschied gegenüber der Erde zu erklären?

f) Mit welchen Waagen werden Massen und mit welchen Waagen werden Kräfte gemessen?

Geben Sie für unsere Erde die Kraft bzw. die Masse an!

g) 0,2 kg ≙ ? N	h) 3500 g ≙ ? N	i) 0,4 N ≙ ? g
j) 2,5 N ≙ ? kg	k) 0,4 N ≙ ? g	l) 5650 N ≙ ? kg

5.1.3 Dichte

a) Fichtenholz hat im frischen Zustand eine Dichte (rho) $\varrho = 0{,}74 \frac{\text{kg}}{\text{dm}^3}$
Erklären Sie diese Größe!

b) Welche anderen Einheiten kann man statt kg/dm³ für die Dichte des Fichtenholzes angeben? Erklären Sie diese Größen!

c) Ein lufttrockenes Stück Kiefernholz ist 12 cm breit, 1 m lang und 30 mm dick. Es hat die Masse $m = 1872$ g. Berechnen Sie zunächst das Volumen in dm³ und in cm³! Berechnen Sie anschließend die Dichte in kg/dm³ und in g/cm³!

d) Ein lufttrockenes Eichenbrett ist 3 m lang, 20 cm breit und 26 mm dick. Es hat die Masse $m = 11{,}7$ kg. Berechnen Sie die Dichte in kg/dm³! Welche Dichte hat Eiche in der Einheit t/m³?

e) Eine Zulage aus Aluminiumblech, Dichte = 2,75 kg/dm³ ist 2 m lang, 75 cm breit und 3 mm dick. Berechnen Sie die Masse m in kg! Mit welcher Kraft F in Newton wird das Blech von der Erde angezogen?

f) Eine Graugußplatte, Dichte = 7,25 kg/dm³ ist 60 cm lang, 45 cm breit und 25 mm dick. Berechnen Sie die Masse in kg!

g) Ein Lkw hat 4,6 m³ Kiefernholz, Dichte = 0,52 kg/dm³, geladen. Berechnen Sie die Masse in kg und in t! Wie groß ist die Gewichtskraft des Holzes F in Newton?

h) Ein Lkw hat $m = 2587$ kg lufttrockenes Fichtenholz geladen. Dichte des Holzes = 0,48 kg/dm³. Berechnen Sie das Volumen in dm³ und in m³!

i) Eine Rotbuchenbohle hat die mittlere Breite $b_m = 38$ cm, die Länge $l = 4$ m und die Dichte $h = 50$ mm. Ihre Masse ist $m = 57$ kg. Berechnen Sie die Dichte in kg/dm³!

j) Ein Balken aus Fichte, Dichte = 0,48 kg/dm³ hat den Querschnitt 12 cm mal 20 cm. Er hat die Masse $m = 63{,}36$ kg. Welche Länge müßte dann der Balken haben?

5.2 Hebelkraft

5.2.1 Das Drehmoment

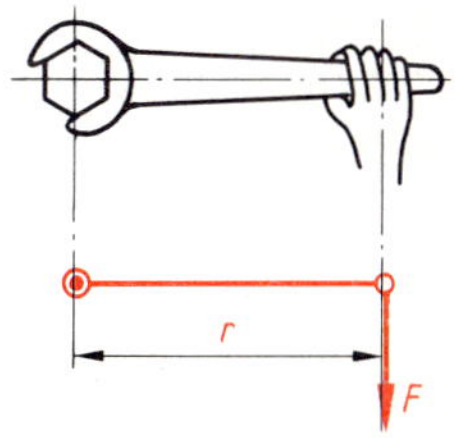

Beim Festdrehen einer Schraubenmutter wirkt eine Kraft F an einem Hebelarm r (siehe Bild). Die Wirkung der Drehkraft ist nicht nur von der Größe der Kraft in Newton, sondern auch von der Länge des Hebelarms (Länge des Schraubenschlüssels) abhängig. Will man die Schraube fester andrehen, so kann man statt der Kraft auch die Hebelarmlänge vergrößern (Verwendung eines längeren Schraubenschlüssels). Multipliziert man die Kraft in Newton mit der Hebelarmlänge, so erhält man als Größe der Drehwirkung das sogenannte Drehmoment.*

* Fachkunde Schreiner, Wuppertal 1980

Drehmoment = Kraft · Hebelarm

$M = F \cdot r$

Beispiel: Die Drehkraft sei F = 50 N und die Hebelarmlänge r = 40 cm = 0,4 m. Wie groß ist das erzeugte Drehmoment?

Lösung: $M = F \cdot r$ = 50 N · 40 cm = **2000 Ncm** oder 50 N · 0,4 m = **20 Nm**
Für die Länge r kann man verschiedene Einheiten verwenden. Üblich ist die Angabe der Drehmomente in der Einheit Nm oder Ncm.

5.2.2 Hebelarten und Drehmomentengleichung

Jeder Hebel hat einen Drehpunkt. Je nach Anzahl der Hebelarme unterscheidet man zweiarmige und einarmige Hebel. Bei allen Hebeln wirken die angreifenden Kräfte entweder rechtsdrehend oder linksdrehend. Multipliziert man die Kräfte mit ihren Hebelarmen, so erhält man a) **linksdrehende Momente** und b) **rechtsdrehende Momente**.

Beispiel für einen zweiarmigen Hebel

An dem rechts abgebildeten zweiarmigen Hebel wirkt ein linksdrehendes und ein rechtsdrehendes Moment. Da der Hebel im Gleichgewicht ist, können wir folgende Gleichung aufstellen:

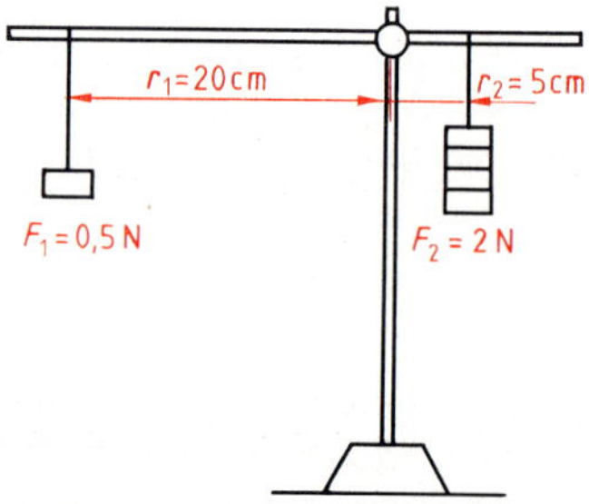

Linksdrehendes Moment = Rechtsdrehendes Moment

$$\overleftarrow{M} = \overrightarrow{M}$$
$$F_1 \cdot r_1 = F_2 \cdot r_2$$

$$0{,}5\ \text{N} \cdot 20\ \text{cm} = 2\ \text{N} \cdot 5\ \text{cm}$$
$$\mathbf{10\ Ncm} = \mathbf{10\ Ncm}$$

Beispiel für einen einarmigen Hebel

An dem rechts abgebildeten einarmigen Hebel wirkt eine Gewichtskraft linksdrehend. Der Kraftmesser wirkt dagegen rechtsdrehend. Welche Kraft in Newton zeigt er an, wenn Gleichgewicht am Hebel herrscht?

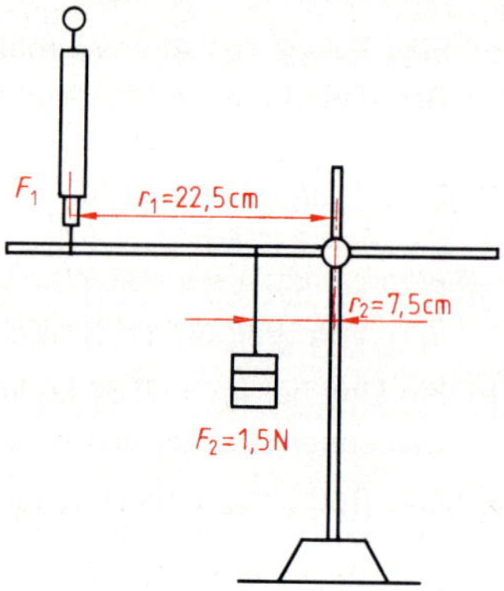

Rechtsdrehendes Moment = Linksdrehendes Moment

$$\overrightarrow{M} = \overleftarrow{M}$$
$$F_1 \cdot r_1 = F_2 \cdot r_2$$

$$F_1 \cdot 22{,}5\ \text{cm} = 1{,}5\ \text{N} \cdot 7{,}5\ \text{cm}$$
$$F_1 = \frac{1{,}5\ \text{N} \cdot 7{,}5\ \text{cm}}{22{,}5\ \text{cm}} = \mathbf{0{,}5\ N}$$

5.2.3 Anwendung des Hebels im Holzgewerbe

Mit Hilfe eines **langen** Hebelarmes an dem eine verhältnismäßig geringe Handkraft angreift, kann man eine größere Kraft erzeugen, wenn der andere Hebelarm kürzer ist. Bei einfachen Werkzeugen, z. B. Zangen, Scheren, Brecheisen und Spannwerkzeugen, wird das Hebelgesetz praktisch angewendet.

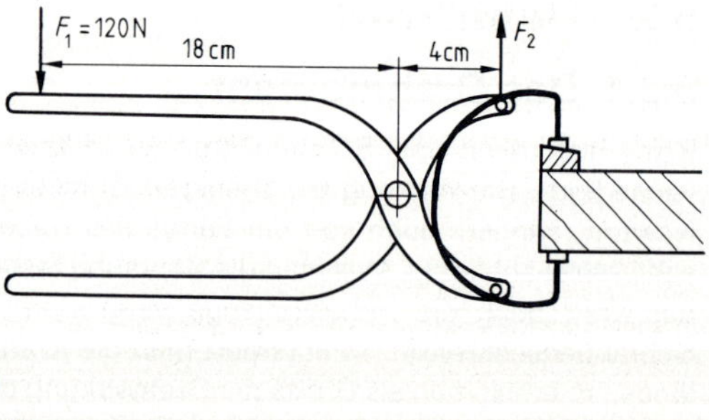

Beispiel:

Die rechts abgebildete Spreizzange für Leimklammern ist in ihrer Wirkungsweise ein zweiarmiger Hebel. Wenn die Handkraft z. B. F_1 = 120 N beträgt, so ergibt sich bei den gegebenen Längen folgende Kraft F_2 an der Klammer: 120 N · 18 cm = F_2 · 4 cm

$$\frac{120\ \text{N} \cdot 18\ \text{cm}}{4\ \text{cm}} = F_2 = \mathbf{540\ N}$$

Aufgaben zu 5.2

5.2.1 Das Drehmoment

a) Was bezeichnet man als Drehmoment?

b) In welchen Einheiten werden Drehmomente angegeben?

c) Ein Schraubenschlüssel hat die Hebelarmlänge r = 15 cm. Ein Geselle dreht mit einer Kraft F = 80 N eine Schraube an. Berechnen Sie das Drehmoment in Ncm und in Nm!

Wie groß wäre bei gleicher Kraft aber einer Schraubenschlüssellänge r = 25 cm, das Drehmoment in Ncm und in Nm?

d) Warum darf man z. B. beim Festdrehen von Messerwellenschrauben keinen beliebig langen Schraubenschlüssel verwenden?

e) Es soll beim Andrehen einer Schraubenmutter ein Drehmoment von M = 45 Nm erzeugt werden. Der Schraubenschlüssel hat die Länge r = 30 cm. Mit welcher Kraft F in Newton muß gedreht werden?

f) Jemand wendet eine Drehkraft F = 250 N auf. Das Drehmoment soll 50 Nm betragen. Wie lang muß der Schraubenschlüssel in cm sein?

5.2.2 Hebelarten und Drehmomentengleichung

a) Welche Hebelarten sind nach der Anzahl der Hebelarme zu unterscheiden?

b) Welche Kraft F_2 ist erforderlich, damit am rechts abgebildeten Hebel statisches Gleichgewicht herrscht?

Stellen Sie zunächst die Gleichung auf!

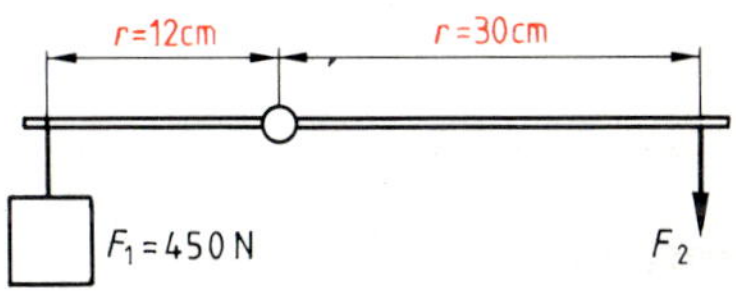

c) Bei welcher Hebelarmlänge r_2 herrscht am rechts abgebildeten Hebel statisches Gleichgewicht?

Bilden Sie zunächst die Gleichung!

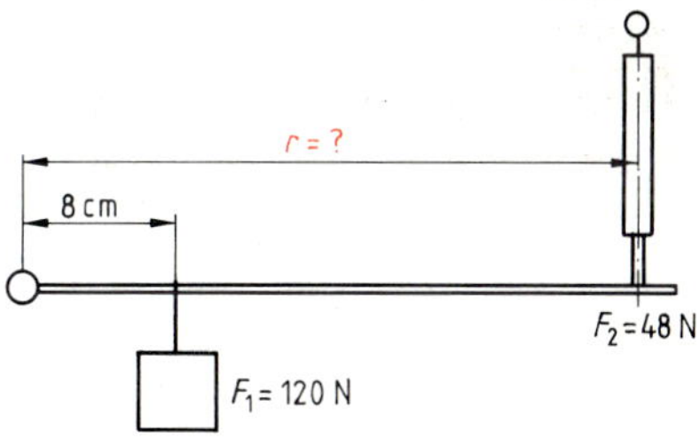

5.2.3 Anwendung des Hebels im Holzgewerbe

a) Um welche Hebelart handelt es sich bei der rechts abgebildeten Kneifzange?

Mit welcher Kraft wird der Nagel von den Schneiden gepreßt?

a)

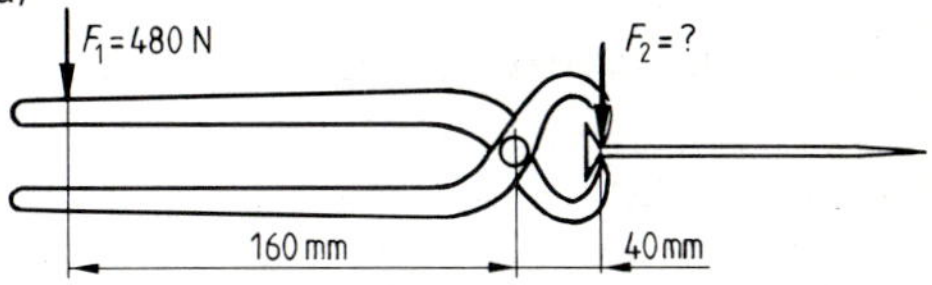

b) Mit welcher Kraft F_2 wird der Nagel, der mit einem Hammer herausgezogen werden soll, gezogen (siehe Bild!)?

c) Welche Zugkraft wirkt auf den Nagel, der mit der Kneifzange herausgezogen werden soll (siehe Bild)?

b)

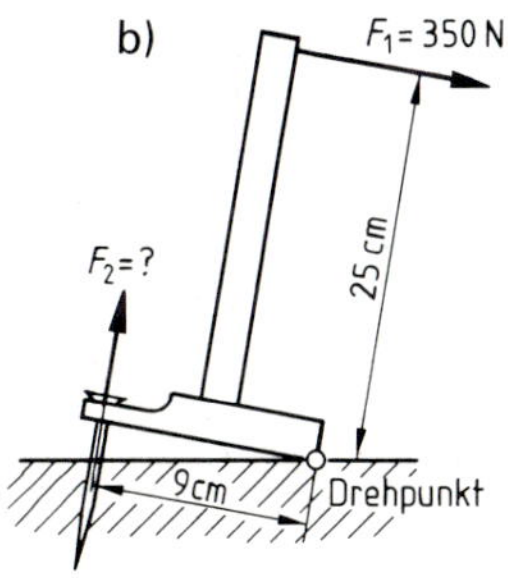

c)

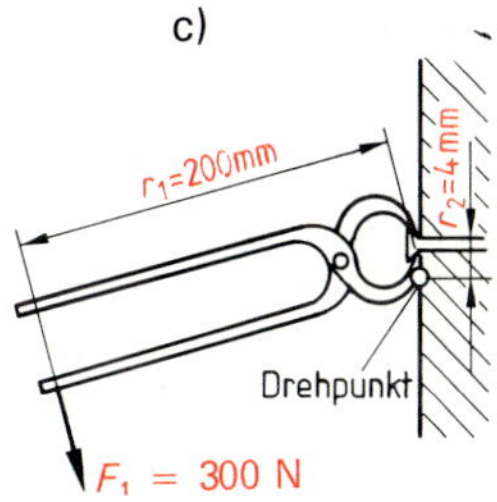

d)

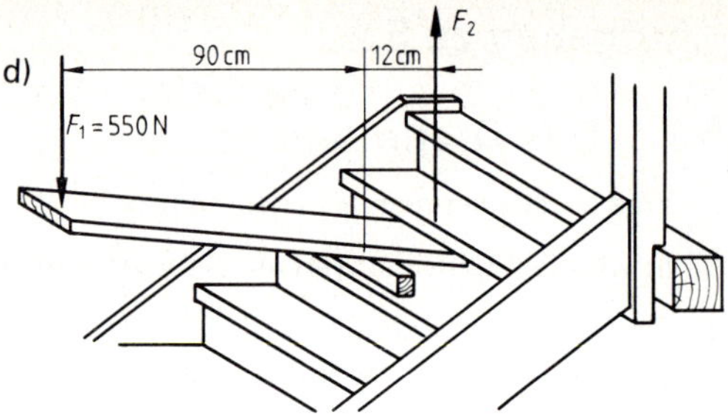

d) Mit welcher Kraft F_2 wird die Trittstufe mit dem Hebel hochgedrückt (siehe Bild rechts)?

e) Welche Kraft F_1 in Newton muß der Arbeiter aufwenden, damit der Schrank kippt?

Beachten Sie: Die Kippkante des Schrankes ist der Drehpunkt! Die Hebelarme liegen winklig zueinander!

Man bezeichnet Hebel mit winklig zueinander liegenden Hebelarmen als Winkelhebel.

e)

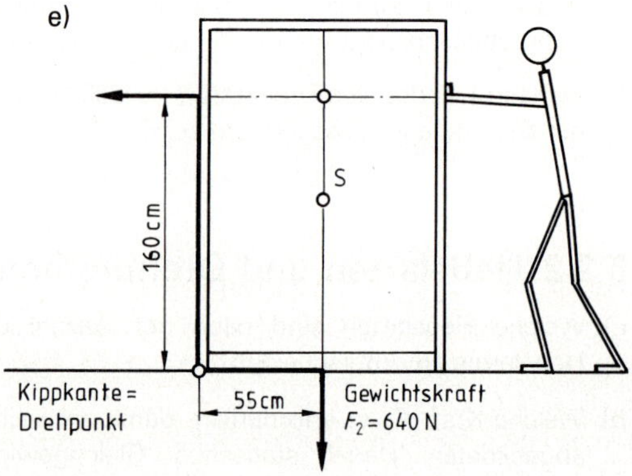

Auflagerkräfte von Balken

Wirkt genau in der Mitte einer Balkenlänge eine Kraft, so sind die beiden Auflagerkräfte, in den Zeichnungen mit F_A und F_B bezeichnet, gleich groß.

Wirkt dagegen eine Kraft außerhalb der Mitte, so ergeben sich unterschiedlich große Auflagerkräfte.

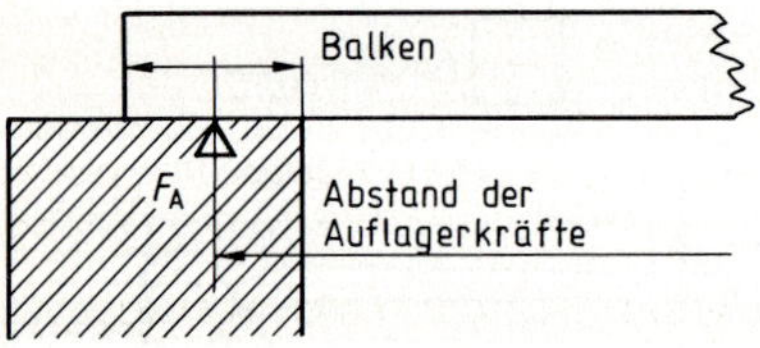

Obwohl die Auflagerkräfte von oben wirken, zeichnet man die Kraftpfeile umgekehrt, denn die tragende Mauer muß ja eine gleich große Gegenkraft bewirken. Der Angriffpunkt der Auflagerkraft liegt in der Mitte der Auflagerlänge des Balkens (siehe Bild).

Bei der Berechnung der Auflagerkräfte betrachtet man entweder den Punkt F_A oder den Punkt F_B als Drehpunkt eines einarmigen Hebels.

Berechnen Sie mit Hilfe des Hebelgesetzes die Auflagerkräfte der abgebildeten Balken (Aufgaben f, g, h)!

f)

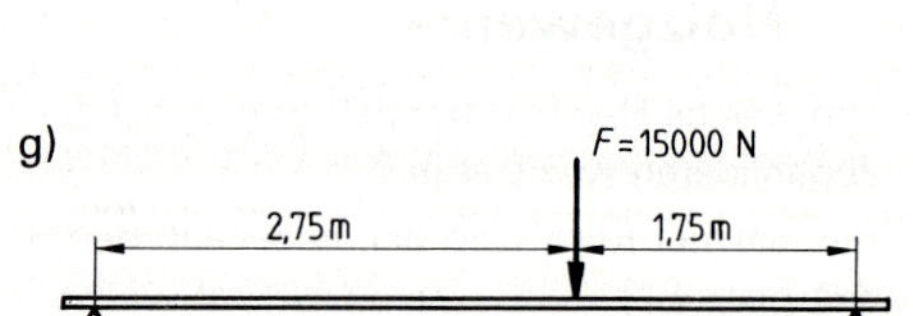

g)

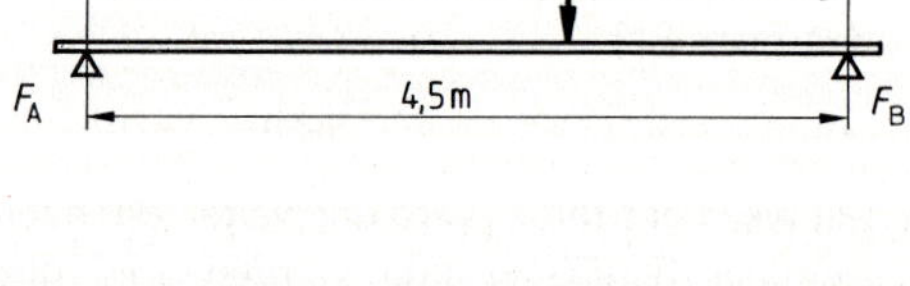

h)

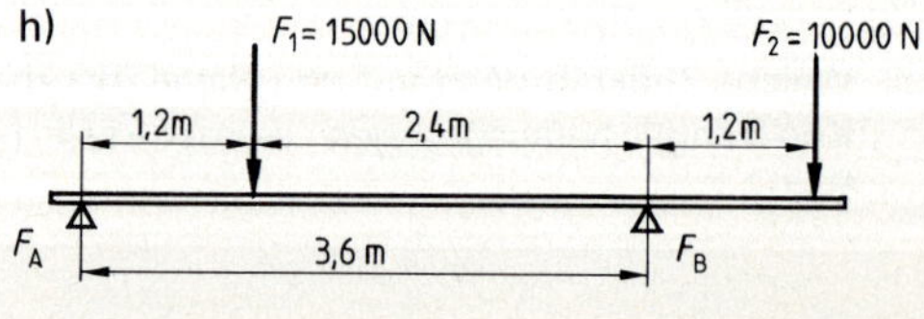

5.3 Physikalische Arbeit, Schraubenkraft

5.3.1 Begriff der physikalischen Arbeit

Als physikalische Arbeit bezeichnet man das Produkt aus Kraft und Weg.*

Arbeit = Kraft mal Weg $\qquad$ $\boldsymbol{W = F \cdot s}$

Beispiel 1: **Reibungsarbeit**

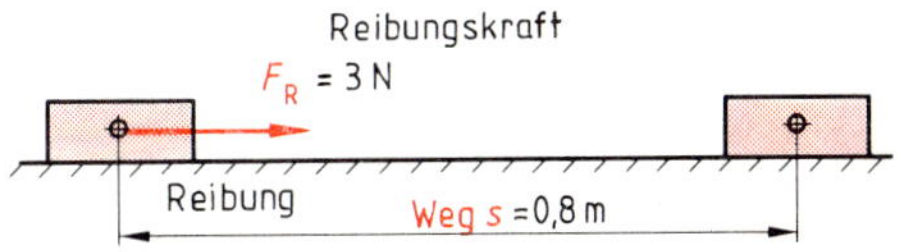

Um den rechts abgebildeten Gleitklotz über die Gleitfläche zu bewegen, ist eine Reibungskraft $F_R = 3$ N (Newton) erforderlich. Er wird waagerecht eine Strecke s (Weg) = 0,8 m bewegt. Wie groß ist die verrichtete Reibungsarbeit?

Reibungsarbeit = Reibungskraft · Weg

$W_R = F_R \cdot s$
$W_R = 3\text{ N} \cdot 0{,}8\text{ m}$
$W_R = \mathbf{2{,}4\ Nm}$ (Newtonmeter)

Beispiel 2: **Hubarbeit**

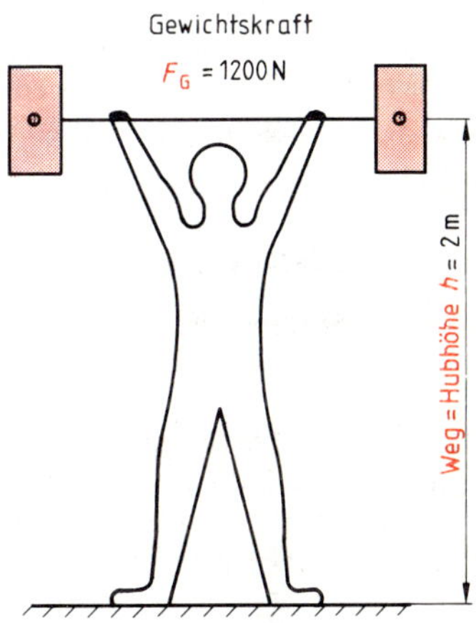

Ein Gewichtheber hebt eine Masse $m = 120$ kg, die Strecke $s = h$ (Hubhöhe) = 2 m hoch. 120 kg Masse wird auf der Erde mit annähernd 120 mal 10 ≈ 1200 N Gewichtskraft angezogen. Der Gewichtheber muß also auf der ganzen Strecke $h = 2$ m eine Kraft $F_G = 1200$ N aufbringen.

Hubarbeit = Gewichtskraft · Weg (Hubhöhe)

$W_H = F_G \cdot h$
$W_H = 1200\text{ N} \cdot 2\text{ m}$
$W_H = \mathbf{2400\ Nm}$ (Newtonmeter)

5.3.2 Einsparung von Kraft durch Verlängerung des Weges

Da die Kraft des Menschen verhältnismäßig gering ist, wurden Vorrichtungen und Maschinen erdacht, mit denen man größere Kräfte erzeugen kann. Dies geschieht, indem man den Weg s bzw. h vergrößert.

Einfache Maschinen wie Hebel, Flaschenzüge und Fahrradübersetzungen bewirken auch eine Verlängerung des Weges und damit Einsparung von Kraft.

Eine bekannte Vorrichtung zur Einsparung von Kraft ist die **schiefe Ebene.**

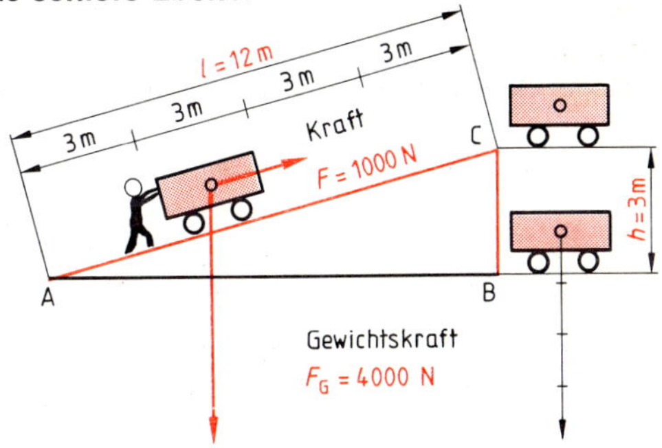

Die abgebildete schiefe Ebene hat z. B. die Höhe $h = 3$ m und die Länge $l = 12$ m. Soll der Wagen mit der Gewichtskraft $F_G = 4000$ N zum Punkt C gebracht werden, so können wir ihn a) senkrecht von Punkt B nach C oder b) von Punkt A über den längeren Weg l nach Punkt C bewegen.

In beiden Fällen verrichten wir gleiche physikalische Arbeit, da wir das Gewicht in beiden Fällen um $h = 3$ m anheben.

* Fachkunde für Schreiner, Wuppertal 1980

$$W_1 = W_2$$

Arbeit₁ (auf der Schrägen) = Arbeit₂ (senkrechter Hub)
Kraft mal Weg = Gewichtskraft mal Hubhöhe

$$F \cdot l = F_G \cdot h$$

$$F \cdot 12\,\text{m} = 4000\,\text{N} \cdot 3\,\text{m}$$

$$F = \frac{4000\,\text{N} \cdot 3\,\text{m}}{12\,\text{m}}$$

$$F = \mathbf{1000\,N}$$

Hinweis:

Die ohnehin geringe Reibungskraft an den Rädern des Wagens (rollende Reibung) ist in dieser Gleichung nicht berücksichtigt.

Die berechnete Kraft von $F = 1000$ N ist wegen der Reibung tatsächlich etwas größer.

5.3.3 Die Schraube

Wickelt man eine schiefe Ebene um einen Zylinder, so entsteht entlang der Länge l der schiefen Ebene auf dem Zylinder eine Schraubenlinie. Schneidet man in diese Schraubenlinie ein Profil, so entsteht ein Gewinde. Die Gewindesteigung h = Bewegungslänge einer Schraubenmutter bei einer vollen Umdrehung, entspricht der Höhe h der schiefen Ebene. Da die meisten Gewinde eine geringe Gewindesteigung aufweisen, ist die Länge l der Schraubenlinie für eine Umdrehung dem Umfang $U = d \cdot \pi$ oder $U = 2r \cdot \pi$ annähernd gleich (siehe Abbildungen rechts).

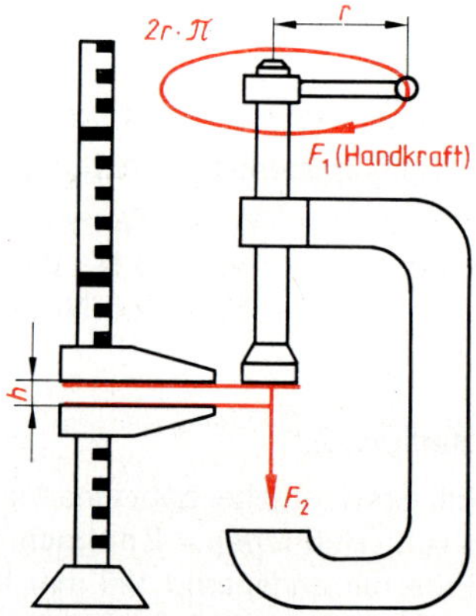

$$l \approx d \cdot \pi$$

Wir können also bei Schrauben für l den Umfang $d \cdot \pi$ in Gleichungen einsetzen.

5.3.4 Erzeugung großer Kräfte mit Schrauben

Mit Schraubzwingen, Knechten und Schraubenpressen (Spindelpressen) lassen sich beim Verleimen und Furnieren mittels geringer menschlicher Handkraft große Preßkräfte erzeugen.

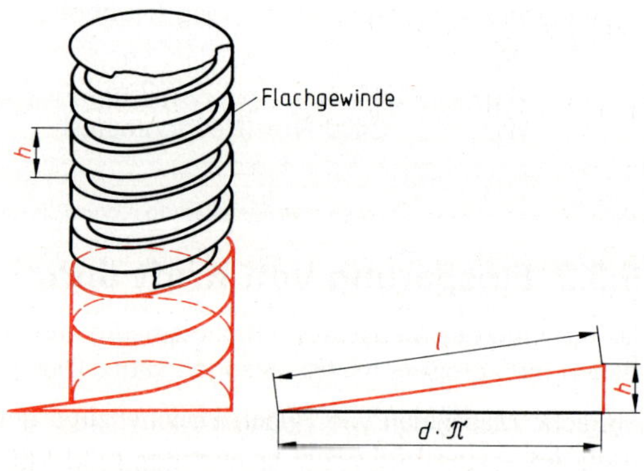

Beispiel:

Die rechts abgebildete **Maschinenschraubzwinge** hat folgende Abmessungen:
Hebelarmlänge $r = 150$ mm
Gewindesteigung $h = 5$ mm

Drehen wir beispielsweise am Ende des Hebels mit der Handkraft $F_1 = 100$ N, dann beträgt die Schraubenkraft F_2 ein Vielfaches dieser Handkraft.

Bei der Berechnung der Schraubenkraft lassen wir die Gewindereibung unberücksichtigt.

Lösung: Wir gehen von einer ganzen Umdrehung aus. Bei einer Umdrehung legt die Hand des Arbeiters den Weg $U = d \cdot \pi = 2r \cdot \pi$ zurück. Die Hand macht eine Kreisbewegung.

Die verrichtete Arbeit des Arbeiters für eine Umdrehung beträgt dann

Arbeit = Kraft · Weg (für eine Umdrehung)

$$W_1 = F \cdot 2r \cdot \pi$$

Die Arbeit der Schraube muß bei Vernachlässigung der Reibung ebenso groß sein.

Arbeit = Kraft der Schraube · Weg (Gewindesteigung)

$$W_2 = F_2 \cdot h$$

Durch Gleichsetzung erhalten wir die Arbeitsgleichung

$$\boxed{\begin{array}{c} W_1 = W_2 \\ F_1 \cdot 2r \cdot \pi = F_2 \cdot h \end{array}}$$

Auf unser Beispiel angewendet erhalten wir:

$$\boxed{100\ \text{N} \cdot 2 \cdot 150\ \text{mm} \cdot 3{,}14 = F_2 \cdot 5\ \text{mm}}$$

Nach F_2 umgestellt

$$F_2 = \frac{100\ \text{N} \cdot 2 \cdot 150\ \text{mm} \cdot 3{,}14}{5\ \text{mm}} = \mathbf{18840\ N}$$

Die Hand legt bei einer Umdrehung den Weg 300 mm · 3,14 = **942 mm** zurück.

Die Schraube legt dagegen nur den Weg h (Gewindesteigung) = 5 mm zurück.

942 mm : 5 mm = **188,4** Da der Weg der Hand 188,4mal größer ist als der Weg der Schraube, muß die Schraubenkraft F_2 188,4mal größer sein als die Handkraft F_1. Also 100 N · 188,4 = **18840 N**.

5.3.5 Wirkungsgrad

Wegen der bei Schrauben vorhandenen Reibungskräfte ist die tatsächliche Schraubenkraft geringer als die in 5.3.4 errechnete. Will man diese Reibungsverluste berücksichtigen, so multipliziert man die berechnete Kraft F_2 mit dem sogenannten Wirkungsgrad η (eta). Der Wirkungsgrad η wird als Prozentzahl oder Dezimalzahl angegeben. Er richtet sich nach der Gewindeform, der Gewindeoberfläche und dem Schmiermittel.

Beispiel: Der Wirkungsgrad unserer Schraubzwinge sei η = 60% = 0,6. Das heißt, nur 60% der Kraft sind wirksam, 40% gehen durch Reibung verloren. Dann beträgt die tatsächliche (effektive) Schraubenkraft

$$\mathbf{F_{eff} = F_2 \cdot \eta} \qquad F_{eff} = 18840\ \text{N} \cdot 0{,}6 = \mathbf{11304\ N}.$$

Aufgaben zu 5.3

5.3.1 Begriff der physikalischen Arbeit

a) Wie lautet allgemein die Formel zur Berechnung der Arbeit?

b) Wie lautet die Formel speziell für die Berechnung der Reibungsarbeit?

c) Wie lautet die Formel speziell für die Berechnung der Hubarbeit?

d) Zur gleichmäßigen Fortbewegung eines Schrankes auf waagerechter Strecke ist eine Reibungskraft von F_R = 180 N erforderlich. Der Schrank muß s = 3,5 m weit verschoben werden. Wie groß ist die Reibungsarbeit W_R in Nm?

e) Zwei Gesellen heben beim Verladen einen Schrank mit der Masse m = 125 kg, h = 1,5 m hoch. Welche Hubarbeit W_H in Nm verrichten sie zusammen?

f) Beim Schleifen eines Hobeleisens wirkt eine Reibungskraft (Kraft, mit der der Schleifstein am Umfang abgebremst wird) F_R = 2,5 N. Der Umfang des Schleifsteins ist U = 62,8 cm. Welche Reibungsarbeit in Nm entsteht bei 500 Umdrehungen des Schleifsteins?

g) Ein Lehrling hebt 50 gleiche Bretter von je 3,2 kg Masse h = 75 cm hoch. Wie groß ist seine Hubarbeit in Nm?

5.3.2 Einsparung von Kraft durch Verlängerung des Weges

a) Warum kann man mit Hilfe von Flaschenzügen große Lasten heben?

b) Warum kann man mit einer Fahrradgangschaltung leichter bergauf fahren?

c) Eine schiefe Ebene an einem Neubau ist h = 2,5 m hoch und l = 15 m lang. Wievielmal ist durch die schiefe Ebene die Hubhöhe h verlängert worden?

Eine Schubkarre, die über die schiefe Ebene gefahren wird, hat die Gewichtskraft F_G = 1200 N (Masse etwa 120 kg). Welche Kraft ist erforderlich um die Schubkarre nach oben zu bewegen? Die Reibung an den Rädern soll nicht berücksichtigt werden!

d) Eine schiefe Ebene hat die Höhe h = 3 m und die Länge l = 24 m. Wievielmal ist die Länge l größer als die Höhe h? Welche Kraft F ist erforderlich, um einen Wagen mit der Gewichtskraft F_G = 4800 N (Masse etwa 480 kg) nach oben zu bewegen?

Stellen Sie die Arbeitsgleichung auf und beweisen Sie durch Einsetzen der Größen und Berechnung, daß keine Arbeit eingespart wird!

5.3.3 Die Schraube

a) Wie entsteht eine Schraubenlinie?

b) Wie kann man die Gewindesteigung einer Schraube messen?

c) Warum ist die Länge l eines Gewindeganges (eine Umdrehung) nicht wesentlich länger als der Umfang $d \cdot \pi$?

d) Drehen wir den Hebelarm der Zange einer Hobelbank einmal herum, so legen wir mit unserer Hand nicht ganz genau einen Kreisbogen zurück. Der Weg ist minimal länger als ein Kreisumfang. Warum ist das so?

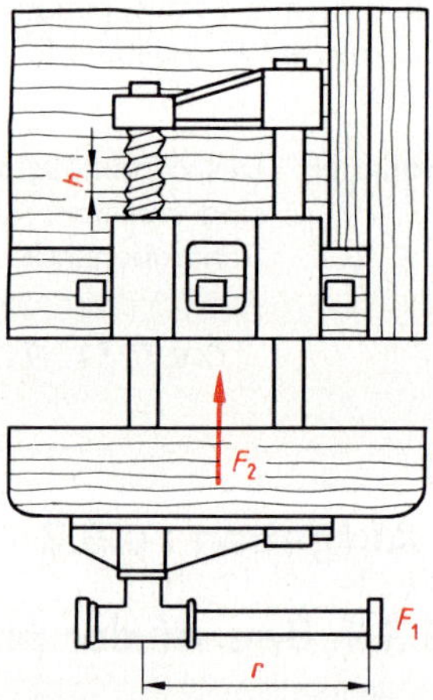

5.3.4 Erzeugung großer Kräfte mit Schrauben

a) Die Hebelarmlänge (Radius) einer Hobelbankvorderzange ist r = 30 cm. Die Gewindesteigung der Schraube beträgt h = 10 mm. Ein Lehrling dreht mit der Drehkraft F_1 = 60 N am Ende des Hebels. Wievielmal ist der Kraftweg der Hand bei einer Umdrehung größer als der Backenweg (Lastweg = Gewindesteigung)?
Mit welcher Kraft F_2 wird das Werkstück eingespannt?
Stellen Sie zunächst die Gleichung auf!

b) Die Hebelarmlänge einer Hinterzange ist r = 350 mm. Die Gewindesteigung der Schraube ist h = 12 mm. Ein Werkstück soll mit der Kraft F_2 = 4200 N eingespannt werden. Mit welcher Kraft F_1 muß man an dem Hebel drehen?

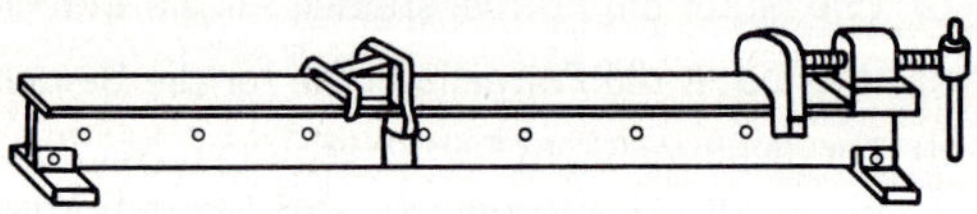

c) Der rechts abgebildete Türspanner hat eine Hebelarmlänge r = = 250 mm und eine Gewindesteigung h = 5 mm. Beim Einspannen eines Werkstückes wird mit der Kraft F_1 = 120 N am Hebel gedreht.
Mit welcher Kraft F_2 wird das Werkstück gespannt?

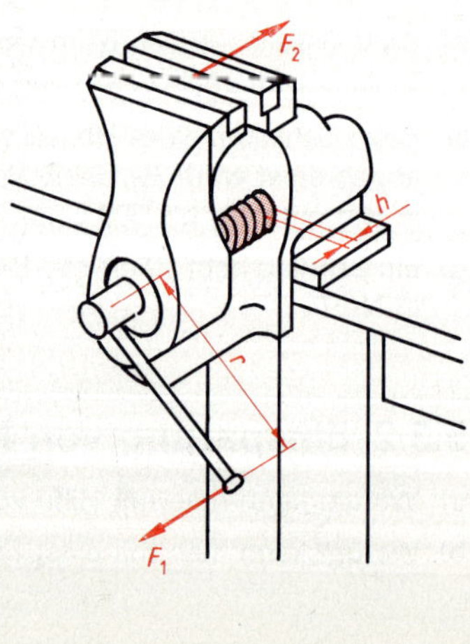

d) Ein Schraubstock hat die Hebelarmlänge r = 350 mm und eine Gewindesteigung h = 7,5 mm.
Mit welcher Kraft F_2 wird das Werkstück eingespannt, wenn mit der Handkraft F_1 = 90 N gedreht wird?

e) Ein Schraubstock hat die Hebelarmlänge r = 300 mm und die Gewindesteigung h = 6 mm.
Mit welcher Drehkraft F_1 muß gedreht werden, um das Werkstück mit der Backenkraft F_2 = 120000 N einzuspannen?

5.4 Druck — Hydraulik — Pneumatik

5.4.1 Druck und Druckeinheiten

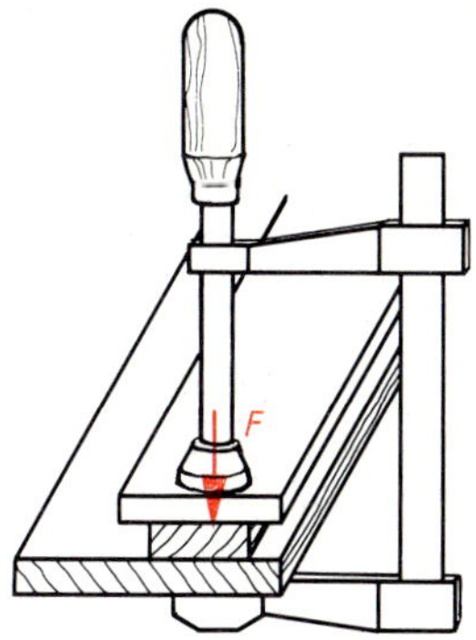

Wirkt eine Kraft F (Einheit: Newton) auf eine Fläche A, so kann man die Kraft pro Flächengröße angeben. Diese neue Größe heißt Druck p. Wir erhalten den Druck p, wenn wir die Kraft F durch die gedrückte Fläche A dividieren.

$$\textbf{Druck} = \frac{\textbf{Kraft}}{\textbf{Fläche}} \qquad \boldsymbol{p = \frac{F}{A}}$$

Die Fläche A setzt man allgemein in der Einheit mm^2, cm^2 oder in der Einheit m^2 ein.

Beispiel:

Die rechts abgebildete Schraubzwinge erzeugt eine Kraft $F = 2400$ N. Die aufzuleimende Leiste ist 4 cm breit. Die Zwinge drückt auf einer Länge von 25 cm (Abstand der Zwingen). Die gedrückte Leimfläche ist dann $\boldsymbol{A = l \cdot b = 25\ \text{cm} \cdot 4\ \text{cm} = 100\ \text{cm}^2}$ groß.

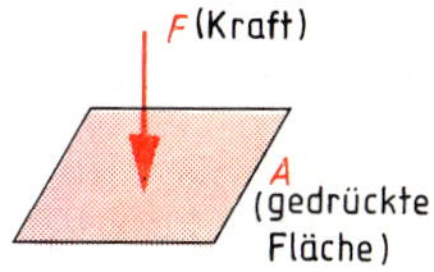

Dann beträgt der Druck $p = \frac{F}{A}$ $\qquad p = \frac{2400\ \text{N}}{100\ \text{cm}^2} = \boldsymbol{24\ \frac{N}{cm^2}}$

Das heißt, daß bei gleichmäßiger Verteilung der Kraft auf die Fläche je 1 cm^2 24 N wirken.

Hinweis: Eine gleichmäßige Verteilung der Kraft erreicht man durch genügend dicke Zulagen.

Druckeinheiten: Einheiten des Druckes sind das **Pascal** und das **Bar**. Dividiert man die Größe $p = 24\ \frac{N}{cm^2}$ durch 10, so erhält man den Druck in der Einheit **bar** ($p = 2{,}4$ bar).

Gibt man dagegen den Druck in der Einheit N/m^2 an, so schreibt man dafür auch die Einheit „Pascal" (nach dem französischen Mathematiker Pascal benannt).

Merke: $\boldsymbol{10\ \frac{N}{cm^2} = 1\ \text{bar}}$ $\qquad \boldsymbol{1\ \frac{N}{m^2} = 1\ \text{Pascal}}$ $\qquad$ 1 bar = 10000 pa (Pascal)

$1\ m^2 = 100\ \text{cm} \cdot 100\ \text{cm} = \boldsymbol{10000\ \text{cm}^2}, \qquad \boldsymbol{p = 24\ \frac{N}{cm^2} = 240000\ \frac{N}{m^2}}$ **(Pascal)**

Umstellung der Gleichung

Ist in einer Aufgabe die Fläche A oder die Kraft F gesucht, so lautet die Gleichung

$$\boldsymbol{F = A \cdot p} \qquad \text{oder} \qquad \boldsymbol{A = \frac{F}{p}}$$

Mit den Größen unseres Beispiels rechnen wir:

$$F = \frac{100\ \text{cm}^2 \cdot 24\ \text{N}}{\text{cm}^2} = \mathbf{2400\ N} \qquad A = \frac{2400\ \text{N}}{\frac{24\ \text{N}}{\text{cm}^2}} = \mathbf{100\ cm^2}$$

5.4.2 Druckerzeugung und Druckausbreitung in Flüssigkeiten

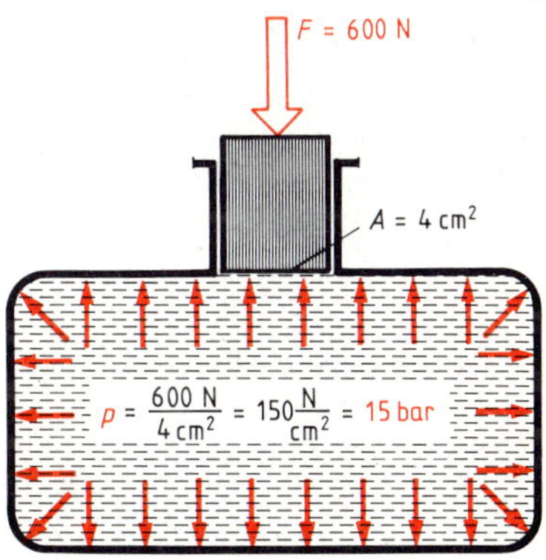

Flüssigkeiten lassen sich nicht wie Gase zusammendrücken. Wirkt auf eine in Behältern und Rohrleitungen eingeschlossene Flüssigkeit an einer beliebigen Stelle ein Druck, so pflanzt sich dieser Druck nach allen Seiten hin gleichmäßig fort (siehe Abbildung des Versuchs).

Beispiel: In dem abgebildeten Zylinder befindet sich eine Flüssigkeit. Im oberen Teil des Zylinders sitzt ein Kolben mit dem Durchmesser $d = 3$ cm, Radius $r = 1{,}5$ cm. Wirkt nun auf den Kolben eine Kraft $F = 35$ N, so verteilt sich diese Kraft auf die

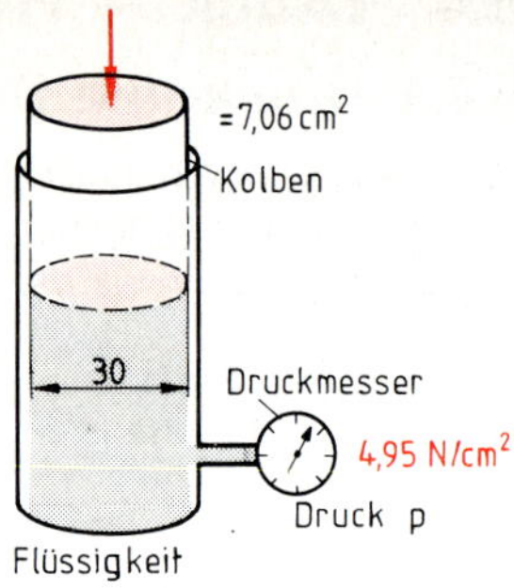

Druckerzeugung in einer Flüssigkeit mittels Kolben

Kreisfläche $\boldsymbol{A = r \cdot r \cdot \pi}$

$A = 1{,}5 \text{ cm} \cdot 1{,}5 \text{ cm} \cdot 3{,}14 = \mathbf{7{,}065\ cm^2}$.

Der Flüssigkeitsdruck beträgt dann an jeder beliebigen Stelle im Zylinder

$$\boldsymbol{p = \frac{F}{A}} \qquad p = \frac{35 \text{ N}}{7{,}06 \text{ cm}^2} = \mathbf{4{,}95\ \frac{N}{cm^2}}$$

dividiert durch 10 = **0,495 bar**

Der im Zylinder eingebaute **Druckmesser** (auch Manometer genannt) würde also einen Druck $p = 4{,}95$ N/cm² oder $p = 0{,}495$ bar auf seiner Skala anzeigen.

Verbindet man den Zylinder mit einem Stück Rohrleitung, so würde auch in der Rohrleitung der gleiche Flüssigkeitsdruck herrschen.

5.4.3 Hydraulische Pressen

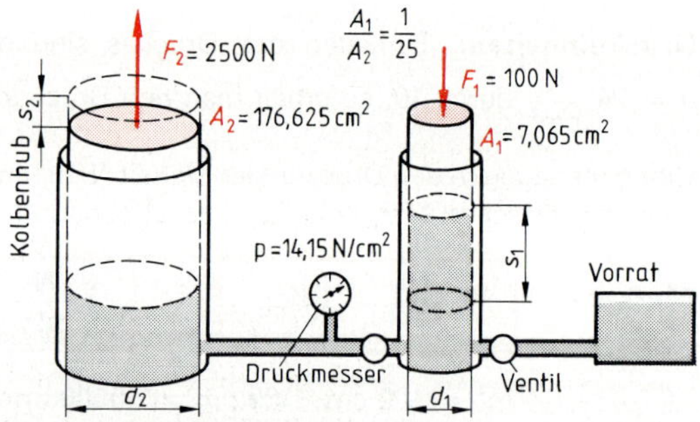

Zylinder und Kolben einer hydraulischen Anlage

Alle hydraulischen Anlagen (hydraulischer Wagenheber, hydraulische Bremse, hydraulische Pressen) bestehen aus einem Zylinder und Kolben mit kleiner Querschnittfläche und einem oder mehreren größeren Zylindern mit Kolben. Der kleine Kolben wird über einen Hebel mittels Hand bzw. Fuß (Autobremse) oder bei größeren Anlagen durch einen Motor angetrieben. Befindet sich in den Zylindern eine Flüssigkeit, dann verursacht der kleine Kolben einen Flüssigkeitsdruck, der sich entsprechend dem Ausbreitungsgesetz nach allen Seiten hin fortpflanzt. Das heißt, in den Rohrleitungen und in dem großen Zylinder herrscht der gleiche Druck wie in dem kleinen Zylinder. Ist nun die Querschnittfläche des großen Kolbens n-mal größer als der des kleinen Kolbens, so muß die Kraft F_2 des großen Kolbens auch n-mal größer sein als die Kraft F_1 des kleinen Kolbens. Da die physikalische Arbeit (Arbeit = Kraft mal Weg) des kleinen Kolbens aber gleich der Arbeit des großen Kolbens ist, muß der kleine Kolben einen n-mal so langen Weg gegenüber dem großen Kolben zurücklegen (siehe Bild rechts oben). Ein eingebauter Druckmesser kann dabei den jeweiligen Flüssigkeitsdruck anzeigen.

Beispiel: Der kleine Kolben der abgebildeten Presse hat den Durchmesser $d_1 = 3$ cm. Seine Querschnittfläche beträgt dann $A_1 = r \cdot r \cdot \pi = 1{,}5 \text{ cm} \cdot 1{,}5 \text{ cm} \cdot 3{,}14 = \mathbf{7{,}065\ cm^2}$.

Wirkt eine Kraft $F_1 = 100$ N auf den kleinen Kolben, so wird der Flüssigkeitsdruck

$$\boldsymbol{p = \frac{F_1}{A_1}} \qquad p = \frac{100 \text{ N}}{7{,}065 \text{ cm}^2} = \mathbf{14{,}15\ \frac{N}{cm^2}} = \mathbf{1{,}415\ bar}$$ in der Flüssigkeit erzeugt.

Dieser Druck wirkt auch auf den großen Kolben. Hat dieser große Kolben nun den Durchmesser $d_2 = 15$ cm, so ist seine Querschnittfläche

$A_2 = r^2 \cdot \pi = 7{,}5 \text{ cm} \cdot 7{,}5 \text{ cm} \cdot 3{,}14 = \mathbf{176{,}625\ cm^2}$ groß.

Vergleichen wir die Querschnittflächen 176,625 cm² : 7,065 cm² = **25**, so ergibt sich, daß die Fläche des großen Kolbens 25mal größer ist als die des kleinen Kolbens. Dann muß die Kraft F_2 des großen Kolbens 100 N · 25 = **2500 N** betragen.

Die Rechnung ergibt:

$$p = \frac{F_2}{A_2}$$

$$F_2 = p \cdot A_2$$

$$F_2 = \frac{14{,}15\ \text{N} \cdot 176{,}625\ \text{cm}^2}{\text{cm}^2} = \mathbf{2500\ N}$$

Legt der kleine Kolben einen Weg s_1 = 25 mm zurück, so legt der große Kolben aber nur den Weg s_2 = 1 mm zurück.

5.4.4 Hydraulische Furnierpressen

Bei hydraulischen Furnierpressen wird eine Flüssigkeit (Öl) durch eine Pumpe in mehrere Zylinder gedrückt. Die Kolben dieser Zylinder bewegen eine Druckplatte von unten nach oben. Die abgebildete Presse besitzt 4 Kolben mit dem Durchmesser d = 9 cm. Die Pumpe befindet sich rechts unten.

Rechts oben ist ein Manometer (Druckmesser) eingebaut an dem man den Betriebsdruck, der sich nach der Größe (Fläche) des zu furnierenden Werkstückes richtet, einstellen kann.

Der **Maximaldruck** beträgt bei der abgebildeten Presse p_{max} = 350 bar = 3500 N/cm².

Die maximale Pressenkraft läßt sich folgendermaßen berechnen:

Beispiel: Maximaldruck der Pumpe p_{max} = 3500 N/cm²

Die Presse hat 4 Kolben mit dem Durchmesser d = 9 cm

Lösung: **Querschnittfläche aller 4 Kolben**

$$A_k = r \cdot r \cdot \pi \cdot 4$$

$$A_k = 4{,}5\ \text{cm} \cdot 4{,}5\ \text{cm} \cdot 3{,}14 \cdot 4 = \mathbf{254{,}34\ cm^2}$$

Maximale Pressenkraft

$$F_{max} = A_k \cdot p_{max}$$

$$F_{max} = \frac{254{,}34\ \text{cm}^2 \cdot 3500\ \text{N}}{\text{cm}^2} = \mathbf{890\,190\ N}$$

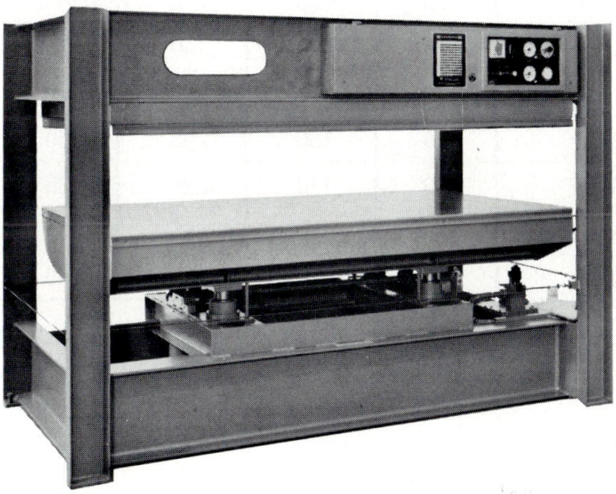

5.4.5 Preßdruck beim Furnieren

Der Preßdruck p_w ist der Druck, mit dem das Werkstück beim Furnieren gepreßt wird.

Merke: Je nach Furnierart und Leimart beträgt der Preßdruck

$\mathbf{p_w}$ **= 3 bar bis 4 bar = 30 bis 40 N/cm²**

Betriebsdruck der Pumpe beim Furnieren

Soll zum Beispiel eine 80 cm lange und 60 cm breite Platte mit dem Preßdruck $p_W = 40\ N/cm^2$ furniert werden, so ist der für diese Werkstückfläche erforderliche Pumpendruck, der am Manometer eingestellt wird, zu ermitteln.

Berechnungsbeispiel:

Werkstückfläche: $\boldsymbol{A_W = l \cdot b}$ $\qquad A_W = 80\ cm \cdot 60\ cm = \mathbf{4800\ cm^2}$

Erforderliche Pressenkraft: $\boldsymbol{F_W = A_W \cdot p_W}$ $\qquad F_W = \frac{4800\ cm^2 \cdot 40\ N}{cm^2}$

$F_W = \mathbf{192\,000\ N}$

Pumpendruck (Betriebsdruck) $\boldsymbol{p_p = \frac{F_W}{A_k}}$ $\qquad p_p = \frac{192\,000\ N}{254{,}34\ cm^2} = 755\ \frac{N}{cm^2} = \mathbf{75{,}5\ bar}$

In der Praxis wird der am Manometer einzustellende Pumpendruck p_p (Betriebsdruck) von einer **Drucktabelle** abgelesen, die neben dem Manometer angebracht ist.

Die abgebildete Drucktabelle gibt in der oberen waagerechten Spalte die Werkstückbreiten und in der vorderen senkrechten Spalte die Werkstücklängen an. Den erforderlichen Betriebsdruck der Pumpe kann man direkt ablesen.

Drucktabelle für einen Furnierpreßdruck $p_W = 40\ N/cm^2 = 4$ bar

Breite / Länge	20 cm	40	60	80	100	120	130
20 cm	5 bar	15	20	30	35	40	45
40 cm	15 bar	30	40	55	70	85	90
60 cm	20 bar	40	65	85	105	125	140
80 cm	30 bar	55	85	115	140	170	185
100 cm	35 bar	70	105	140	175	210	230
120 cm	40 bar	85	125	170	210	255	275
140 cm	50 bar	100	150	200	250	295	320
160 cm	55 bar	110	170	225	285	340	–
180 cm	65 bar	125	190	255	320	–	–
200 cm	70 bar	140	210	285	350	–	–

Hinweis: Die angegebenen Drücke in bar sind größer als die mit den Gleichungen berechneten Drücke, da das Eigengewicht der Druckplatte und die Reibung berücksichtigt werden muß!

5.4.6 Pneumatik

Statt mit Flüssigkeitsdruck kann man Preßwerkzeuge (z. B. Verleimpressen für Brettflächen, Kantenverleimpressen, Spannvorrichtungen an Maschinen zum Festhalten von Werkstücken, Rahmenpressen zum Spannen von Fenster- und Türrahmen) auch mit **Druckluft** betreiben.

Im Gegensatz zu den Flüssigkeiten lassen sich Gase zusammendrücken.

Dies geschieht in einem sogenannten Verdichter (Kompressor). Dabei gilt für alle Gase, also auch für Luft, folgendes physikalisches Gesetz:

Bei gleichbleibender Temperatur ist das Produkt aus Gasdruck und Gasvolumen konstant.

Druck mal Volumen	= konstant
$p \cdot V$	= konstant

Das heißt: Drückt man ein Gas zusammen, so erhöht sich sein Druck.

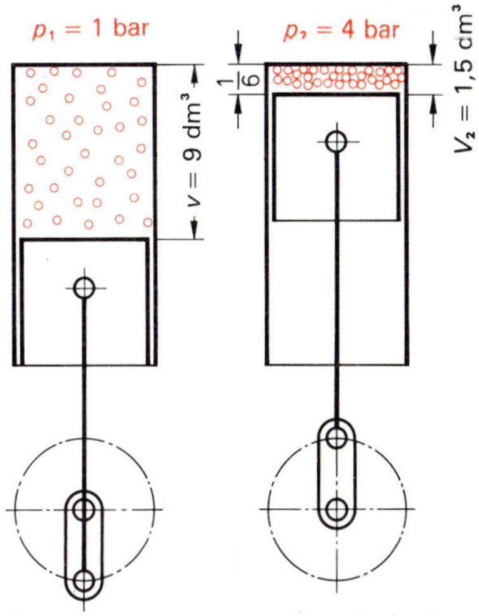

Beispiel: $V_1 = 9\,dm^3$ Luft stehen unter dem Druck $p_1 = 1\,bar = 10\ N/cm^2$. Mittels Kolbenkraft wird dieses Volumen auf $V_2 = 1{,}5\,dm^3$ zusammengedrückt (siehe Bild rechts!). Wie groß ist der Druck p_2 der zusammengedrückten Luft, sofern die Temperatur gleich bleibt?

$$\boldsymbol{p_1 \cdot V_1 = p_2 \cdot V_2}$$

$$1\ bar \cdot 9\ dm^3 = p_2 \cdot 1{,}5\ dm^3$$

$$\frac{1\ bar \cdot 9\ dm^3}{1{,}5\ dm^3} = p_2 = \mathbf{6\ bar} = \mathbf{60\ \frac{N}{cm^2}}$$

In der **Fachkunde für Schreiner**, Verlag Europa-Lehrmittel, Wuppertal, ist auf der Seite 302 eine Druckluftanlage abgebildet und beschrieben.

Bei den mit Luftdruck betriebenen Spannwerkzeugen wird die im Kompressor erzeugte Druckluft über einen Druckluftbehälter einem oder mehreren **Druckluftzylindern** zugeführt (siehe Bild!). Der Arbeitsdruck liegt zwischen 10 bis 22 bar. Im Druckluftzylinder befindet sich ein Kolben mit einer Kolbenrückholfeder. Vorn an der Kolbenstange befindet sich eine Druckplatte, die mit einer bestimmten Kraft auf das Werkstück wirkt.

Die Größe der Preßkraft eines Kolbens ist wie bei den hydraulischen Pressen vom Druck (hier Luftdruck) und der Querschnittfläche des Kolbens abhängig.

Es gilt also auch hier:

Kraft = Querschnittfläche mal Druck

$$\boldsymbol{F = A_{Kolben} \cdot p_{Luftdruck}}$$

Hinweis:

Die tatsächliche Kolbenkraft F ist wegen der Rückholkraft der Feder und der Reibung etwas geringer.

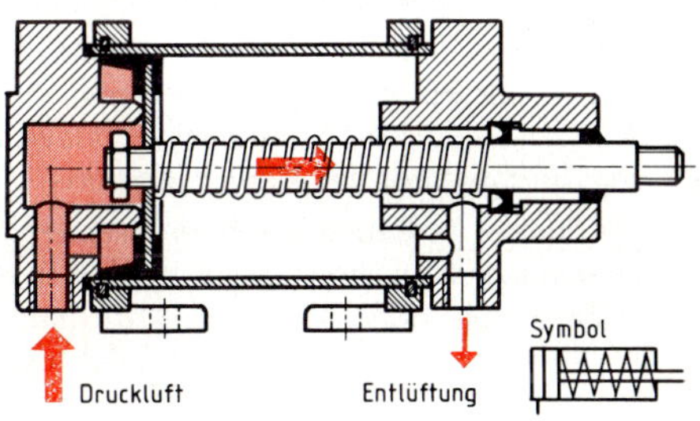

Beispiel:

Eine Brettflächen-Verleimmaschine hat 5 Zylinder mit dem Kolbendurchmesser $d = 6\,cm$. Der Arbeitsdruck beträgt laut Druckmesser (Manometer) 15 bar = $150\ N/cm^2$. Wie groß ist die Kolbenkraft F eines Kolbens, wenn die Rückholkraft der Feder 100 N beträgt? Wie groß ist die Kraft aller fünf Kolben?

Eine Kolbenfläche $\boldsymbol{A} = \boldsymbol{r^2} \cdot \pi = 3\ cm \cdot 3\ cm \cdot 3{,}14 = \mathbf{28{,}26\ cm^2}$

Kolbenkraft eines Kolbens ohne Berücksichtigung der Federrückholkraft.

$$\boldsymbol{F = p \cdot A} = \frac{150\ N \cdot 28{,}26\ cm^2}{cm^2}$$

$$F = \mathbf{4239\ N}$$

Kolbenkraft unter Berücksichtigung der Federrückholkraft

$$F = 4239\ N - 100\ N = \mathbf{4139\ N}$$

Gesamtkraft aller fünf Kolben

$$F_{ges} = 4139\ N \cdot 5 = \mathbf{20\,695\ N}\ \text{(ohne Reibung)}$$

Aufgaben zu 5.4

5.4.1 Druck und Druckeinheiten

a) Eine Kraft $F = 450$ N verteilt sich auf eine Fläche $A = 36$ cm². Wie groß ist der Druck p in N/cm²? Wie groß ist der Druck p in bar? Wie groß ist der Druck p in Pascal?

b) Ein Druckmesser zeigt einen Druck $p = 250$ bar an. Wie groß ist der Druck p in N/cm² und in Pascal?

c) Mit einer Schraubzwinge wird eine Kraft $F = 3000$ N erzeugt. Die Leimfläche ist 30 cm lang und 4 cm breit. Berechnen Sie den Preßdruck p in N/cm² und in bar!

d) Der Preßdruck beim Verleimen soll $p = 30$ N/cm² betragen. Die zu verleimende Fläche ist $A = 90$ cm² groß. Berechnen Sie die erforderliche Kraft F der Schraubzwinge!

e) Eine Leimfuge ist 80 cm lang und 2 cm breit. Der Preßdruck soll $p = 4$ bar betragen. Es werden beim Verleimen drei Schraubknechte angesetzt. Wie groß muß die Kraft F eines Knechtes sein?

f) Mit vier Schraubknechten, von denen jeder $F = 2800$ N Kraft erzeugt, soll ein Preßdruck $p = 3$ bar erreicht werden. Wie groß darf die Fugenfläche A in cm² sein?

5.4.2 Druck und Druckausbreitung

a) Erklären Sie das Gesetz der Druckausbreitung in Flüssigkeiten!

b) In einem Zylinder mit dem Durchmesser $d = 6$ cm befindet sich eine Flüssigkeit. Ein Kolben mit gleichem Durchmesser wirkt mit einer Kraft $F = 450$ N auf die Flüssigkeit. Berechnen Sie die Querschnittfläche A des Kolbens und den Flüssigkeitsdruck p in N/cm² und in bar!

c) Wir verbinden den Zylinder in Aufgabe b) mit einer Rohrleitung. Welcher Druck p herrscht in der Rohrleitung?

d) Ein Kolben mit dem Durchmesser $d = 4$ cm soll in einem mit einer Flüssigkeit gefüllten Zylinder einen Druck $p = 5$ bar erzeugen. Wie groß muß die Kraft F des Kolbens sein?

e) Ein Druckmesser (Manometer) zeigt einen Druck $p = 6{,}5$ bar an. Auf den Kolben eines Zylinders wirkt eine Kraft $F = 406{,}25$ N. Wie groß ist dann die Querschnittfläche des Kolbens? Wie groß ist der Durchmesser des Kolbens? ($A = r^2 \cdot \pi$)

5.4.3 Hydraulische Pressen

a) Wie sind hydraulische Anlagen allgemein gebaut?

b) Der große Kolben einer hydraulischen Presse soll eine 81mal so große Kraft erzeugen wie der kleine Kolben der Pumpe. Wievielmal muß die Kolbenquerschnittfläche des großen Kolbens gegenüber der des kleinen Kolbens größer sein? Wievielmal muß der Durchmesser des großen Kolbens größer sein als der Durchmesser des kleinen Kolbens?

c) Der kleine Kolben eines hydraulischen Wagenhebers hat den Durchmesser $d = 1{,}5$ cm. Bei der Bewegung des kleinen Kolbens über eine Hebelübersetzung wirkt eine Kraft $F = 1800$ N. Der große Kolben, der den Wagen anhebt hat dagegen einen Durchmesser $d = 4{,}5$ cm. Welche Last F_2 in Newton kann mit dem Wagenheber gehoben werden?

d) Der Hebelarm $l = 700$ mm einer hydraulischen Presse wird mit $F = 60$ N betätigt. Wie groß ist die Hubkraft F_2 bei den Maßen $l_1 = 140$ mm, $d_1 = 32$ mm, $d_2 = 320$ mm?
Welche Arbeitshubhöhe h_2 ergibt sich bei 50 Hüben und einer Hubhöhe $h_1 = 40$ mm?
Welche Arbeiten W_1 und W_2 haben dann Druckzylinder und Arbeitszylinder verrichtet! (Reibverluste bleiben unberücksichtigt.)

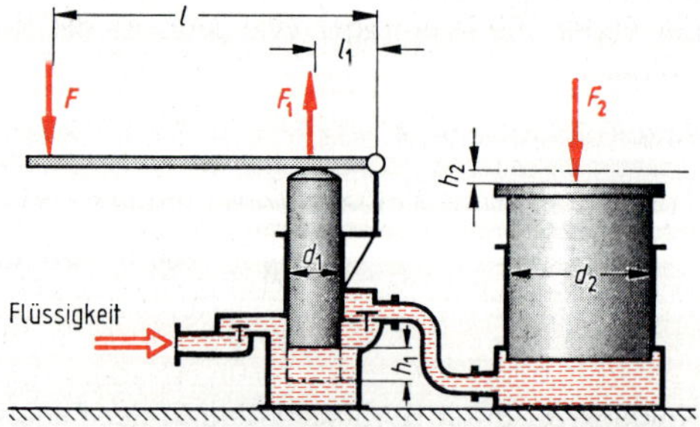

e) Die Kolbenpumpe einer hydraulischen Presse erzeugt einen Flüssigkeitsdruck $p = 7{,}5$ bar. Ein großer Kolben der Presse hat den Durchmesser $d = 30$ cm. Welche Kraft F erzeugt der große Kolben?

f) Eine Kolbenpumpe einer hydraulischen Presse erzeugt einen Druck $p = 125$ bar. Die Presse hat 4 große Kolben mit dem Durchmesser $d = 12$ cm. Wie groß ist die Kraft F der Presse?

5.4.4 Hydraulische Furnierpressen

a) Warum haben Furnierpressen mehrere Kolben, z. B. 4, 6, 8 Kolben, die die Druckplatte anheben?

b) Eine hydraulische Furnierpresse hat 6 Kolben mit dem Durchmesser d = 80 mm. Der maximale Pumpendruck beträgt 350 bar. Wie groß ist die Gesamtkraft der Presse in Newton?

c) Eine hydraulische Furnierpresse hat 8 Kolben mit dem Durchmesser d = 9 cm. Der maximale Pumpendruck beträgt p_{max} = 320 bar. Wie groß ist die maximale Gesamtkraft der Presse?

d) Eine hydraulische Furnierpresse hat 4 Kolben mit dem Durchmesser d = 12 cm. Wie groß muß der maximale Pumpendruck p_{max} in N/cm² und in bar sein, damit die Presse eine Kraft von 100000 N (etwa 10 Tonnen) erzeugt?

5.4.5 Preßdruck beim Furnieren

a) Wie groß soll etwa der Preßdruck beim Furnieren von Tischlerplatten und Spanplatten sein?

b) Warum muß sich der Pumpendruck an einer hydraulischen Furnierpresse auf verschiedene Druckgrößen einstellen lassen?

c) Wovon hängt der einzustellende Pumpendruck ab?

d) Eine zu furnierende Fläche ist 50 cm breit und 80 cm lang. Eine andere Fläche ist dagegen 100 cm breit und 200 cm lang. Wievielmal muß bei der zweiten Fläche der Pumpendruck größer sein als bei der ersten Fläche, bei gleichem Preßdruck? Begründen Sie die Antwort!

e) Eine hydraulische Furnierpresse hat 6 Kolben mit den Durchmessern d = 9 cm. Wie groß ist die Kolbenquerschnittfläche A_k aller sechs Kolben?

f) Mit der Presse, Aufgabe e) soll ein Werkstück mit folgenden Abmessungen furniert werden: Länge = 1,5 m, Breite = 60 cm. Der Werkstückpreßdruck soll p_w = 4 bar betragen. Berechnen Sie die erforderliche Pressenkraft F_w und den am Manometer einzustellenden Pumpendruck (Betriebsdruck) p_p in N/cm² und in bar!

g) Die Kolbenquerschnittfläche aller Kolben einer Presse ist A_k = 200 cm².
Es sollen bei einem Werkstückpreßdruck von p_w = 3 bar folgende Flächen furniert werden:
Fläche$_1$: Breite = 65 cm, Länge = 100 cm;
Fläche$_2$: Breite = 85 cm, Länge = 200 cm;
Fläche$_3$: Kreisförmige Tischplatte mit dem Durchmesser d = 90 cm.
Berechnen Sie für die drei verschieden großen Flächen den einzustellenden Pumpendruck (Betriebsdruck) p_p in bar!

h) Eine Presse mit 6 Kolben und den Kolbendurchmessern d = 10 cm hat eine nutzbare Druckplattenlänge l = 3 m und eine Druckplattenbreite b = 1,5 m.
Werkstücke dieser Größe sollen noch mit einem Werkstückpreßdruck von p_w = 3 bar furniert werden können.
Wie groß muß der maximale Pumpendruck der Pumpe sein?

i) In der Praxis wäre es zu zeitraubend, den jeweils notwendigen Pumpendruck zu berechnen. Der erforderliche Pumpendruck wird einer Drucktabelle entnommen, die in der Regel neben dem Druckmesser (Manometer) angebracht ist. Warum sind die in den Tabellen angegebenen Drücke etwas größer als die theoretisch berechneten?

j) Lesen Sie die jeweils einzustellenden Druckgrößen aus der Drucktabelle auf Seite 100 ab!
Werkstück$_1$: Breite = 60 cm, Länge = 120 cm;
Werkstück$_2$: Breite = 40 cm, Länge = 130 cm;
Werkstück$_3$: Breite = 80 cm, Länge = 100 cm;

k) Wie ermitteln Sie aus der Drucktabelle die Drücke, wenn die Maße zwischen den Tabellenmaßen liegen?
Werkstück$_1$: Breite = 50 cm, Länge = 140 cm;
Werkstück$_2$: Breite = 90 cm, Länge = 200 cm;
Werkstück$_3$: Breite = 70 cm, Länge = 150 cm.

Hinweis: Die Mittelwerte liegen zwischen den Tabellenwerten.
Beispiel: Breite = 60 cm, Länge = 110 cm.

$$\text{Pumpendruck } p_p = \frac{105 \text{ bar} + 125 \text{ bar}}{2} = \mathbf{115\ bar}$$

5.4.6 Pneumatik

a) Der Luftdruck beträgt in mittleren Höhenlagen unserer Erde etwa p = 1 bar. Wie groß ist der Druck von 9 dm³ (Liter) Luft mit p = 1 bar, wenn wir es mittels Kolben auf ein Volumen

V_2 = 4,5 dm³, V_2 = 3 dm³, V_2 = 2,25 dm³,
V_2 = 1,8 dm³, V_2 = 1,5 dm³, V_2 = 1,285 dm³,
V_2 = 1,125 dm³, V_2 = 1 dm³, V_2 = 0,9 dm³

zusammendrücken?

b) Zeichnen Sie für die Werte der Aufgabe a) eine Druck-Volumen-Kurve!

Wertetabelle

Volumen V	Druck p
9 dm³	1 bar
4,5 dm³	
3 dm³	
2,25 dm³	
1,8 dm³	
1,5 dm³	
1,285 dm³	
1,125 dm³	
1 dm³	
0,9 dm³	

Koordinatenachsen für die Druck-Volumen-Kurve (Aufgabe 5.4.6 b)

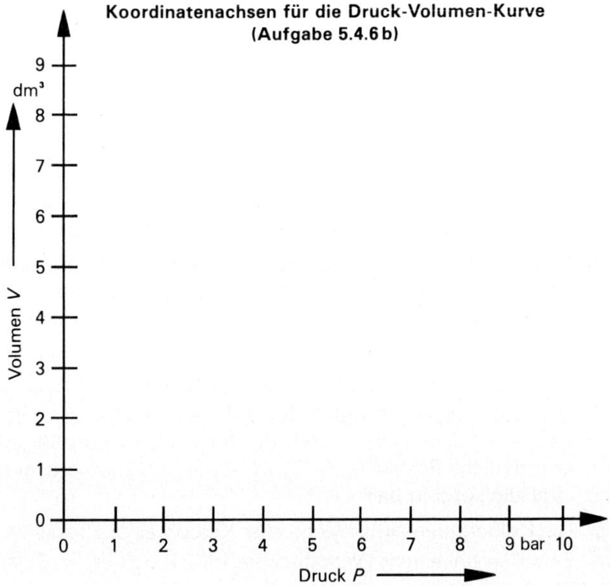

c) Ein Luftvolumen ist bei p_1 = 2,5 bar; V_1 = 0,8 m³ groß. Wie groß ist das Volumen V_2, wenn der Druck bei gleichbleibender Temperatur auf p_2 = 10 bar erhöht (p_2 = 0,4 bar verringert) wird?

	p_1	V_1	p_2	V_2
d)	3 bar	4,2 m³	?	0,6 m³
e)	1,6 bar	12 Liter	18 bar	?
f)	8 bar	500 cm³	?	200 cm³
g)	15 bar	180 dm³	2,4 bar	?

h) Der Arbeitsdruck für einen Druckluftzylinder ist auf p = 12 bar eingestellt.
Der Kolbendurchmesser ist d = 3 cm.
Die Federrückholkraft beträgt 50 N.
Wie groß ist die Preßkraft des Kolbens unter Berücksichtigung der Federrückholkraft?

i) Der Kolbendurchmesser eines Druckluftzylinders ist d = 4 cm. Die Preßkraft des Kolbens soll 1884 N betragen. Wie groß muß der Arbeitsdruck p in N/cm² bzw. in bar sein? Wie groß muß der Arbeitsdruck sein, wenn die Rückholkraft der Feder = 62,8 N berücksichtigt wird?

j) Zwei Kolben einer Rahmenpresse haben den Durchmesser d = 5 cm. Der Arbeitsdruck ist p = 18 bar groß. Welche Kraft in Newton erzeugen die Kolben zusammen? Wie groß ist die Kraft, wenn man für Reibung und Rückholkraft der Federn 12% Kraftverlust berücksichtigt?

k) 8 Druckluftzylinder mit den Kolbendurchmessern d = 2,5 cm sollen insgesamt F_{ges} = 5495 N Kraft erzeugen. Welcher Arbeitsdruck p in N/cm² bzw. in bar muß vorhanden sein (ohne Berücksichtigung der Federrückholkräfte und der Reibung)?

6 Mechanik der Holzbearbeitungsmaschinen

6.1 Gleichförmige Bewegung — geradlinig und kreisförmig — Schnittgeschwindigkeit

6.1.1 Zeiteinheiten

Die Zeit t (Formelzeichen) wird in der Basiseinheit s (Sekunde) angegeben. Die Zeit für eine Umdrehung der Erde um ihre eigene Achse beträgt etwa 24 h (Stunden). Die Zeit t = 1 h (Stunde) wurde im Gegensatz zur Länge und zur Masse nicht dezimal unterteilt.

1 h (Stunde) = 60 min (Minuten) = 3600 s (Sekunden)

24 h (ein Tag) = 24 mal 3600 = 86400 s (Sekunden)

Beispiele für Umrechnungen in andere Einheiten

18 min = 18 · 60 = 1080 s
540 s = 540 : 60 = 9 min
1,2 h = 1,2 · 60 = 72 min
0,75 h = 0,75 · 3600 = 2700 s

Die Umrechnungszahl je Einheit ist 60

6.1.2 Die gleichförmige geradlinige Bewegung

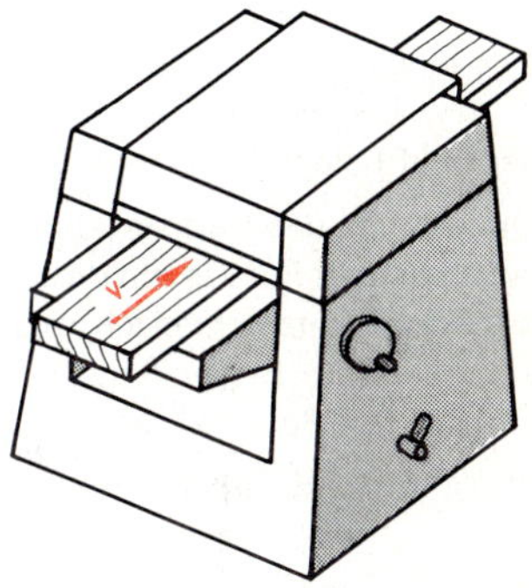

Dickenhobelmaschine

Eine Bewegung verläuft **gleichförmig**, wenn ein Körper, z. B. ein Brett in einer Dickenhobelmaschine, in gleichen Zeitabständen gleiche Wege zurücklegt. Das heißt, daß sich die Geschwindigkeit nicht ändert.

Eine Bewegung ist **geradlinig**, wenn sich die Bewegungsrichtung nicht ändert.

Als **Geschwindigkeit** (Formelzeichen v) bezeichnet man den in einer Zeiteinheit zurückgelegten Weg.

$$\textbf{Geschwindigkeit} = \frac{\textbf{Weg}}{\textbf{Zeit}} \qquad v = \frac{s}{t}$$

Beispiel: Ein s = 2,4 m langes Brett benötigt zum Durchlaufen einer Dickenhobelmaschine die Zeit t = 32 s. Wie groß ist die Vorschubgeschwindigkeit in a) m/s b) m/min c) km/h?

$$v = \frac{s}{t} \qquad v = \frac{2{,}4\ \text{m}}{32\ \text{s}} = \mathbf{0{,}075\ \frac{m}{s}}$$

Da 1 min = 60 s beträgt $v = 0{,}075 \cdot 60 = 4{,}5\ \frac{\text{m}}{\text{min}}$ **Umrechnungszahl: 60**

Da 1 m = $^1/_{1000}$ km und 1 h = 3600 s beträgt $v = 0{,}074 \cdot \frac{3600}{1000} = \mathbf{0{,}27\ \frac{km}{h}}$
Umrechnungszahl: 3,6

Merke: Die **Vorschubgeschwindigkeit** gibt man im Holzgewerbe in der **Einheit m/min** an.
Die **Schnittgeschwindigkeit** der Werkzeuge wird dagegen in der **Einheit m/s** angegeben.
Der **Geschwindigkeitsmesser in Fahrzeugen** zeigt die Geschwindigkeit in **km/h** an.

Ist statt der Geschwindigkeit v der Weg s oder die Zeit t gesucht, so stellt man die Formel $v = \frac{s}{t}$ nach s bzw. t um. Sie lautet dann:

$$s = v \cdot t \qquad s = \frac{0{,}075\ \text{m} \cdot 32\ \text{s}}{\text{s}} = \mathbf{2{,}4\ m}$$

oder

$$t = \frac{s}{v} \qquad t = \frac{2{,}4\ \text{m} \cdot \text{s}}{0{,}075\ \text{m}} = \mathbf{32\ s}$$

6.1.3 Weg-Zeit-Diagramm

Ist die Geschwindigkeit v konstant, so ergibt sich für jede beliebige Zeit t ein dieser Zeit zugeordneter Weg s. Trägt man die Zeit t auf der x-Achse und den Weg s auf der y-Achse des Koordinatensystems auf, so erhält man ein s-t-Diagramm (siehe Darstellung rechts).

s-t-Diagramm

$$v = 0{,}075\ \frac{\text{m}}{\text{s}} = \mathbf{4{,}5}\ \frac{\textbf{m}}{\textbf{min}}$$

$$\boxed{s = v \cdot t} \qquad s = 0{,}075\ \frac{\text{m}}{\text{s}} \cdot t$$

Wertetabelle

Zeit t in Sek.	0	4	8	12	16	20	24	28	32
Weg s in m	0	0,3	0,6	0,9	1,2	1,5	1,8	2,1	2,4

Die in der Wertetabelle angegebenen Werte (Zahlenpaare) liegen auf einer Geraden.

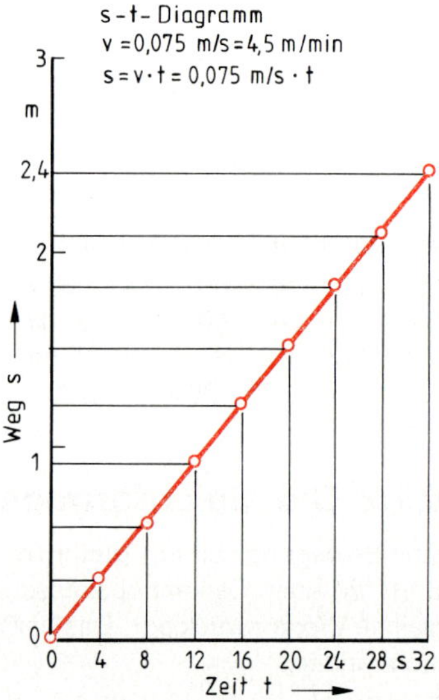

6.1.4 Die gleichförmige Kreisbewegung

Bei der gleichförmigen Kreisbewegung legt ein Körper oder ein Massepunkt auf einer Kreisbahn in gleichen Zeitabständen gleiche Wege zurück.

In das Rad (siehe Bild rechts) sind drei Massepunkte, P_1, P_2 und P_M, eingezeichnet. Der Punkt 1 liegt außen auf dem Umfang des Rades. Der Punkt M ist der Mittelpunkt des Rades. Der Punkt 2 liegt auf halber Strecke zwischen P_M und P_1.

Drehen wir das Rad um den Winkel = 45 Grad, so drehen sich zwar alle drei Punkte um diesen Winkel, ihre zurückgelegten Wege sind aber unterschiedlich groß. Punkt 1 legt den größten Weg zurück (siehe Bogenlänge!). Punkt 2 legt nur den halben Weg zurück. Der Punkt M (Mittelpunkt legt den Weg = 0 m zurück. Er bleibt an seiner Stelle. Seine Geschwindigkeit ist $v = 0\ \frac{\text{m}}{\text{s}}$.

Merke: Die Geschwindigkeit der Massepunkte eines sich drehenden Rades ist je nach Größe ihrer Radien bzw. Durchmesser unterschiedlich groß.

Die Geschwindigkeit der äußeren auf dem Umfang liegenden Massepunkte bezeichnet man als Umfangsgeschwindigkeit.

Bei Werkzeugen heißt diese Geschwindigkeit **Schnittgeschwindigkeit** (Geschwindigkeit der Schneiden).

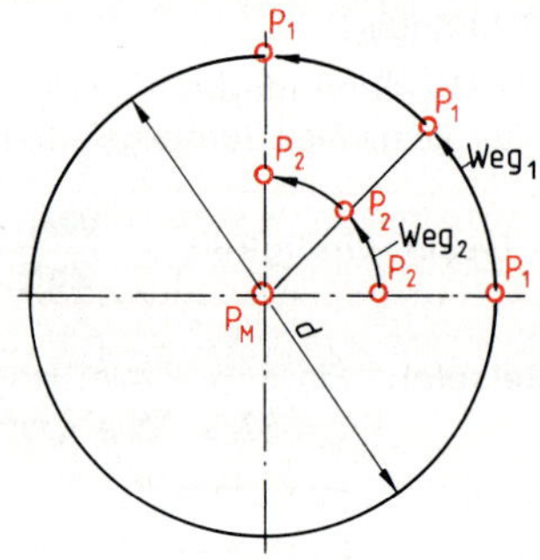

Rad mit den Massepunkten P_1, P_2, P_M

6.1.5 Berechnung der Schnittgeschwindigkeit

Die Schnittgeschwindigkeit kann man berechnen, wenn

a) der Durchmesser oder Radius und
b) die Drehzahl (Umdrehungsfrequenz) n bekannt ist.

Die Drehzahl n ist oft auf Motoren oder an Maschinen (z. B. Fräsmaschine) angegeben. Man kann die Drehzahl aber auch mit einem **Drehzahlmesser** messen. Drehzahlmesser zeigen in der Regel die Drehzahl n in der Einheit Umdrehungen pro Minute (1/min) an. Der rechts abgebildete Drehzahlmesser zeigt z. B. eine Drehzahl $n = 900\ \frac{1}{\text{min}}$ an.

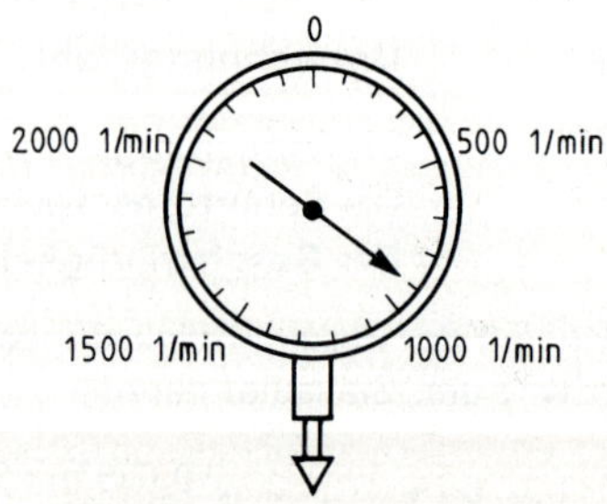

Drehzahlmesser. Der Zeiger zeigt die Drehzahl n = 900 1/min an.

Das heißt, daß sich ein Rad oder ein Werkzeug 900mal in einer Minute um 360 Grad dreht. Will man die Anzahl der Umdrehungen in einer Minute in die Anzahl der Umdrehungen in **einer Sekunde** umrechnen, so ist durch die Zahl **60** zu teilen. 1 min = 60 s.

Beispiel: $900 \frac{1}{1\ \text{min}} = \frac{900}{60} \frac{1}{\text{s}} = \mathbf{15 \frac{1}{s}}$ (Umdrehungen/Sekunde)

Bei der geradlinigen Bewegung ist bekanntlich die Geschwindigkeit $v = \frac{s\ (\text{Weg})}{t\ (\text{Zeit})}$. Bei der Berechnung der Geschwindigkeit einer kreisförmigen Bewegung gehen wir zunächst von dem Weg aus, den ein Punkt bei **einer ganzen Umdrehung** zurücklegt.
Dieser Weg ist gleich mit dem Umfang $\boldsymbol{U = d \cdot \pi}$ des Kreises. Multipliziert man diesen Weg mit der Drehzahl (Umdrehungsfrequenz) n, in der die Zeit enthalten ist, so erhält man die Geschwindigkeit v auf der Kreisbahn.

Schnittgeschwindigkeit	=	**Durchmesser**	· π ·	**Drehzahl**
$\boldsymbol{v}$	=	$\boldsymbol{d}$	· π ·	$\boldsymbol{n}$

Damit wir die Schnittgeschwindigkeit v in der Einheit **m/s** erhalten, ist der Durchmesser d in der Einheit m und die Drehzahl n in der Einheit 1/s (Umdrehungen pro Sekunde) einzusetzen.

Beispiel: Der rechts abgebildete Fräser hat den Durchmesser $\boldsymbol{d}$ = **120 mm.**
Die Drehzahl der Fräsmaschine beträgt $\boldsymbol{n}$ = **4500 1/min.**
Wie groß ist die Schnittgeschwindigkeit v in m/s?

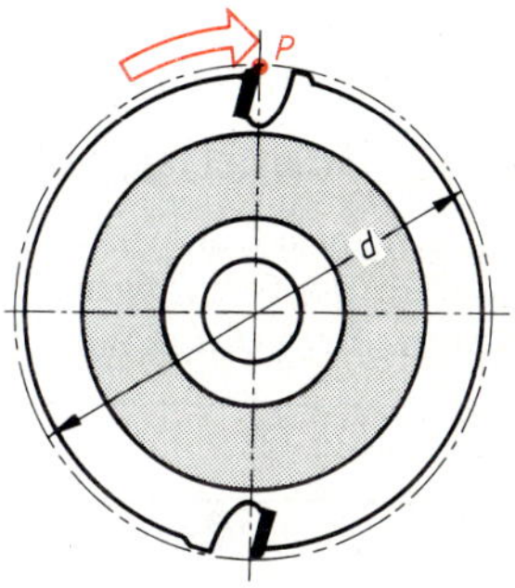

$d = 120\ \text{mm} = \mathbf{0{,}12\ m}$ $\quad n = 4500 \frac{1}{\text{min}} = \mathbf{75 \frac{1}{s}}$

$$v = d \cdot \pi \cdot n$$

$$v = 0{,}12\ \text{m} \cdot 3{,}14 \cdot 75 \frac{1}{\text{s}} = \mathbf{28{,}26 \frac{m}{s}}$$

Die Schneiden des Fräsers bewegen sich also mit der Geschwindigkeit $v = 28{,}26$ m/s (Meter in einer Sekunde) durch das Holz.

6.1.6 Grenzen der Schnittgeschwindigkeitsgröße bei Werkzeugen

Spaltet man mit einer Axt Holz in Faserrichtung und filmt diesen Vorgang mittels Zeitraffer, so ergibt sich, daß die **Spaltgeschwindigkeit** bei den Hölzern im Mittel bei 40 m/s liegt.

Damit Holz bei einer spanenden Bearbeitung durch Maschinen nicht einreißt, die Spaltwirkung also vermieden wird, ist es ideal, wenn die Schnittgeschwindigkeit größer als die Spaltgeschwindigkeit ist.

$\boldsymbol{v} > \mathbf{40\ m/s}$.

Moderne Fräsen besitzen so hohe Drehzahlen (Umdrehungsfrequenzen), daß eine Schnittgeschwindigkeit von 50 m/s und mehr erreicht wird.

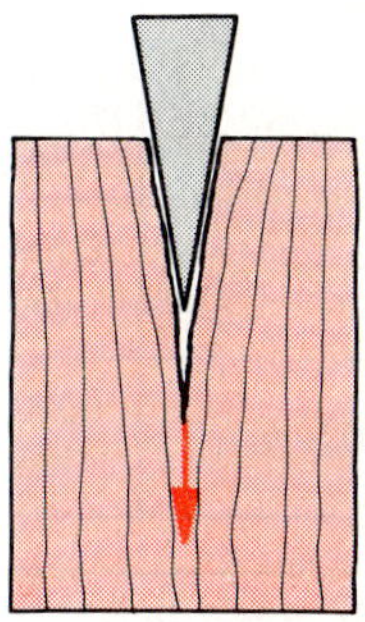

Spaltgeschwindigkeit $v = 40$ m/s

Derartige Schnittgeschwindigkeiten sind aber nur von der Berufsgenossenschaft zugelassen, wenn die Sicherheit gewährleistet ist. Die Schnittgeschwindigkeit der Maschinenwerkzeuge ist aus folgenden Gründen begrenzt:

1. Je größer die Schnittgeschwindigkeit ist, desto größer wird die **Zentrifugalkraft**. Nicht formschlüssig sitzende Schneiden können, verursacht durch große Zentrifugalkraft, herausfliegen. Ganze Werkzeuge können, wenn sich **Risse im Material** gebildet haben, auseinanderfliegen.

2. Je größer die Schnittgeschwindigkeit ist, desto größer ist die **Beanspruchung der Schneiden** (Einschlag der Schneide ins Holz und Temperaturzunahme durch Reibung). Unlegierter Werkzeugstahl ist deshalb für Maschinenwerkzeuge nicht geeignet.
3. Die Wellen und Lager von Maschinen mit hohen Drehzahlen müssen die erforderliche **Festigkeit und Präzision** (Toleranzen, Schmierung, Auswuchtung) besitzen.

Aus den genannten Gründen sind folgende Vorschriften für Fräswerkzeuge zu beachten:

Ist die zulässige Drehzahl (Umdrehungsfrequenz) *n* nicht auf einem Werkzeug angegeben, so darf die Schnittgeschwindigkeit höchstens 40 m/s betragen. Außerdem darf die Drehzahl (Umdrehungsfrequenz) höchstens 4500 1/min betragen.

Der Tischler muß deshalb in der Lage sein, die höchstzulässige Drehzahl (Umdrehungsfrequenz) *n* zu berechnen.

Beispiel: Eine Schlitzscheibe, Durchmesser $d = 300$ mm $= 0{,}3$ m, besitzt keine Drehzahlangabe *n*! Ihre Schnittgeschwindigkeit darf nach Vorschrift höchstens $v = 40$ m/s betragen. Welche Drehzahl (Umdrehungsfrequenz) ist höchstens zulässig?

Lösung: Wir stellen die Gleichung $v = d \cdot \pi \cdot n$ nach *n* um.

$d \cdot \pi \cdot n = v$ $\quad$ $\boxed{\mathbf{n = \dfrac{v}{d \cdot \pi}}}$ $\quad$ $n = \dfrac{40\ \text{m}}{0{,}3\ \text{m} \cdot \text{s} \cdot 3{,}14} = \mathbf{42{,}46\ \dfrac{1}{s}}$

Ergebnis: Die Drehzahl (Umdrehungsfrequenz) darf höchstens $n = 42{,}46\ \dfrac{1}{\text{s}} = 2547{,}6\ \dfrac{1}{\text{min}}$ betragen.

6.1.7 Schnittgeschwindigkeit-Drehzahl-Diagramm

Trägt man auf der x-Achse des Koordinatensystems die Drehzahl (Umdrehungsfrequenz) und auf der y-Achse die Schnittgeschwindigkeit auf, so zeigt das Diagramm für jeden Werkzeugdurchmesser eine Gerade. Dem Diagramm kann man die gesuchte Größe annähernd genau entnehmen.

d	*n*	*v*
0,1 m	6000 1/min 100 1/s	31,4 $\frac{m}{s}$
0,15 m	6000 1/min 100 1/s	47,1 $\frac{m}{s}$
0,2 m	6000 1/min 100 1/s	62,8 $\frac{m}{s}$
0,25 m	6000 1/min 100 1/s	78,5 $\frac{m}{s}$
0,3 m	6000 1/min 100 1/s	94,2 $\frac{m}{s}$

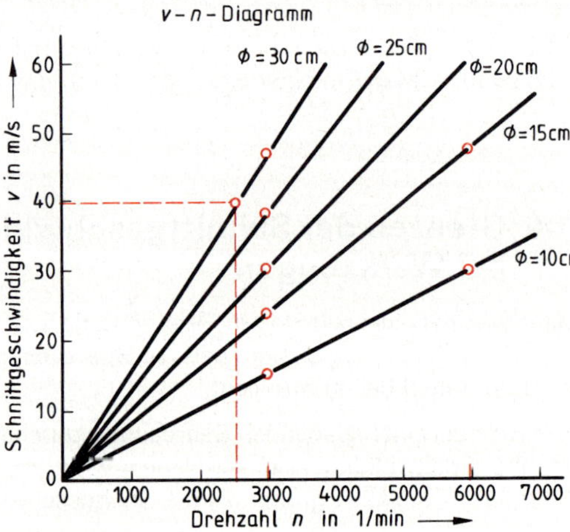

Wirtschaftliche Schnittgeschwindigkeiten für Holzbearbeitungsmaschinen:	
Bandsägen	= 20 - 30 m/s — moderne Schnelläufer-Bandsägen bis 40 m/s —
Kreissägen	= 40 - 65 m/s — darüber je nach Art des Werkzeuges und seiner Verwendung (automatischer Vorschub) —
Hobelmaschinen	= 24 - 48 m/s — unter Berücksichtigung der Vorschubgeschwindigkeit und Schneidenzahl —
Tischfräsen	= 25 - 40 m/s — darüber für Spezialwerkzeuge — 40 - 60 m/s

Tabelle zur Ermittlung von Schnittgeschwindigkeiten, Drehzahlen und Durchmessern

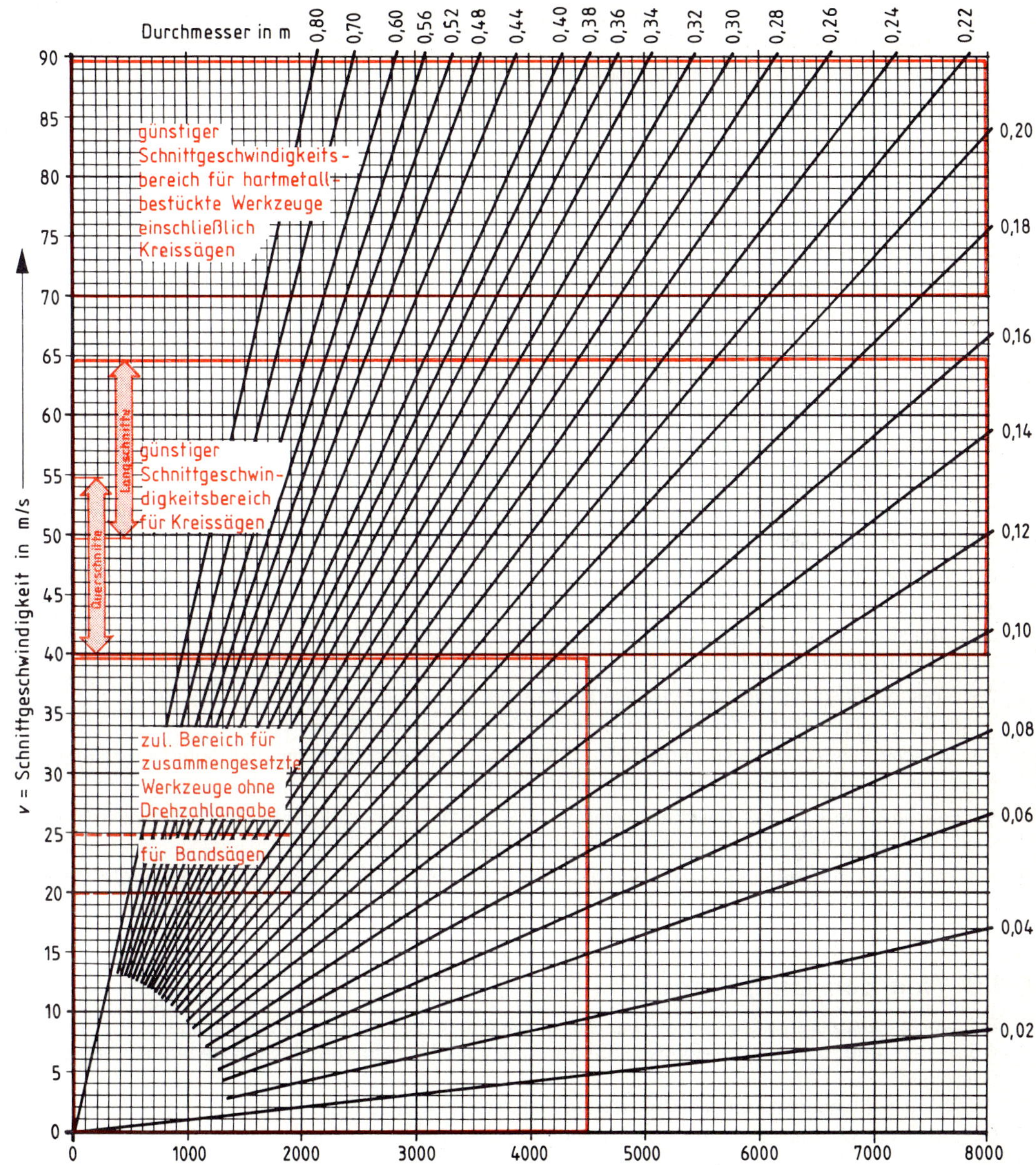

Aufgaben zu 6.1

6.1.1 Zeiteinheiten

a) Verwandle in Minuten: 30 s, 150 s, 390 s, 640 s, 900 s, 75 s

b) Verwandle in Minuten: 0,6 h, 1,2 h, 2,5 h, $3\frac{1}{3}$ h, 4,75 h

c) Verwandle in Sekunden: 0,2 min, 1,4 min, 2,7 min, 5,65 min

d) Verwandle in Sekunden: 0,3 h, 0,05 h, 0,75 h, 1,2 h, 2,45 h

e) Verwandle in Stunden und Minuten: 640 s, 1000 s, 4200 s, 7860 s, 15500 s, 20490 s, 78270 s

f) 0,4 h + 2,4 min + 75 s = ? s

g) 1,2 h + 0,8 min + 20 s = ? s

h) 1,5 h − 7 min − 80 s = ? s

i) 100 min + 0,4 h + 120 s = ? h

6.1.2 Die gleichförmige geradlinige Bewegung

a) Wann ist eine Bewegung gleichförmig?

b) Nach welcher Formel wird die Geschwindigkeit v berechnet?

c) In welchen Maßeinheiten kann man die Geschwindigkeit angeben?

d) Ein s = 1,8 m langes Brett durchläuft eine Hobelmaschine in t = 24 s. Wie groß ist die Geschwindigkeit v in m/s und in m/min?

e) Ein Auto legt in t = 15 s den Weg s = 300 m zurück. Wie groß ist die Geschwindigkeit v in m/s und km/h?

f) Ein Werkstück von s = 2,4 m Länge durchläuft eine Maschine in t = $\frac{2}{3}$ min. Berechnen Sie die Geschwindigkeit v in m/min in m/s!

g) Die Vorschubgeschwindigkeit eines Werkstücks beträgt v = 6 m/min. In welcher Zeit t in min (in Sekunden) durchläuft ein Werkstück mit der Länge s = 1,5 m die Maschine?

h) Die Vorschubgeschwindigkeit beträgt v = 2,5 m/min. Ein Werkstück benötigt zum Durchlaufen der Maschine t = 15 s. Wie lang ist die Werkstücklänge s in m?

i) Ein Fahrzeug fährt mit der Geschwindigkeit v = 90 km/h. Wie groß ist die Geschwindigkeit in m/s? Welchen Weg s legt das Fahrzeug in t = 1 min zurück?

j) Ein Fahrzeug fährt mit der Geschwindigkeit v = 126 km/h. In welcher Zeit in Sekunden legt es s = 3,5 km zurück?

6.1.3 Weg-Zeit-Diagramm

a) Ein Vorschubapparat erlaubt die Einstellung folgender Vorschubgeschwindigkeiten: 2,5 m/min, 4,5 m/min und 6 m/min. Zeichnen Sie für alle drei Vorschubgeschwindigkeiten ein Weg-Zeit-Diagramm!
Einteilung der waagerechten x-Achse für die Zeit t: 1 min ≙ 6 cm
Einteilung der senkrechten y-Achse für den Weg s: 1 m ≙ 1 cm

b) Ein Fahrzeug fährt mit der Geschwindigkeit v = 60 km/h. Ein zweites Fahrzeug fährt mit der Geschwindigkeit v = 90 km/h. Zeichnen Sie für beide Fahrzeuge ein Weg-Zeit-Diagramm!
x-Achse: Für t = 1 h Abstand = 6 cm
y-Achse: Für s = 10 km/h Abstand = 1 cm

6.1.4 Gleichförmige Kreisbewegung

a) Warum ist die Geschwindigkeit der Massepunkte eines Rades nicht für alle Punkte gleich groß?

b) Wie bezeichnet man die Geschwindigkeit der äußeren Massepunkte?

c) Wie bezeichnet man die Geschwindigkeit der Werkzeugschneiden?
In welcher Einheit wird diese Geschwindigkeit angegeben?

6.1.5 Berechnung der Schnittgeschwindigkeit

a) Welche beiden Größen müssen bekannt sein, um die Schnittgeschwindigkeit berechnen zu können?

b) Wie lautet die Formel zur Berechnung der Schnittgeschwindigkeit? Erläutern Sie die Formel?

c) Die Drehzahl einer Hobelwelle beträgt $n = 4500 \frac{1}{\text{min}}$. Ihr Flugkreisdurchmesser ist $d = 125$ mm. Wie groß ist die Drehzahl in 1/s? Wie groß ist der Durchmesser in m? Berechnen Sie die Schnittgeschwindigkeit v in m/s!

d) Der Durchmesser eines Fräsers ist $d = 120$ mm. Die Drehzahl beträgt $n = 6000 \frac{1}{\text{min}}$. Berechnen Sie die Schnittgeschwindigkeit v in m/s!

e) Die Drehzahl einer Kreissäge beträgt $n = 3600 \frac{1}{\text{min}}$. Welchen Durchmesser muß das Kreissägeblatt haben, wenn seine Schnittgeschwindigkeit $v = 50$ m/s betragen soll?

f) Ein Fräser mit dem Durchmesser $d = 100$ mm soll eine Schnittgeschwindigkeit von $v = 40$ m/s erhalten. Welche Drehzahl n in 1/s ist erforderlich? Wie groß muß die Drehzahl n in 1/min sein?

g) Eine Fräse besitzt folgende Drehzahlen: $n = 2100 \frac{1}{\text{min}}$, $n = 4500 \frac{1}{\text{min}}$, $n = 6000 \frac{1}{\text{min}}$, $n = 10000 \frac{1}{\text{min}}$. Welche Schnittgeschwindigkeiten erhält man für einen Messerkopf mit dem Durchmesser $d = 150$ mm?

h) Ein Kreissägeblatt mit dem Durchmesser $d = 350$ mm soll eine Schnittgeschwindigkeit von $v = 55$ m/s erreichen. Wie groß muß die Drehzahl n in 1/s und 1/min sein?

6.1.6 Grenzen der Schnittgeschwindigkeit

a) Wie groß ist als Mittelwert die Spaltgeschwindigkeit der Hölzer?

b) Warum kann man die Schnittgeschwindigkeit von Werkzeugen durch Vergrößerung der Drehzahl nicht beliebig steigern?

c) Welche Schnittgeschwindigkeit ist höchstens zulässig, wenn auf dem Werkzeug keine Drehzahl angegeben ist?

d) Ein Fräswerkzeug ohne Drehzahlangabe hat den Durchmesser $d = 125$ mm. Mit welcher Drehzahl n in 1/min darf man es höchstens laufen lassen?

e) Eine Schlitzscheibe ohne Drehzahlangabe hat den Durchmesser $d = 350$ mm. Mit welcher Drehzahl darf man die Scheibe höchstens laufen lassen?

f) Die kleinste Drehzahl einer Fräse beträgt $n = 2250 \frac{1}{\text{min}}$. Wie groß darf der Durchmesser eines Werkzeugs ohne Drehzahlangabe (z. B. Schlitzscheibe) höchstens sein?

g) Ein Fräswerkzeug hat die Drehzahlangabe $n = 9000$ und den Durchmesser $d = 125$ mm. Liegt die Schnittgeschwindigkeit des Werkzeugs bei dieser Drehzahl unter oder über $v = 40$ m/s? Welchen Vorteil bieten Schnittgeschwindigkeiten die über $v = 40$ m/s liegen?

6.1.7 Schnittgeschwindigkeit-Drehzahl-Diagramm

a) Zeichnen Sie ein Diagramm mit einer waagerechten Achse, auf der die Drehzahlen von 0 bis 9000 $\frac{1}{\text{min}}$ angegeben sind!

Abstand von 0 bis 1000 1/min = 2 cm

Auf der senkrechten Achse soll die Schnittgeschwindigkeit von 0 bis 60 m/s abgetragen werden. Abstand von 0 bis 10 m/s = 4 cm.

Zeichnen Sie in das Diagramm die Geraden für folgende Werkzeugdurchmesser ein: $d = 10$ cm, $d = 15$ cm, $d = 20$ cm, $d = 25$ cm, $d = 30$ cm!

Hinweis: Berechnen Sie zunächst die Schnittgeschwindigkeiten für z. B. $n = 6000$ 1/min!

b) Bestimmen Sie mit Hilfe des auf Seite 108 dargestellten Diagramms die Drehzahl n!

$d = 18$ cm $= 0{,}18$ m, $v = 50$ m/s; $d = 12$ cm, $v = 30$ m/s

$d = 24$ cm, $v = 40$ m/s; $d = 40$ cm, $v = 55$ m/s

6.2 Riementrieb und Zahnradtrieb

6.2.1 Riementrieb

Mittels Riementrieb läßt sich die Drehzahl von Werkzeugwellen gegenüber der Drehzahl des Motors verändern.

Beispiel 1: Die Drehzahl eines Kreissägemotors beträgt $n_1 = 1500 \frac{1}{\text{min}}$. Der Riemenscheibendurchmesser des Motors beträgt $d_1 = 12$ cm. Der Riemenscheibendurchmesser der Werkzeugwelle beträgt dagegen $d_2 = 6$ cm. Wie groß ist die Drehzahl der Werkzeugwelle (Drehzahl der Kreissäge) n_2 in Umdrehungen pro Minute?

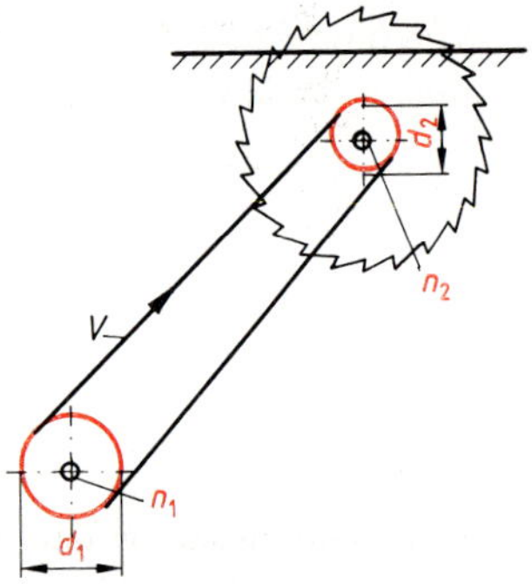

Lösung: Die Umfangsgeschwindigkeit der Motorriemenscheibe beträgt $v_1 = d_1 \cdot \pi \cdot n_1$. Die Umfangsgeschwindigkeit der Werkzeugwellenriemenscheibe beträgt $v_2 = d_2 \cdot \pi \cdot n_2$. Da beide Umfangsgeschwindigkeiten bei Schlupffreiheit des Riemens gleich groß sind, erhalten wir folgende Gleichung:

$$\boldsymbol{d_1 \cdot \pi \cdot n_1 = d_2 \cdot \pi \cdot n_2 \mid : \pi}$$

$$\boldsymbol{d_1 \cdot n_1 = d_2 \cdot n_2}$$

$$n_2 = \frac{d_1 \cdot n_1}{d_2}$$

$$n_2 = \frac{12 \text{ cm} \cdot 1500}{6 \text{ cm} \cdot \text{min}} = \mathbf{3000 \frac{1}{min}}$$

n_1 = Drehzahl des Motors
n_2 = Drehzahl der Werkzeugwelle
d_1 = Riemenscheibendurchmesser des Motors
d_2 = Riemenscheibendurchmesser der Werkzeugwelle
v = Umfangsgeschwindigkeit des Riemens

Beispiel 2: Die Motordrehzahl ist mit $n_1 = 1440 \frac{1}{\text{min}}$ angegeben. Die Riemenscheibe der Werkzeugwelle beträgt $d_2 = 9$ cm. Wie groß muß der Durchmesser der Motorriemenscheibe d_1 sein, damit die Werkzeugwelle die Drehzahl $n_2 = 2400 \frac{1}{\text{min}}$ erhält?

Lösung: Gesucht ist hier d_1

$$d_1 = \frac{d_2 \cdot n_2}{n_1} = \frac{9 \text{ cm} \cdot 2400 \text{ min}}{1440 \text{ min}} = \mathbf{15 \text{ cm.}}$$

6.2.2 Zahnradtrieb

Der Zahnradtrieb ist im Gegensatz zum Riementrieb unelastisch. Für den Zahnradtrieb gilt auch die Gleichung:

$$d_1 \cdot n_1 = d_2 \cdot n_2$$

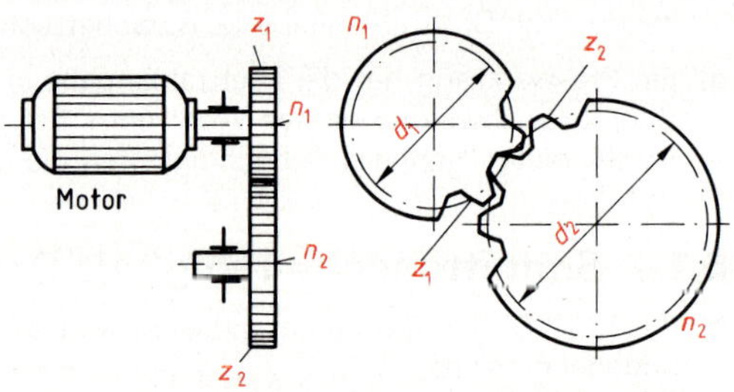

d_1 und d_2 sind die **Teilkreisdurchmesser** der Zahnräder.

Statt der Teilkreisdurchmesser setzt man in die Gleichung die Zähnezahl der Zahnräder ein und erhält so die Gleichung:

$$\boldsymbol{z_1 \cdot n_1 = z_2 \cdot n_2}$$

z_1 = Zähnezahl des treibenden Zahnrades
z_2 = Zähnezahl des getriebenen Zahnrades

Beispiel: Bei einer Handbohrmaschine wird die Motordrehzahl $n_1 = 3600 \frac{1}{\text{min}}$ über zwei Zahnräder von $z_1 = 8$ und $z_2 = 32$ (Zähne) zur Bohrspindel übertragen. Wie groß ist die Drehzahl n_2 des Bohrers?

Lösung: $n_2 = \frac{z_1 \cdot n_1}{z_2} = \frac{8 \cdot 3600}{32 \text{ min}} = \mathbf{900 \frac{1}{min}}$

Aufgaben zu 6.2

6.2.1 Riementrieb

a) Was erreicht man, wenn der Riemenscheibendurchmesser der Werkzeugwelle kleiner (größer) ist als der Riemenscheibendurchmesser des antreibenden Motors?

b) Was wird in der Gleichung mit n_1 bezeichnet?

c) Wie lautet die Riementriebgleichung?

d) Stellen Sie die Gleichung um nach d_1, n_1, d_2, n_2!

e) Die Motordrehzahl einer Kreissäge beträgt $n_1 = 1440 \frac{1}{\text{min}}$. Die Riemenscheibe des Motors hat den Durchmesser $d_1 = 24$ cm. Die Werkzeugwelle der Kreissäge soll die Drehzahl $n_2 = 3600$ 1/min erhalten. Wie groß muß dann der Durchmesser d_2 der Werkzeugwellenscheibe sein?

Berechnen Sie die jeweils gesuchten Größen!

	d_1	n_1	d_2	n_2
f)	15 cm	$1440 \frac{1}{\text{min}}$	?	$3300 \frac{1}{\text{min}}$
g)	125 mm	$1500 \frac{1}{\text{min}}$	75 mm	?
h)	18 cm	?	120 mm	$4500 \frac{1}{\text{min}}$
i)	?	$2880 \frac{1}{\text{min}}$	240 mm	$900 \frac{1}{\text{min}}$

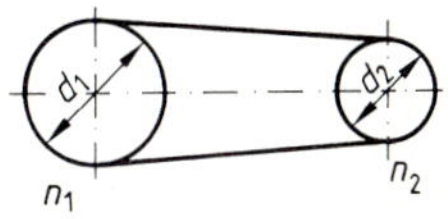

j) Ein Elektromotor treibt über einen Riementrieb einen Schleifstein mit dem Durchmesser $d = 200$ mm an. Seine Umfangsgeschwindigkeit soll $v = 30$ m/s betragen.
Welche Drehzahl n_2 in 1/min muß die Werkzeugwelle des Schleifsteins haben?
Welchen Durchmesser d_2 muß die getriebene Scheibe der Werkzeugwelle erhalten?
Motordrehzahl $n_1 = 1440$ 1/min, Riemenscheibendurchmesser des Motors $d_1 = 160$ mm.

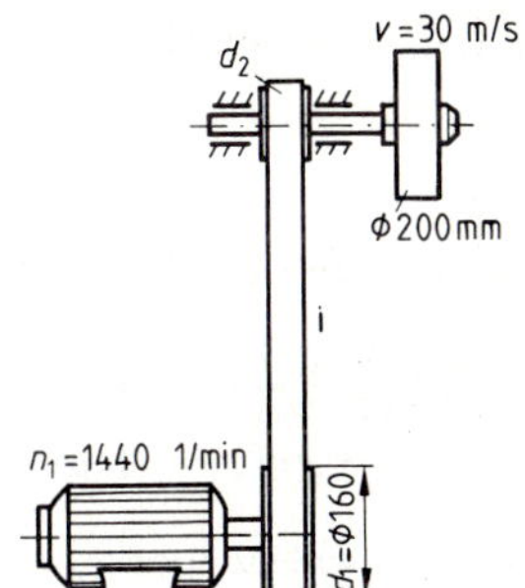

k) Eine Tischfräse hat einen Stufenscheibenantrieb, der bei einer konstanten Motordrehzahl $n_1 = 2880 \frac{1}{\text{min}}$ drei verschieden große Werkzeugwellendrehzahlen ermöglicht.
Welche Durchmesser müssen die drei getriebenen Riemenscheiben haben, um folgende Werkzeugdrehzahlen (n_2) zu erreichen: 2250 1/min, 4500 1/min, 6000 1/min.

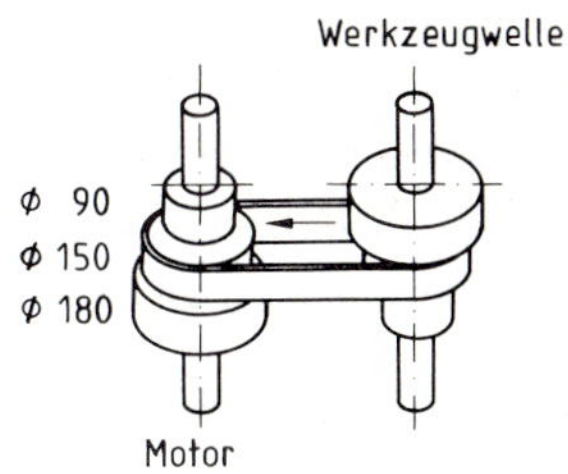

l) Die Drehzahl eines Bandsägemotors beträgt $n_1 = 2880$ 1/min. Die Motorriemenscheibe hat den Durchmesser $d_1 = 12{,}5$ cm. Die Riemenscheibe der unteren Bandsägenrolle hat dagegen den Durchmesser $d_2 = 40$ cm. Wie groß ist die Drehzahl n_2 der Bandsägenrolle?

m) Die Abbildung (rechts) zeigt einen doppelten Riementrieb.

Um die Drehzahl n_4 zu berechnen, wird die Riementriebgleichung zweimal angewendet. Da zwei Scheiben auf einer Achse sitzen, ist $n_2 = n_3$.

Berechnen Sie die Drehzahl n_4 in 1/min!

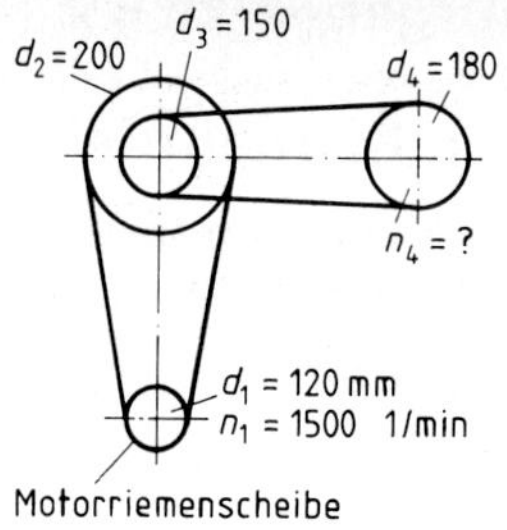

n) Von dem rechts abgebildeten doppelten Riementrieb sind die Durchmesser gegeben: $d_1 = 100$ mm,
$d_2 = 400$ mm,
$d_3 = 80$ mm,
$d_4 = 360$ mm.

Die Drehzahl n_4 soll $65 \frac{1}{\text{min}}$ betragen.

Berechnen Sie die notwendige Drehzahl n_1!

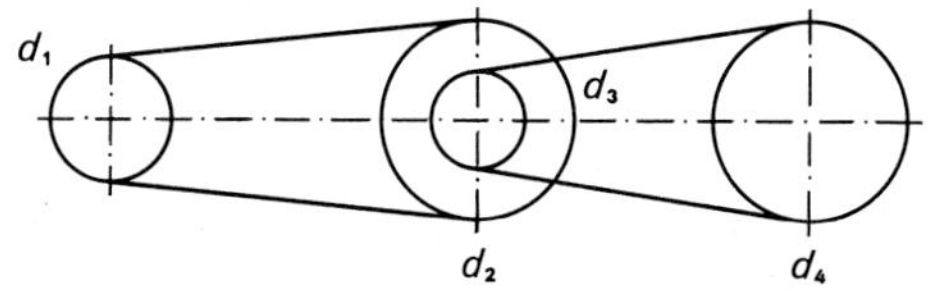

6.2.2 Zahnradtrieb

a) Wie lautet die Gleichung für den Zahnradtrieb?

b) Stellen Sie die Gleichung nach z_1, n_2, z_2, n_2 um!

Berechnen Sie die jeweils gesuchten Größen!

	z_1	n_1	z_2	n_2
c)	24 Zähne	$1440 \frac{1}{\text{min}}$	36	?
d)	42 Zähne	$1440 \frac{1}{\text{min}}$	?	$960 \frac{1}{\text{min}}$
e)	30 Zähne	?	75	$1152 \frac{1}{\text{min}}$
f)	?	$3000 \frac{1}{\text{min}}$	120	$450 \frac{1}{\text{min}}$

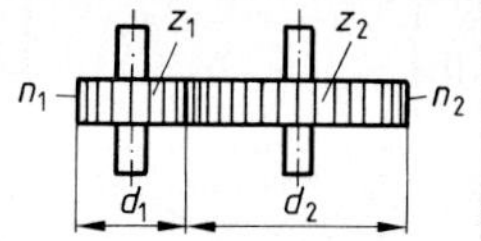

g) Die Drehzahl eines Motors beträgt $n_1 = 720 \frac{1}{\text{min}}$. Diese Drehzahl wird über zwei Zahnräder mit $z_1 = 18$ und $z_2 = 48$ (Zähne) auf eine Antriebswelle übertragen. Welche Drehzahl hat die Antriebswelle?

h) Bei einer Handbohrmaschine wird die Motordrehzahl mit $n_1 = 2880 \frac{1}{\text{min}}$ über zwei Zahnräder mit $z_1 = 9$ und $z_2 = 36$ auf die Bohrspindel übertragen. Wie groß ist die Drehzahl n_2 des Bohrers?

i) Der Motor eines Vorschubapparates hat die Drehzahl $n_1 = 720 \frac{1}{\text{min}}$. Diese wird über zwei Zahnräder $z_1 = 6$ und $z_2 = 96$ auf die Antriebswelle einer Gummiwalze mit dem Durchmesser $d = 6$ cm übertragen.
Berechnen Sie die Drehzahl n_2 der Gummiwalze!
Berechnen Sie die Vorschubgeschwindigkeit in m/min!

j) Ein Motor mit der Drehzahl $n_1 = 1440 \frac{1}{\text{min}}$ treibt über die Motorantriebsscheibe mit $d_1 = 90$ mm über einen Riemen eine Riemenscheibe mit $d_2 = 150$ mm an. An der Achse dieser getriebenen Scheibe sitzt ein Zahnrad mit $z_1 = 48$ das die Drehzahl auf ein zweites Zahnrad mit $z_2 = 72$ überträgt. Berechnen Sie die Drehzahl des zweiten Zahnrades!

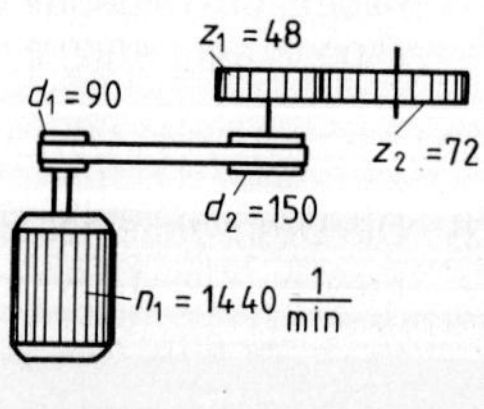

6.3 Vorschub und Messerschritt

6.3.1 Schneidenzahl und Drehzahl

Jedes Maschinenwerkzeug besitzt eine bestimmte Schneidenzahl. So haben Messerwellen von Hobelmaschinen in der Regel 2 Schneiden (siehe Bild). Kreissägeblätter haben dagegen viele Schneiden (Zähne). Das abgebildete Sägeblatt mit Vollzahnung hat z. B. 52 Schneiden. Fräswerkzeuge sind mit 2, 3, 4 oder mehr Schneiden bestückt. Je nach Drehzahl *n* der Maschine ergeben sich $z \cdot n$ (Schneidenzahl des Werkzeugs mal Drehzahl) = Schneiden, pro Zeiteinheit, die bei gleichmäßigem Vorschub Späne gleicher Dicke abnehmen.

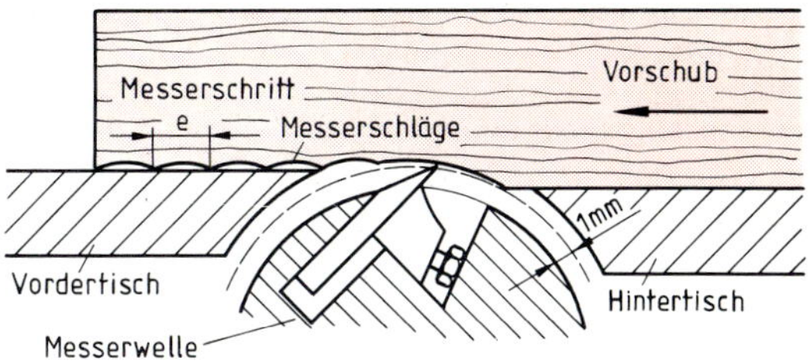

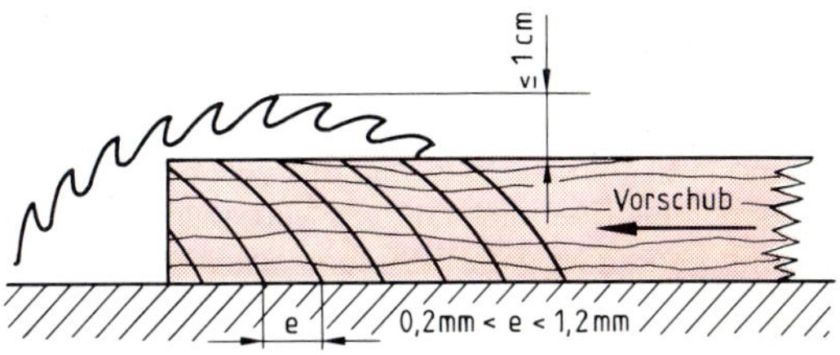

Beispiel:

Eine Messerwelle mit $z = 2$ Schneiden (Messer) hat die Drehzahl $n = 6000\ 1/\text{min}$. Wieviel Schneiden bewegen sich in jeder Minute durch das Holz?

Lösung:

Gesamtschneidenzahl pro Minute $= z \cdot n$

$$= 2 \cdot 6000 \frac{1}{\text{min}}$$

$$= 12\,000 \frac{\text{Schneiden}}{\text{min}}$$

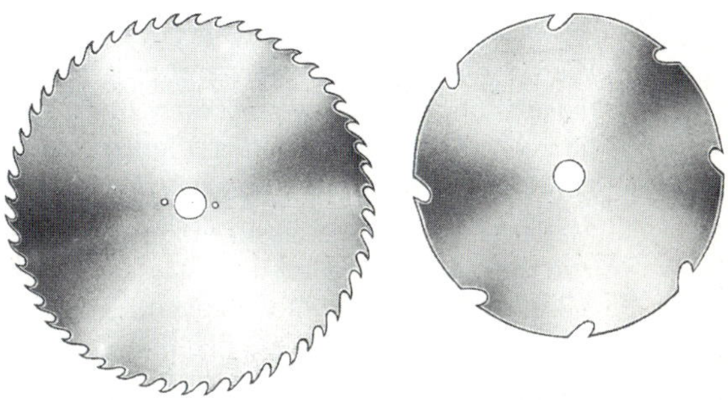

Vollzahnung   Großzahnung

6.3.2 Messerschritt

Beträgt die Vorschubgeschwindigkeit beispielsweise $v = 4{,}5\ \text{m/min}$, so verteilen sich die 12 000 Schneiden auf die Länge $l = 4{,}5$ m in einer Minute. Der Abstand der Messerschläge (siehe Bild oben rechts) heißt **Messerschritt e**. Wir erhalten für unser Beispiel den Messerschritt *e*, indem wir $v = 4{,}5\ \text{m/min}$ durch $z \cdot n = 12\,000 \frac{1}{\text{min}}$ teilen. Die Formel zur Berechnung des Messerschritts lautet also:

$$\textbf{Messerschritt} = \frac{\textbf{Vorschubgeschwindigkeit pro Minute}}{\textbf{Schneidenzahl des Werkzeugs} \cdot \textbf{Drehzahl pro Minute}}$$

$$\mathbf{e = \frac{v}{z \cdot n}} \qquad e = \frac{4{,}5\ \text{m} \cdot \text{min}}{\text{min}\ 2 \cdot 6000} = 0{,}000375\ \text{m} = \mathbf{0{,}375\ mm}$$

6.3.3 Oberflächengüte beim Hobeln und Fräsen

Der Messerschritt *e* ist ein Maß für die Güte (Sauberkeit) der Holzoberfläche.

Merke:
- $e = 0{,}2$ bis $0{,}4$ mm sehr saubere Oberfläche
- $e = 0{,}5$ bis $1{,}0$ mm mittel saubere Oberfläche
- $e = 1{,}0$ bis $1{,}5$ mm grobe Oberfläche

Ist *e* kleiner als 0,2 mm, dann entsteht zwischen den Schneiden und dem Holz eine **Schleifwirkung**, durch die die Werkzeugschneiden stumpf werden.

Ist *e* größer als 1,5 mm, dann besteht die Gefahr der Überbelastung und einer größeren **Rückschlaggefahr**.

Berechnung des Vorschubs

Ein Fräswerkzeug hat $z = 4$ Schneiden. Die auf dem Werkzeug angegebene Drehzahl beträgt $n = 6000$ 1/min. Der Messerschritt soll $e = 0{,}25$ mm betragen. Welche Vorschubgeschwindigkeit v in m/min ist einzustellen?

Wir stellen die Gleichung $e = \frac{v}{z \cdot n}$ nach v um.

$$\boxed{\mathbf{v = z \cdot n \cdot e}} \qquad v = \frac{4 \cdot 6000 \cdot 0{,}25\ \text{mm}}{\text{min}} = 6000\ \frac{\text{mm}}{\text{min}} = \mathbf{6\ \frac{m}{min}}$$

6.3.4 Messerschritt und Spandicke

Nach der Größe des Messerschrittes richtet sich zum Teil auch die Spandicke. Da, bedingt durch den Vorschub, ein Span **kommaförmig** ist (siehe Bild), kann man die Spandicke nur als Mittelwert angeben. Diese mittlere Spandicke ist aber geringer als der Messerschritt e (siehe Bild).

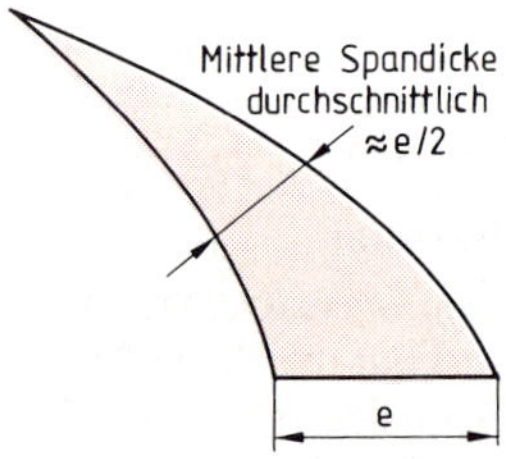

Da der Messerschritt e nicht größer als 1,5 mm sein soll, ist die mittlere Spandicke in der Regel immer kleiner als 0,8 mm.

Merke: Wird die Spandicke, verursacht durch falsche Vorschubgeschwindigkeit, ungleichmäßigen Vorschub, zu geringe Drehzahl oder zu geringer Schneidenzahl des Werkzeugs größer als **0,8 mm**, so erhöht sich die **Rückschlaggefahr**.

Moderne Werkzeuge besitzen deshalb eine **Spandickenbegrenzung von 0,7 mm bis 1 mm**. Messer von Messerwellen dürfen nur 0,7 mm, maximal 1 mm vorstehen.

Durch die Spandickenbegrenzung kann jede Schneide einen Span von maximal 0,7 mm bis 1 mm Dicke abheben. Auf diese Art und Weise wird die Gefahr des Rückschlags stark vermindert.

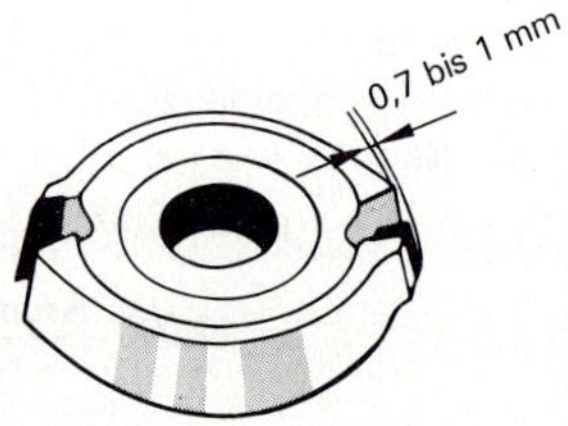

Spandickenbegrenzter Fräser

6.3.5 Messerschritt bei Kreissägen

Besitzt ein Kreissägeblatt mit Vollzahnung (siehe Bild auf Seite 115) z. B. 52 Zähne (Schneiden), dann schneiden alle 52 Zähne nur dann, wenn ihre Spitzen auf einem Flugkreis liegen. Ist nun die Drehzahl der Säge groß und der Vorschub gering, so ergibt sich ein sehr kleiner Messerschritt e.

Beispiel: $z = 52$ Zähne (Schneiden), $v = 6$ m/min, $n = 3600$ 1/min

$$\boxed{\mathbf{e = \frac{v}{z \cdot n}}} \qquad e = \frac{6\ \text{m}}{\text{min} \cdot 52 \cdot 3600}\ \text{min} = 0{,}000032\ \text{m} = \mathbf{0{,}032\ mm}$$

Der Messerschritt ist so gering, daß die Schneiden schnell stumpf werden.

Aus diesem Grunde werden Kreissägeblätter mit geringer Zähnezahl hergestellt. Um die Sägeblätter gleichzeitig rückschlagsicherer zu machen, stehen die Zahnspitzen 0,7 mm vor. Die Sägeblätter heißen RS-Sägeblätter (siehe Bild).

Mit z. B. 8 Zähnen ergibt sich für $v = 6$ m/min und $n = 3600$ 1/min ein größerer Messerschritt e.

$$e = \frac{v}{z \cdot n} = \frac{6\ \text{m}}{\text{min} \cdot 8 \cdot 3600}\ \text{min} = 0{,}00021\ \text{m} = \mathbf{0{,}21\ mm}$$

Dieser größere Messerschritt gibt den Schneiden eine längere Standzeit.

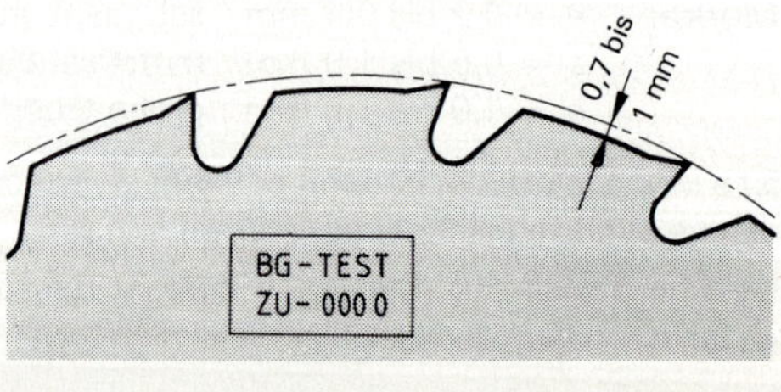

Richtwerte für günstigen und ungünstigen Werkzeugeinsatz

in Abhängigkeit von Vorschub, Drehzahl und Schneidenzahl

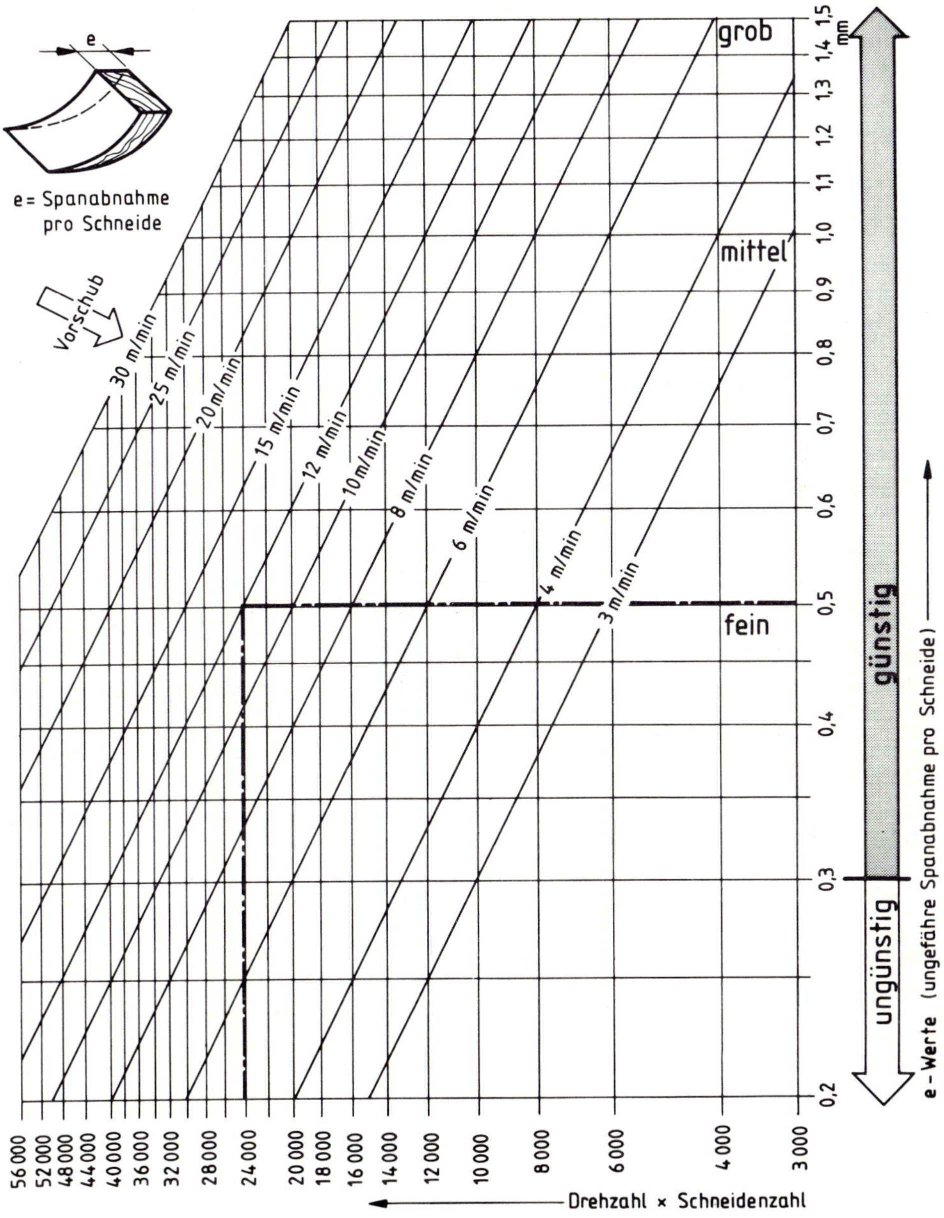

Anwendungsbeispiel:

Gegeben: Drehzahl = $6000 \frac{1}{\text{min}}$, Schneidenzahl 4, Vorschub $12 \frac{\text{m}}{\text{min}}$

Lösung: 6000 · 4 = 24000, Senkrechte von 24000 auf Vorschublinie 12 m/min ziehen. Waagerechte durch erhaltenen Schnittpunkt nach rechts, ergibt einen „*e*-Wert" (Messerschritt) von 0,5 mm im „günstigen Bereich".

Aufgaben zu 6.3

6.3.1 Schneidenzahl und Drehzahl

a) Von welchen beiden Größen hängt es ab, wieviel Schneiden in einer Minute Späne abnehmen?

b) Ein Fräser hat 4 Schneiden. Die eingestellte Drehzahl der Fräse beträgt $n = 4500 \frac{1}{\text{min}}$. Wieviel Schneiden bewegen sich in einer Minute durch das Holz?

c) Ein Kreissägeblatt besitzt 36 Zähne. Die Drehzahl beträgt $n = 3300$ 1/min. Wieviel Zähne (Schneiden) bewegen sich in einer Minute durch das Holz?

d) Wovon hängt es ab, ob alle Schneiden gleich dicke Späne abnehmen?

6.3.2 Messerschritt und 6.3.3 Oberflächengüte beim Hobeln und Fräsen

a) Wie lautet die Gleichung zur Berechnung des Messerschritts (Abstand der Messerschläge)?

b) Stellen Sie die Gleichung nach v, z und n um!

c) Warum sollte der Messerschritt nicht kleiner als 0,2 mm sein?

d) Warum sollte der Messerschritt nicht größer als 1,2 mm sein?

e) Die Messerwelle einer Abrichte hat zwei Schneiden und die Drehzahl $n = 4500$ 1/min. Der Messerschritt soll für mittelsaubere Hobelflächen $e = 0{,}5$ mm betragen.
Mit welcher Vorschubgeschwindigkeit v in m/min müssen die Werkstücke über den Abrichttisch geschoben werden?

f) Ein Fräser mit drei Schneiden läuft mit der Drehzahl $n = 6000$ 1/min. Die Vorschubgeschwindigkeit des Vorschubapparates beträgt 4,5 m/min. Berechnen Sie den Messerschritt! Ist die gefräste Oberfläche grob, mittelsauber oder sehr sauber?

g) Der Messerschritt eines durch eine Dickenhobelmaschine gelaufenen Brettes beträgt $e = 0{,}5$ mm. Die Messerwelle der Maschine hat $z = 2$ Schneiden und eine Drehzahl $n = 6000$ 1/min. Wie groß ist die Vorschubgeschwindigkeit v in m/min der Maschine?

h) Der Messerschritt soll für ein Werkzeug mit vier Schneiden und der Vorschubgeschwindigkeit $v = 9$ m/min, $e = 0{,}6$ mm betragen. Wie groß muß dann die Drehzahl n in 1/min sein?

i) Der Messerschritt beträgt bei einer Drehzahl $n = 6000$ 1/min und einer Vorschubgeschwindigkeit von $v = 12$ m/min, $e = 0{,}5$ mm. Wieviel Schneiden z hat dann das Werkzeug?

j) Ein Fräser mit zwei Schneiden darf nach Angabe mit $n = 10\,000$ 1/min laufen. Auf dem Vorschubapparat lassen sich folgende Vorschubgeschwindigkeiten einstellen: $v = 2{,}5$ m/min, $v = 4{,}5$ m/min, $v = 8$ m/min, $v = 12$ m/min.
Welche Messerschritte ergeben sich für die einzelnen Vorschubgeschwindigkeiten?

6.3.4 Messerschritt und Spandicke

a) Welche Form hat ein von einer Schneide abgenommener Holzspan?

b) Wovon hängt die mittlere Dicke eines Spanes wesentlich ab?

c) Wie groß ist im allgemeinen etwa die mittlere Spandicke?

d) Wie groß ist die Spandickenbegrenzung der Werkzeuge?

e) Was wird durch die Spandickenbegrenzung der Werkzeuge erreicht?

6.3.5 Messerschritt bei Kreissägen

a) Ein Kreissägeblatt besitzt 60 Zähne. Die Drehzahl des Sägeblattes beträgt $n = 3000$ 1/min. Die Vorschubgeschwindigkeit eines Brettes ist $v = 12$ m/min. Wie groß ist der Messerschritt e, vorausgesetzt, daß alle Zähnespitzen (Schneiden) sehr genau in einem Flugkreis liegen? Welchen Nachteil hat der sehr kleine Messerschritt?

b) Ein RS-Sägeblatt hat $z = 12$ Zähne. Die Drehzahl beträgt $n = 3300$ 1/min. Wie groß ist der Messerschritt e bei einer Vorschubgeschwindigkeit $v = 9$ m/min?

c) Ein RS-Sägeblatt hat $z = 8$ Zähne. Die Drehzahl beträgt $n = 3500 \frac{1}{\text{min}}$. Wie groß muß der Vorschub sein, wenn der Messerschritt $e = 0{,}25$ mm betragen soll?

6.4 Mechanische Leistung

6.4.1 Mechanische Leistung

Berücksichtigt man bei der Arbeit W die Zeit t in der die Arbeit vollbracht wird, so erhält man die Leistung P.

$$\text{Leistung} = \frac{\text{Kraft} \cdot \text{Weg}}{\text{Zeit}} \qquad P = \frac{F \cdot s}{t}$$

Da $F \cdot s = W$ und $s/t = v$, kann man auch die Gleichungen bilden:

$$\text{Leistung} = \frac{\text{Arbeit}}{\text{Zeit}} \qquad P = \frac{W}{t} \qquad \text{Leistung} = \text{Kraft} \cdot \text{Geschwindigkeit} \qquad P = F \cdot v$$

Beispiel: Jemand trägt eine Last $F_G = 200$ N über eine Treppe $h = 1{,}8$ m hoch (siehe Bild) Hierfür benötigt er die Zeit $t = 9$ s. Wie groß ist seine Leistung ohne Berücksichtigung seines Körpergewichts?

$$P = \frac{F \cdot s}{t} = \frac{200\ \text{N} \cdot 1{,}8\ \text{m}}{9\ \text{s}} = \mathbf{40}\ \frac{\text{Nm}}{\text{s}}$$

Wie groß ist seine Leistung einschließlich Körpergewicht?

$$P = \frac{F \cdot s}{t} = \frac{800\ \text{N} \cdot 1{,}8\ \text{m}}{9\ \text{s}} = \mathbf{160}\ \frac{\text{Nm}}{\text{s}}$$

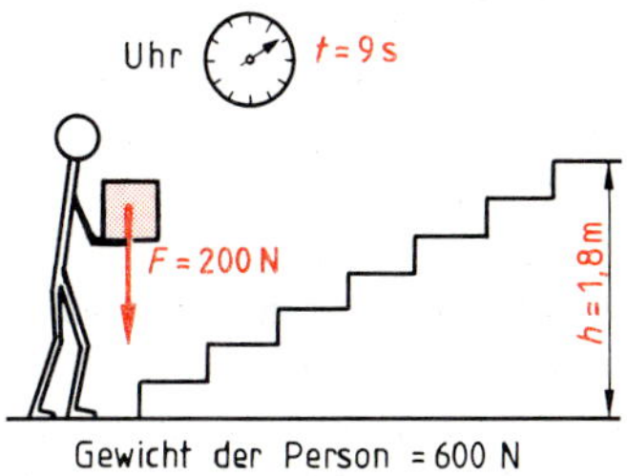

6.4.2 Leistung von Motoren

In unserem Beispiel wurde die Hubleistung eines Menschen berechnet. Die Leistung eines Elektromotors oder Benzinmotors kann ebenso berechnet werden. So hebt beispielsweise der Elektromotor eines Baukranes eine Last F_G über eine Seiltrommel mit dem Durchmesser d mit einer bestimmten Geschwindigkeit v hoch (siehe Bild). Die Hubgeschwindigkeit ist bei bekannter Drehzahl der Seiltrommel $v = d \cdot \pi \cdot n$.

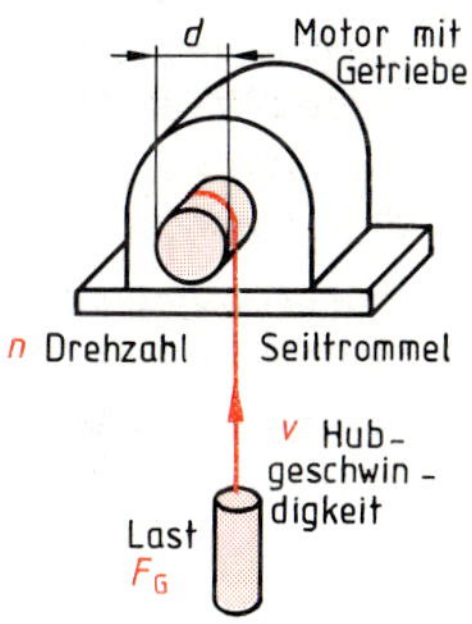

Beispiel: Der Seiltrommeldurchmesser sei $d = 20$ cm. Die Drehzahl der Trommel sei $n = 90\ \frac{1}{\text{min}} = 1{,}5\ \frac{1}{\text{s}}$. Die Last sei $F_G = 4000$ N.

Wie groß ist die Hubgeschwindigkeit in m/s?

$$v = d \cdot \pi \cdot n = \frac{0{,}2\ \text{m} \cdot 3{,}14 \cdot 1{,}5}{\text{s}} = \mathbf{0{,}942}\ \frac{\text{m}}{\text{s}}$$

Wie groß ist die abgegebene Leistung des Motors in Nm/s?

$$P = F \cdot v = 4000\ \text{N} \cdot 0{,}942\ \frac{\text{m}}{\text{s}} = \mathbf{3768}\ \frac{\text{Nm}}{\text{s}}$$ oder **3768 W** (Watt)

Merke: **$1\ \frac{\text{Nm}}{\text{s}}$ entspricht der elektrischen Leistung 1 Watt** **1000 Watt = 1 kW (Kilowatt)**

6.4.3 Leistungsmessung mittels Abbremsung

Die abgegebene Leistung von Elektromotoren, Benzinmotoren, Dieselmotoren usw. wird auf einem sogenannten Motorenprüfstand ermittelt. Dabei heben die Motoren keine Lasten hoch. Sie werden während des Laufs abgebremst. Die Bremskraft F entspricht dabei der Last F_G. Die Abbremsung kann mittels Bremsbacken, Bremsbändern (siehe Bild) oder bei modernen Vorrichtungen mittels magnetischer Bremsung vorgenommen werden. Die Abbremsung erfolgt an einer Bremsscheibe mit bekanntem Durchmesser d. Während des Abbremsens wird die Drehzahl n des Motors gemessen.

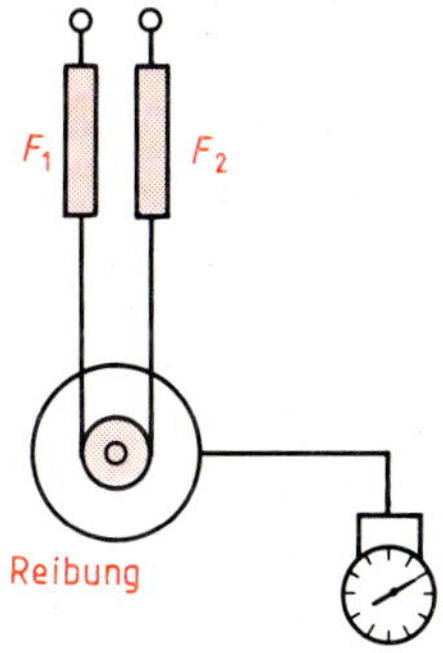

Beispiel: Wir bremsen mittels Bremsband einen Elektromotor ab und messen dabei die Drehzahl n.

Meßwerte: Bremskraft $F_R = 15$ N

Durchmesser der Bremsscheibe $d = 5$ cm $= 0{,}05$ m

Drehzahl $n = 2400 \frac{1}{\text{min}} = 40 \frac{1}{\text{s}}$

Wie groß ist bei der gemessenen Drehzahl die abgegebene Leistung des Motors in Nm/s (Watt)?

$$v = d \cdot \pi \cdot n = 0{,}05\ \text{m} \cdot 3{,}14 \cdot 40 \frac{1}{\text{s}} = \mathbf{6{,}28} \frac{\mathbf{m}}{\mathbf{s}}$$

$$P = F \cdot v = 15\ \text{N} \cdot 6{,}28 \frac{\text{m}}{\text{s}} = \mathbf{94{,}2} \frac{\mathbf{Nm}}{\mathbf{s}} \text{ oder } \mathbf{94{,}2\ W} \text{ (Watt)}$$

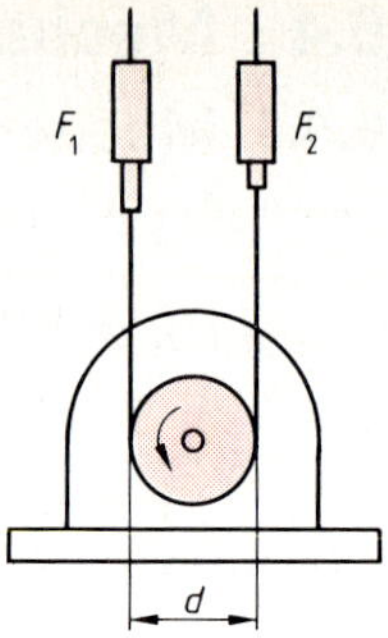

Abbremsung mittels Bremsband

Aufgaben zu 6.4

6.4.1 Mechanische Leistung

a) Wodurch unterscheidet sich die mechanische Arbeit von der Leistung?

b) Wie lautet allgemein die Gleichung für die Berechnung der Leistung?

c) Stellen Sie die Gleichung nach F, s und t um!

d) Ein Geselle trägt ein Brett mit der Masse $m = 15$ kg, das annähernd eine Gewichtskraft $F_G = 150$ N hat, in einem Gebäude lotrecht, Höhe h = Weg $s = 5$ m hoch. Er benötigt hierfür eine Zeit $t = 30$ s. Welche Arbeit W hat er verrichtet? Wie groß ist seine Leistung? Wie groß ist seine Steiggeschwindigkeit? Wie groß ist seine Leistung, wenn man sein eigenes Körpergewicht $F_G = 750$ N (Masse $m \approx 75$ kg) mit berücksichtigt?

e) Jemand hebt in $t = 3$ s eine Last $F_G = 400$ N, $s = 1{,}5$ m hoch, auf seine Schulter. Berechnen Sie die Arbeit W, die Hubgeschwindigkeit v und die Leistung P!

6.4.2 Leistung von Motoren

a) Mit einem Baukran wird eine Last $F_G = 18000$ N in $t = 15$ s, $s = 12$ m, hochgehoben. Wie groß ist die abgegebene Leistung P des Motors?

b) Ein Baukranmotor gibt die Leistung $P = 7500 \frac{\text{Nm}}{\text{s}}$ (Watt) ab. Er hebt eine Last $F_G = 25000$ N hoch. Wie groß ist die Hubgeschwindigkeit v in m/s?

c) Die Wasserpumpe eines Wasserwerks pumpt in $t = 1$ h (Stunde) 120 m³ Wasser $s = 36$ m hoch in einen Behälter. Welche Leistung muß der Pumpenmotor abgeben?
Hinweis: 1 m³ = 1000 Liter. 1 Liter hat etwa die Masse 1 kg.

d) In einem Wasserkraftwerk fließen in einer Stunde aus einer Höhe von 150 m 540 m³ Wasser in eine Wasserturbine. Wie groß ist die Leistung der Turbine (ohne Berücksichtigung der Verluste durch Reibung)? **Hinweis:** 1 m³ = 1000 Liter, 1 Liter = 1 kg.

6.4.3 Leistungsmessung mittels Abbremsung

a) Wie wird die Leistung von Motoren auf einem Prüfstand gemessen?

b) Welche Meßwerte benötigt man für die Ermittlung der Leistung?

c) Ein Benzinmotor wird am Umfang einer Bremsscheibe mit dem Durchmesser $d = 0{,}4$ m mit der Bremskraft $F_R = 250$ N gebremst. Dabei behält er eine Drehzahl $n = 3600$ 1/min. Berechnen Sie die Umfangsgeschwindigkeit v der Bremsscheibe in m/s. Berechnen Sie die Leistung des Motors bei dieser Drehzahl!

d) Ein Elektromotor wird mit der Bremskraft $F_R = 120$ N am Umfang einer Scheibe mit dem Durchmesser $d = 0{,}3$ m abgebremst. Dabei wird eine Drehzahl $n = 1440$ 1/min gemessen. Berechnen Sie die abgegebene Leistung P in Nm/s (Watt)!

e) Ein Auto wird auf waagerechter Strecke von einer auf die Räder übertragene Leistung $P = 25000$ Nm/s (Watt) angetrieben und läuft dabei mit der Geschwindigkeit $v = 144$ km/h. Wie groß ist der gesamte Luftwiderstand einschließlich Rollwiderstand der Räder in N?

7 Grundlagen der Elektrik

7.1 Spannung, Strom, Widerstand — Schutzleiter

7.1.1 Erzeugung elektrischer Spannung

Im Normalzustand eines Atoms ist die Anzahl der Elektronen (negative elektrische Elementarladungen) gleich der Anzahl der Protonen (positive elektrische Elementarladungen). Deshalb sind die Metalle und Nichtmetalle im Normalzustand elektrisch neutral; denn die negativen Ladungen und positiven Ladungen heben sich gegenseitig in ihrer Wirkung auf.

Will man elektrische Spannung erzeugen, so muß man das Gleichgewicht der elektrischen Ladungen stören.

Elektrische Spannung ist zwischen zwei Stoffen oder zwei elektrischen Polen vorhanden, wenn auf der einen Seite Elektronenüberschuß und der anderen Seite Elektronenmangel herrscht. Am Minuspol einer Spannungsquelle herrscht Elektronenüberschuß; am Pluspol dagegen Elektronenmangel.

Spannung läßt sich erzeugen:

a) **mittels Reibung** von Nichtmetallen, z. B. Kunststoff mit Wolle;
b) **mittels galvanischer Elemente** (Batterien und Akkus);
c) **mittels Thermozellen und Solarzellen**;
d) **mittels Induktion**. Hierbei wird ein elektrischer Leiter (Metalldraht) durch ein Magnetfeld bewegt. Die Spannung, die wir der Steckdose entnehmen oder mit der wir die Fahrradlampen zum Leuchten bringen, wird mittels Induktion in **Generatoren** (Dynamo) erzeugt.

Merke: Die Spannung, Formelzeichen U, wird in V (Volt) angegeben. Die Netzspannung in einer Steckdose beträgt $U = 220$ V (Volt). Sind Minus- und Pluspol einer Spannungsquelle konstant, z. B. bei einer Taschenlampenbatterie, so herrscht **Gleichspannung** (U —). Wechseln dagegen die Pole, so herrscht **Wechselspannung** ($U \sim$).

7.1.2 Ohmsches Gesetz — Grundgesetz der Elektrotechnik

Zur Verdeutlichung der elektrischen Größen **Spannung *U*, Stromstärke *I*** und **Widerstand *R*** vergleichen wir die Größen mit einem Wasserkreislauf in einer Warmwasserheizung (siehe Bild). Der von der Wasserpumpe erzeugte Druck entspricht im Stromkreis der elektrischen Spannung (Elektronendruck).

Die durch die Leitung fließende Wassermenge pro Sekunde (Liter/Sekunde) entspricht der elektrischen Stromstärke. Sie wird in Ampere (A) gemessen.

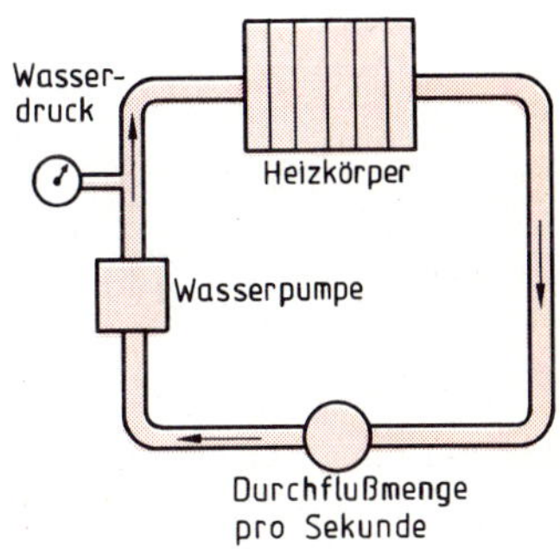

Bei der Stromstärke $I = 1$ A (Ampere) bewegen sich $6{,}24 \cdot 10^{18}$ Elektronen pro Sekunde durch die elektrische Leitung.

Die Wasserleitung setzt der Bewegung des Wassers Widerstand entgegen; denn das Wasser reibt sich mit der Wasserrohrwandung. Ebenso setzen die Drähte der elektrischen Leitungen den Elektronen Widerstand entgegen. Der elektrische Widerstand R wird in Ω (Ohm) gemessen.

Merke: Der Widerstand eines Drahtes hängt zunächst von der Art des Metalls ab. Silber, Kupfer und Aluminium haben einen geringen elektrischen Widerstand. Widerstandsmetalle, das sind Metall-Legierungen, z. B. aus Kupfer und Nickel zeigen dagegen großen Widerstand. Aus Widerstandsmetallen werden Heizdrähte in elektrischen Heizgeräten (Heizplatten, Tauchsieder usw.) hergestellt.

Der Widerstand eines Drahtes ändert sich proportional mit der Länge und umgekehrt proportional mit dem Querschnitt. (Langer Draht = großer Widerstand; kleiner Querschnitt = großer Widerstand).

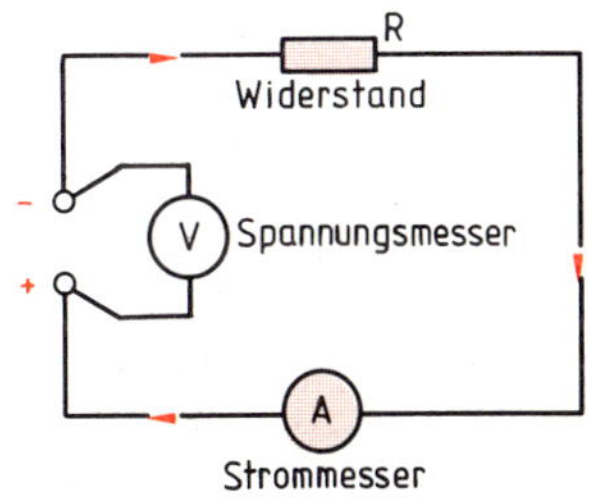

Der Physiker Ohm stellte fest, daß sich bei konstantem Widerstand R die Stromstärke proportional mit der Spannung vergrößert.

Beispiel: Fließen z. B. bei der Spannung $U = 10\,\text{V}$, $I = 2\,\text{A}$, dann fließen bei der Spannung $U = 20\,\text{V}$, $I = 4\,\text{A}$.

Teilt man die Spannung U durch die Stromstärke I, so erhält man für unser Beispiel den gleichen Widerstand R in Ohm.

Ohmsches Gesetz: $$\textbf{Widerstand} = \frac{\textbf{Spannung}}{\textbf{Stromstärke}} \qquad \boxed{R = \frac{U}{I}}$$

$$R = \frac{U}{I} = \frac{10\,\text{V}}{2\,\text{A}} = 5\,\frac{\text{V}}{\text{A}} = \mathbf{5\,\Omega} \qquad R = \frac{20\,\text{V}}{4\,\text{A}} = 5\,\frac{\text{V}}{\text{A}} = \mathbf{5\,\Omega}$$

7.1.3 Anwendung des Ohmschen Gesetzes

Das Ohmsche Gesetz enthält drei elektrische Größen.

Mit Hilfe des Gesetzes kann man außer den Widerstand R auch die Stromstärke I und Spannung U berechnen.

Beispiel 1: Durch einen Tauchsieder, der an die Netzspannung $U = 220\,\text{V}$ angeschlossen ist, fließen $I = 4{,}55\,\text{A}$. Wie groß ist sein Widerstand in Ohm?

$$\boxed{R = \frac{U}{I}} \qquad R = \frac{220\,\text{V}}{4{,}55\,\text{A}} = \mathbf{48{,}35}\,\frac{\text{V}}{\text{A}} = \mathbf{48{,}35\,\Omega}\ \text{(Ohm)}$$

Beispiel 2: Der Widerstand einer elektrischen Heizplatte ist mit $R = 50\,\Omega \left(\frac{\text{V}}{\text{A}}\right)$ angegeben. Die Spannung beträgt $U = 220\,\text{V}$. Berechnen Sie die Stromstärke I!

$$\boxed{R = \frac{U}{I}}\ ; \qquad \boxed{I = \frac{U}{R}} \qquad I = \frac{220\,\text{V}}{150\,\frac{\text{V}}{\text{A}}} = \mathbf{4{,}4\,A}$$

Hinweis: Um kürzen zu können schreiben wir statt Ohm V/A!

Beispiel 3: Durch einen Widerstand $R = 440\,\Omega \left(\frac{\text{V}}{\text{A}}\right)$ fließen $I = 0{,}5\,\text{A}$. Berechnen Sie die Spannung U!

$$\boxed{R = \frac{U}{I}}\ ; \qquad \boxed{U = R \cdot I} \qquad U = \frac{440\,\text{V} \cdot 0{,}5\,\text{A}}{\text{A}} = \mathbf{220\,V}$$

Merke: Das Ohmsche Gesetz gilt für Gleichstrom; für Wechselstrom gilt es nur, wenn die elektrischen Geräte keine **Spulen** oder **Kondensatoren** enthalten. Da sich in Elektromotoren Spulen befinden, läßt sich hier das Ohmsche Gesetz nicht anwenden.

Elektrische Symbole in Schaltskizzen				
Spannungsquelle	Glühbirne	Heizwiderstand	Strommesser	Spannungsmesser
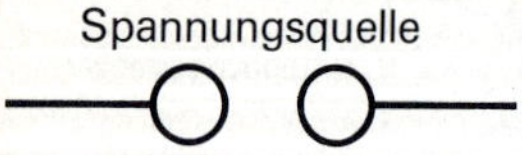 $U-$ Gleichspannung $U\sim$ Wechselspannung	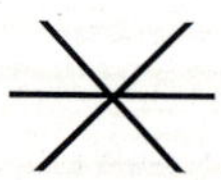	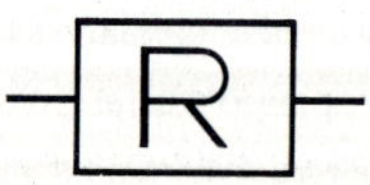		

7.1.4 Ohmscher Widerstand des menschlichen Körpers – Schutzleiter

Auch der menschliche Körper setzt dem Durchfluß der Elektronen einen Widerstand entgegen. Dieser Widerstand beträgt, wenn der Strom von der Hand über die Füße in den Boden fließt bei trockenen Händen und trockenem Fußboden im Mittel etwa $R = 3000$ Ohm.

Kommt unsere Hand mit der Spannung $U = 220$ V in Berührung, so fließen durch unseren Körper $I = \frac{U}{R} = \frac{220 \text{ V A}}{3000 \text{ V}} = \mathbf{0{,}073\ A}$.

Diese Stromstärke erscheint zwar gering, kann aber bereits tödliche Wirkung haben. Absolut tödlich wirken 220 V, wenn durch Feuchtigkeit oder Berührung des Körpers mit gut leitenden Materialien (Wasserleitungen, Maschinen usw.) der Widerstand wesentlich geringer als 3000 Ohm und damit die Stromstärke wesentlich stärker wird.

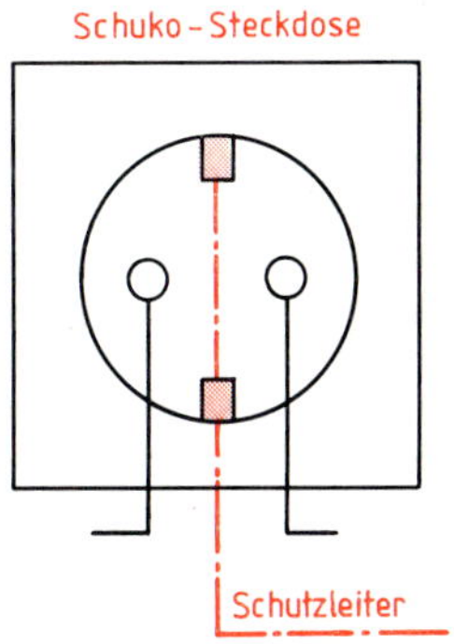

Merke: Stromstärken über 0,05 A und Spannungen über 65 V können Lebensgefahr bedeuten!

Um solche Gefahren abzuwenden, besitzen unsere Steckdosen einen dritten Leiter, der **Schutzleiter** genannt wird. Dieser Schutzleiter wird mit dem Metallgehäuse der elektrischen Geräte verbunden. Gerät die unter Spannung stehende Leitung bei einer Beschädigung der Leiterisolierung mit dem Elektrogerät in Berührung, so hat bei Berührung des Gerätes, das unter Spannung steht, der Strom zwei Möglichkeiten. Er kann entweder über den Körper des Menschen oder über den Schutzleiter abfließen.

Da der Schutzleiter (aus Kupfer) gegenüber dem menschlichen Körper einen sehr geringen Widerstand hat, fließt der Strom fast ausschließlich über den Schutzleiter ab. Der Schutzleiter bietet also auch bei den ungünstigsten Verhältnissen, d. h. bei sehr geringem Körperwiderstand, Schutz vor den Gefahren des Stromes.

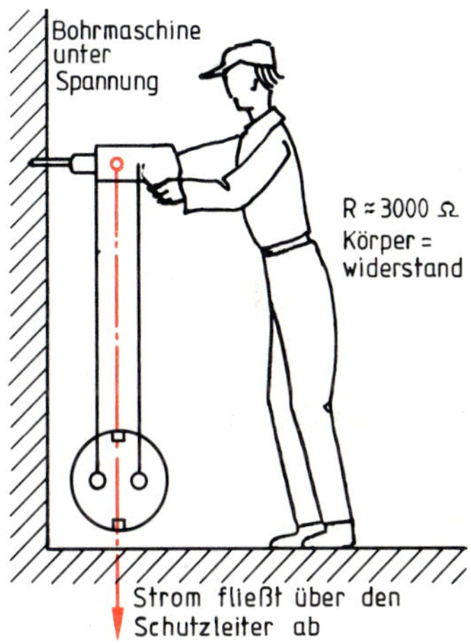

Merke: Der Schutzleiter hat eine gelb/grüne Isolierung. Er steht nur bei Gerätedefekten unter Spannung.

Aufgaben zu 7.1

7.1.1 Erzeugung elektrischer Spannung

a) Erklären Sie, warum Atome im Normalzustand elektrisch neutral sind?

b) Wie erreicht man grundsätzlich elektrische Spannung?

c) Batterien haben einen negativen elektrischen und einen positiven elektrischen Pol. Wodurch unterscheiden sich die beiden Pole bezüglich der Ladungen?

d) Warum entsteht beim Reiben zweier Nichtleiter (z. B. Kunststoff mit Wolle) elektrische Spannung?

e) Mit welchen anderen Methoden lassen sich geringe elektrische Spannungen erzeugen?

f) Die Spannung, die wir den Steckdosen entnehmen, wird durch Induktion erzeugt. Wie entsteht elektrische Spannung mittels Induktion?

g) Wie heißen die Maschinen, in denen man mittels Induktion Spannung erzeugt?

h) In welcher Einheit wird die Spannung gemessen?

i) Wodurch unterscheidet sich die Gleichspannung einer Batterie von der Wechselspannung in der Steckdose?

7.1.2 und 7.1.3 Ohmsches Gesetz — Grundgesetz der Elektrotechnik

a) Mit welchen Teilen einer Wasserumlaufheizung lassen sich die Teile eines Stromkreises vergleichen? (Spannungsquelle, Spannungsmesser, elektrische Leitung, elektrischer Widerstand bzw. Elektrogerät, Strommesser).

b) Was bewegt sich beim Fließen des Stromes durch die Leitungen?

c) In welcher Richtung verläuft die Bewegung bei Gleichspannung?

d) In welcher Richtung verläuft die Bewegung bei Wechselspannung?

e) Von welchen drei Größen hängt die Größe des elektrischen Widerstandes eines Metalldrahtes ab?

f) Welchen Zusammenhang stellte der Physiker Ohm zwischen der Spannung U und der Stromstärke I fest?

g) Bei einem Versuch fließen bei einer Spannung $U = 2$ V, $I = 0{,}5$ A; bei $U = 4$ V, $I = 1$ A; bei $U = 6$ V, $I = 1{,}5$ A.

Zeichnen Sie hierfür ein Diagramm! Tragen Sie die Spannungen U auf der senkrechten y-Achse ab! Maßstab: 1 V ≙ 1 cm. Tragen Sie die Stromstärken I auf der waagerechten x-Achse ab! Maßstab: 1 A ≙ 2 cm. Was zeigt das Bild? Wie groß ist bei allen Werten der Widerstand R in Ohm?

h) Zeichnen Sie einen Stromkreis mit Spannungsquelle, einer Glühbirne und den Meßgeräten (Spannungsmesser und Strommesser)!

i) Beim Anschluß einer Glühbirne an $U = 220$ V fließen $I = 0{,}364$ A. Wie groß ist ihr elektrischer Widerstand in Ohm?

j) Der Widerstand eines Tauchsieders ist mit $R = 44\ \Omega$ angegeben. Die Spannung beträgt $U = 220$ V. Berechnen Sie die Stromstärke I!

k) Durch ein elektrisches Heizgerät, $R = 400\ \Omega$, fließen $I = 0{,}55$ A. Wie groß ist dann die Spannung U?

l) Durch einen Haarföhn fließen bei $U = 110$ V, $I = 0{,}25$ A. Wie groß ist der Widerstand R in Ohm?

m) Eine Elektro-Heizplatte liegt an $U = 220$ V. Der Widerstand der Heizdrähte in der Platte ist $R = 88\ \Omega$. Berechnen Sie die Stromstärke I!

n) Bei $U = 380$ V fließen durch einen Widerstand $I = 0{,}76$ A. Wie groß ist der Widerstand?

7.1.4 Ohmscher Widerstand des menschlichen Körpers — Schutzleiter

a) Wie groß ist als Mittelwert der elektrische Widerstand des menschlichen Körpers?

b) Welcher Strom fließt durch den menschlichen Körper, wenn er mit $U = 220$ V Spannung in Berührung kommt?

c) Bei welcher Stromstärke besteht schon Lebensgefahr?

d) Bis zu welcher Größe sind Spannungen noch ungefährlich?

e) Wodurch kann sich der Widerstand des menschlichen Körpers verringern?

f) Durch ungünstige Umstände (nasse Hände, Anfassen von Metallen usw.) vermindert sich der Widerstand eines Menschen auf $R = 1200$ Ohm. Welcher Strom würde bei $U = 220$ V jetzt durch seinen Körper fließen?

g) Wieviel Leiter besitzt eine Schuko-Steckdose?

h) Wie bezeichnet man den dritten Leiter?

i) Welche Farben hat die Isolierung dieses Leiters?

j) Womit muß dieser Leiter im Elektrogerät verbunden werden?

k) Was geschieht, wenn durch Schäden an der Isolierung der stromführenden Leitung das Metallgehäuse der Maschine unter Spannung steht?

7.2 Elektrische Leistung und Arbeit – Gleichstrom und Wechselstrom

7.2.1 Wirkleistung und Arbeit des Gleichstromes

Die Spannung U, die in der Elektrotechnik in der Einheit V (Volt) angegeben wird, gibt uns das Arbeitsvermögen, Einheit: Nm, einer Ladungseinheit an. Fließt die Stromstärke $I = 1$ A, $t = 1$ s (Sekunde) lang, so haben sich $6{,}24 \cdot 10^{18}$ Elektronen durch die Leitung bewegt, und zwar vom Minuspol zum Pluspol der Spannungsquelle.

Diese Elektronenmenge, also **1 As, heißt Ladungseinheit.**

Die Spannung $U = 1$ V bedeutet, daß die Ladungseinheit 1 As, 1 Nm Arbeit erzeugt.

Für $\boldsymbol{U} = \mathbf{1\ V}$ können wir schreiben: $\boldsymbol{U} = \mathbf{1\ Nm/As}$
Für $\boldsymbol{U} = \mathbf{220\ V}$ können wir schreiben: $\boldsymbol{U} = \mathbf{220\ Nm/As}$

Beispiel: Beträgt die Gleichspannung $U = 100$ V und die Stromstärke $I = 6$ A, so erhalten wir die Leistung P durch Multiplikation der Spannung mit der Stromstärke. Die Leistung P ist direkt proportional der Spannung U und der Stromstärke I.

$$\boxed{\boldsymbol{P = U \cdot I}} \qquad P = \frac{100\ \text{Nm} \cdot 6\ \text{A}}{\text{As}} = \mathbf{600\ \frac{Nm}{s}} \text{ (mechanische Einheit)}$$

$$\boxed{\boldsymbol{P = U \cdot I}} \qquad P = 100\ \text{V} \cdot 6\ \text{A} = \mathbf{600\ VA} = \mathbf{600\ W} \text{ (Watt)} = \mathbf{0{,}6\ kW} \text{ (Kilowatt)}$$

Merke: Die elektrische Leistung P wird in der Einheit Watt (W) angegeben.

1 W (Watt) = **1 Nm/s** **1000 W = 1 kW = 1000 Nm/s**

Die Leistung in Watt entspricht also der Leistung in der Einheit Nm/s.

Die elektrische Arbeit erhält man durch Multiplikation der Leistung P mit der Zeit t.

Elektrische Arbeit $\boxed{\boldsymbol{W = U \cdot I \cdot t}}$ oder $\boxed{\boldsymbol{W = P \cdot t}}$

Beispiel:

Schalten wir ein Gleichspannungsgerät bei $U = 100$ V und bei $I = 6$ A, $t = 1200$ s $= 20$ min $= \frac{1}{3}$ h $= 0{,}333$ h ein, so ist es üblich, entweder die Wattzahl mit der Zeit in Sekunden, oder die Kilowattzahl mit der Zeit in Stunden zu multiplizieren.

$W = U \cdot I \cdot t$	$W = 100\ \text{V} \cdot 6\ \text{A} \cdot 1200\ \text{s} = \mathbf{720000\ Ws}$ (Wattsekunden)
$W = P \cdot t$	$W = 600\ \text{W} \cdot 1200\ \text{s} = \mathbf{720000\ Ws}$
oder	$W = 0{,}6\ \text{kW} \cdot 0{,}\overline{33}\ \text{h} = \mathbf{0{,}2\ kWh}$ (Kilowattstunden)

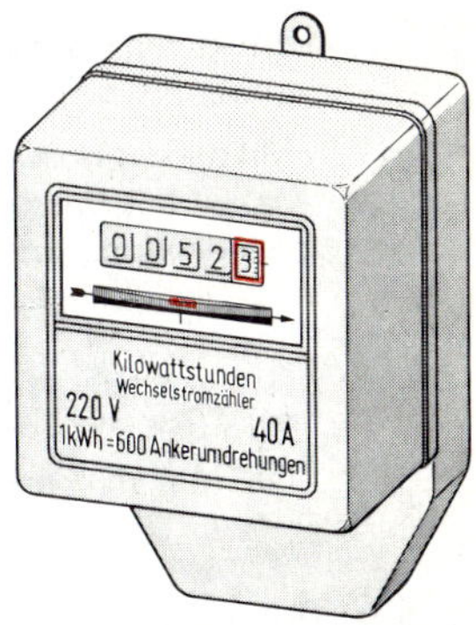

Kilowattstundenzähler

Merke: Elektrische Zähler geben die Arbeit *W* in kWh an!

7.2.2 Wirkleistung und Arbeit des Wechselstromes

Im Gegensatz zum Gleichstrom, der in einer Richtung fließt und in der Regel konstant groß ist, wechselt der Wechselstrom seine Richtung. In unserem Stromnetz bewegen sich die Elektronen in einer Sekunde 50mal im Leiter hin und her. Die Frequenz des Wechselstromes beträgt 50 Hz (Hertz). Außerdem ändert sich beim Netzwechselstrom die Größe der Spannung.

Wechselspannung erzeugt man durch **Induktion** (siehe Bild). Bewegt man einen elektrischen Leiter quer durch ein Magnetfeld, so bewegen sich dabei auch die freien Elektronen im elektrischen Leiter. Eine Hin- und Herbewegung des Leiters führt zu einer Hin- und Herbewegung der Elektronen (Wechselstrom).

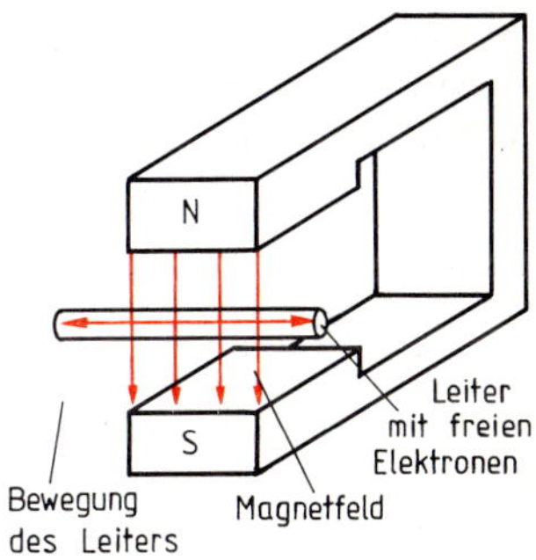

Die Größe der hierbei induzierten (erzeugten) Spannung ist dabei direkt proportional

a) der Stärke des Magnetfeldes

b) der Länge des elektrischen Leiters

c) der Geschwindigkeit, mit der der Leiter durch das Magnetfeld bewegt wird.

Beim **Wechselstromgenerator** (siehe Bild) wird eine Spule (langer Leiter) kreisförmig durch ein starkes Magnetfeld bewegt. Während der Kreisbewegung ändert sich ununterbrochen der Winkel, unter dem der Leiter (Spule) das Magnetfeld schneidet.

Da bei den Drehwinkeln 0°, 180° und 360° vom Leiter keine magnetischen Feldlinien geschnitten werden, beträgt hier die induzierte Spannung 0 Volt. Die größten Spannungen, U_{max}, werden bei den Drehwinkeln 90° und 270° induziert, weil hier das Magnetfeld vom Leiter im rechten Winkel geschnitten wird.

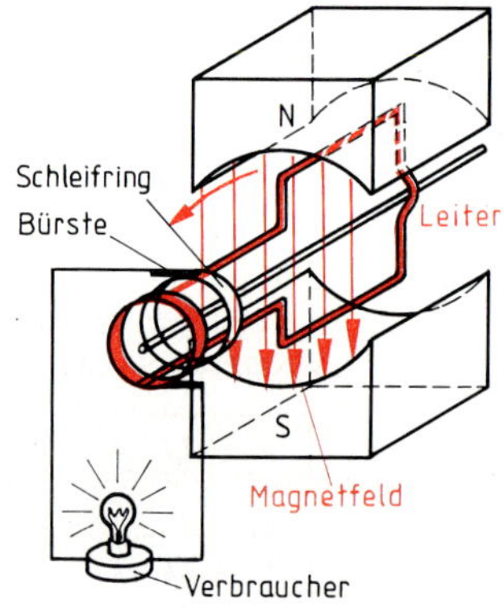

Wechselstromgenerator

Zeichnet man den Verlauf der Spannung oder den Verlauf der Stromstärke als Diagramm in ein Koordinatensystem ein, so zeigen die Darstellungen Kurven, die man als **Sinuskurven** bezeichnet. Die Kurven haben deshalb diese Bezeichnung, weil sich Spannung und Strom mit dem Sinuswert des Drehwinkels ändern.

Die sinusförmige Änderung der Spannung und des Stromes läßt nicht zu, die elektrische Wirkleistung P und Arbeit W wie beim Gleichstrom zu berechnen.

Statt mit $U_{max}\,I_{max}$ rechnet man mit den Mittelwerten der Spannungen und Stromstärken. Sie liegen bei dem Drehwinkel $\varphi = 45°$ und werden mit U_{eff} und I_{eff} bezeichnet.

Merke: Für die Praxis hat die Unterscheidung zwischen U_{max} und U_{eff} bzw. I_{max} und I_{eff} geringe Bedeutung, weil die Spannungsmesser und Strommesser so eingestellt sind, daß sie immer die effektiven Größen (Mittelwerte) U_{eff} und I_{eff} direkt anzeigen.

Mit diesen Größen kann man die Wirkleistung und Arbeit des Wechselstromes so berechnen, wie die Wirkleistung und Arbeit des Gleichstromes:

$P = U_{eff} \cdot I_{eff}$ $\qquad$ $W = U_{eff} \cdot I_{eff} \cdot t$

Das ist aber nur richtig, wenn Spannung und Strom **in Phase** liegen, d.h., wenn sie gleichzeitig ihre Maximal- und Nullwerte erreichen (siehe Bild).

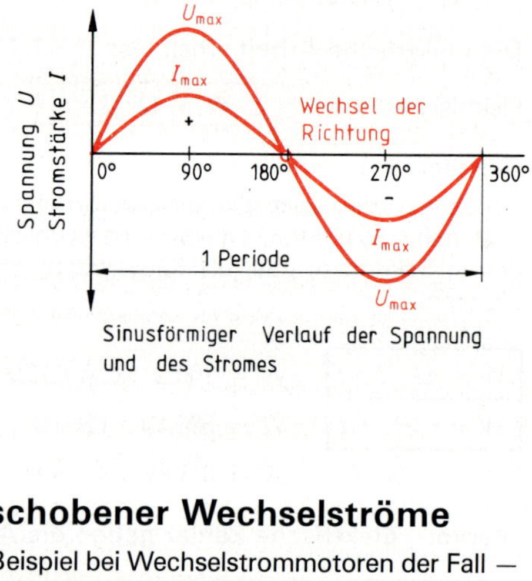

Sinusförmiger Verlauf der Spannung und des Stromes

7.2.3 Wirkleistung und Arbeit phasenverschobener Wechselströme

Befinden sich in elektrischen Geräten **Spulen** — das ist zum Beispiel bei Wechselstrommotoren der Fall — so bewirken diese Spulen einen zeitlichen Nachlauf des Stromes gegenüber der Spannung. Das heißt: Der Strom erreicht später seinen maximalen Wert als die Spannung. Der Elektriker sagt: **Der Strom ist gegenüber der Spannung phasenverschoben.** In der Abbildung beträgt die Phasenverschiebung des Stromes gegenüber der Spannung in Drehwinkelgraden angegeben $\varphi = 36°$ (Phasenverschiebungswinkel phi = 36 Grad). Der Kosinuswert des Winkels 36 Grad beträgt: $\cos 36° = 0{,}8$.

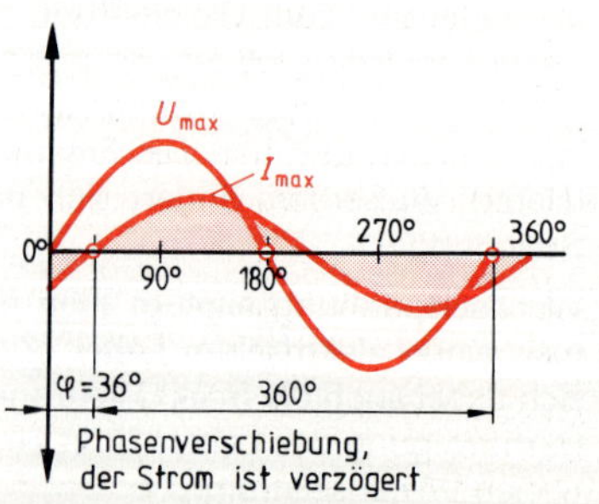

Phasenverschiebung, der Strom ist verzögert

Merke: Der cos-Wert der Phasenverschiebung, in unserem Beispiel 0,8, heißt in der Elektrotechnik **Leistungsfaktor**.

Will man die Wirkleistung eines Wechselstrommotors berechnen, so muß die Leistung P mit dem Leistungsfaktor $\cos\varphi$ multipliziert werden. Der Leistungsfaktor $\cos\varphi$ ist in der Regel auf den Motorschildern angegeben.

Wirkleistung bei Phasenverschiebung = Spannung · Stromstärke · Leistungsfaktor

$\mathbf{P = U_{eff} \cdot I_{eff} \cdot \cos\varphi}$ $\mathbf{W = P \cdot t}$

Beispiel 1: Eine Handbohrmaschine für U_{eff} = 220 V~ hat den Leistungsfaktor $\cos\varphi = 0{,}8$. Es fließt bei Belastung ein Strom I_{eff} = 2,5 A. Berechnen Sie die Wirkleistung!

$P_W = U_{eff} \cdot I_{eff} \cdot \cos\varphi = 220\ \text{V} \cdot 2{,}5\ \text{A} \cdot 0{,}8 = \mathbf{440\ W} = \mathbf{0{,}44\ kW}$

Der Leistungsfaktor 0,8 sagt aus, daß die Leistung, verursacht durch die Stromverzögerung um 0,2 = 20% geringer ist als die Scheinleistung.

Beispiel 2: Die Wirkleistung eines Wechselstrommotors für U_{eff} = 220 V ist mit P = 1,5 kW und sein Leistungsfaktor mit $\cos\varphi = 0{,}75$ angegeben. Wie groß ist dann der Mittelwert der Stromstärke I_{eff}?

Wir stellen die Gleichung nach I_{eff} um:

$$I_{eff} = \frac{P_W}{U_{eff} \cdot \cos\varphi} = \frac{1500\ \text{VA}}{220\ \text{V} \cdot 0{,}75} = \mathbf{9{,}09\ A}$$

Hinweis:
1,5 kW = 1500 W
1500 W = 1500 VA

Weil die Wechselstrommeßgeräte immer die effektiven Werte der Wechselspannung und des Wechselstromes anzeigen, kann man auf die Angabe eff verzichten.

$\mathbf{P = U \cdot I \cdot \cos\varphi}$

Aufgaben zu 7.2

7.2.1 Wirkleistung und Arbeit des Gleichstromes

a) Welche Elektronenmenge bezeichnet man als eine Ladungseinheit?

b) Welche Einheit hat die Ladungseinheit?

c) Wieviel Ladungseinheiten haben sich durch einen elektrischen Leiter bewegt, bei einer Stromstärke I = 6 A und einer Einschaltzeit t = 12 s?

d) Die elektrische Spannung, die in der Elektrotechnik in der Einheit Volt angegeben wird, kann auch in der Einheit Nm/As angegeben werden. Erklären Sie die Spannungen U = 4 V, U = 110 V, U = 220 V mit Hilfe der Einheit Nm/As!

e) Nach welcher Gleichung berechnet man die elektrische Leistung? Was sagt die Gleichung aus?

f) Nach welcher Gleichung berechnet man die elektrische Arbeit?

g) In welchen Einheiten kann man die Leistung angeben?

h) In welchen Einheiten kann man die Arbeit angeben?

i) Die Spannung beträgt U = 12 V, die Stromstärke I = 0,5 A. Berechnen Sie die Leistung P in Watt (W) und Kilowatt (kW)! Setzen Sie für Volt in einer weiteren Rechnung Nm/As ein! Welche Einheit erhalten Sie jetzt für die Leistung P?

Berechnen Sie die jeweils gesuchten Größen!

	Spannung U	Stromstärke I	Leistung P
j)	24 V	2,5 A	? Watt
k)	55 V	3,6 A	? Watt
l)	110 V	5,4 A	? Kilowatt
m)	90 V	? A	585 Watt
n)	? V	0,25 A	1,125 Watt
o)	110 V	? A	0,66 Kilowatt

p) Bei einer Spannung $U = 24$ V fließt $t = 120$ s lang ein Strom $I = 6$ A. Berechnen Sie die elektrische Arbeit W in Ws (Wattsekunden)!

q) Bei einer Spannung $U = 200$ V fließt 30 min lang ein Strom $I = 5$ A. Berechnen Sie die elektrische Arbeit W in Wattsekunden (Ws) und in Kilowattstunden (kWh)!

Berechnen Sie die jeweils gesuchten Größen!

	Spannung U	Stromstärke I	Zeit t	Arbeit W
r)	12 V	1,5 A	120 s	? Ws
s)	60 V	2,8 A	90 min	? Ws ? kWh
t)	150 V	? A	60 s	6750 Ws
u)	? V	4,5 A	3 min	89100 Ws
v)	24 V	0,5 A	? s	3600 Ws
w)	210 V	6 A	? h	3,15 kWh

x) Eine $P = 60$ W starke Glühbirne wird $t = 5$ h eingeschaltet. Wie groß ist die elektrische Arbeit W in kWh? Wie hoch sind die Kosten, wenn die Stadtwerke für 1 kWh 0,125 DM berechnen?

y) Ein Tauchsieder, Leistung $P = 1000$ W, wird $t = 5$ min lang eingeschaltet. Wie groß ist die Arbeit W in Ws und in kWh? Welche Stromstärke I fließt, bei $U = 220$ V?

z) Eine elektrische Heizplatte verbraucht in $t = 15$ min, $W = 0{,}7$ kWh. Wie groß ist die Leistung P in kW? Welche Stromstärke fließt bei der Spannung $U = 220$ V?

7.2.2 Wirkleistung und Arbeit des Wechselstromes

a) Wodurch unterscheidet sich Wechselstrom von Gleichstrom bezüglich der Elektronenbewegung im Leiter?

b) Was bedeutet die Frequenz $f = 50$ Hz (Hertz)?

c) Wie wird mittels Induktion elektrische Spannung erzeugt? Erklären Sie den Vorgang!

d) Von welchen drei Größen hängt die Größe der induzierten Spannung ab?

e) Erklären Sie den Aufbau eines Wechselstromgenerators! Aus welchen wesentlichen Teilen besteht er?

f) Warum verändert sich die erzeugte Spannung sinusförmig?

g) Bei welchen Drehwinkeln der rotierenden Spule hat die Spannung die Größe $U = 0$ Volt?

h) Bei welchen Drehwinkeln erzeugt der Generator die größte Spannung U_{max}?

i) Bei welchen Drehwinkeln erhalten wir den Mittelwert U_{eff} der Spannung?

j) Welche Größen zeigen Wechselstrom-Spannungsmesser bzw. Wechselstrom-Strommesser an?

k) Wie berechnet man die Wirkleistung P und Wirkarbeit W für Wechselströme, die nur durch ohmsche Widerstände fließen?

l) An eine Steckdose mit der Wechselspannung $U_{eff} = 220$ V~ wird ein Heizgerät mit dem ohmschen Widerstand $R = 50\ \Omega$ angeschlossen. Berechnen Sie die Leistung P in Watt und Kilowatt! Berechnen Sie die Arbeit W in Wattsekunden und Kilowattstunden für eine Einschaltdauer $t = 90$ Minuten!

m) Ein Heizgerät mit der Leistung $P = 1{,}1$ kW wird $t = 30$ Minuten eingeschaltet. Berechnen Sie die Arbeit W in kWh! Berechnen Sie die Stromstärke I_{eff} ~ bei $U_{eff} = 220$ V~! Berechnen Sie den Widerstand R in Ohm!

n) Eine Glühbirne für $U_{eff} = 220$ V~, hat eine Leistung $P = 100$ W. Berechnen Sie die Stromstärke I_{eff} und den ohmschen Widerstand R! Wie lange wurde sie eingeschaltet, wenn der Zähler $W = 0{,}375$ kWh Verbrauch anzeigt?

o) Eine Heizplatte hat bei $U_{eff} = 220$ V~ eine Leistung $P = 4{,}5$ kW. Berechnen Sie die Stromstärke I_{eff} und den Widerstand der Heizdrähte R! In welcher Zeit t beträgt die Arbeit W der Heizplatte 5,625 kWh?

p) In einem Betrieb werden gleichzeitig drei Geräte mit den ohmschen Widerständen $R_1 = 100\ \Omega$, $R_2 = 50\ \Omega$, $R_3 = 40\ \Omega$ parallel geschaltet, so daß jedes Gerät an der Spannung $U_{eff} = 220$ V ~ liegt. Berechnen Sie die Gesamtstromstärke aller drei Geräte! Berechnen Sie die Gesamtleistung aller drei Geräte! Berechnen Sie die Arbeit der drei Geräte für eine Einschaltdauer $t = 150$ Minuten in der Einheit kWh!

7.2.3 Wirkleistung und Arbeit phasenverschobener Wechselströme

a) Was bezeichnet der Elektriker als Phasenverschiebung?

b) Welche Teile eines Motors verursachen eine Phasenverschiebung?

c) Die maximale Spannung beträgt $U_{max} = 4$ V. Die maximale Stromstärke beträgt $I_{max} = 1{,}5$ A. Sie ist jedoch gegenüber der Spannung um $\varphi = 30^\circ$ phasenverschoben. Zeichnen Sie die Sinuskurven der Spannung und des Stromes!
Maßstäbe: Senkrechte y-Achse $1\text{ V} \mathrel{\hat{=}} 1\text{ cm}$, $1\text{ A} \mathrel{\hat{=}} 1\text{ cm}$
Waagerechte x-Achse $360^\circ \mathrel{\hat{=}} 12\text{ cm}$

d) Wie bezeichnet der Elektriker den Kosinuswert des Phasenverschiebungswinkels?

e) Wie groß ist der Leistungsfaktor $\cos\varphi$ für folgende Phasenverschiebungen: 20°, 30°, 40°, 50°, 60°, 90°?

f) Wie groß ist die Phasenverschiebung in Grad bei folgenden $\cos\varphi$-Werten: 0,454; 0,707; 0,848 (siehe Tabelle)?

g) Mit welcher Gleichung berechnet man die Wirkleistung phasenverschobener Wechselströme?

h) Ein Wechselstrommotor für $U = 220$ V hat den Leistungsfaktor $\cos\varphi = 0{,}75$. Wie groß ist seine Wirkleistung wenn die Stromstärke $I = 6$ A beträgt?

i) Ein Wechselstrommotor hat bei $U = 220$ V und $I = 5$ A eine Wirkleistung $P = 660$ W. Wie groß ist sein Leistungsfaktor $\cos\varphi$?

j) Ein Wechselstrommotor hat die Wirkleistung $P = 1{,}5$ kW. Wie groß ist die Stromstärke I bei $U = 220$ V und einem Leistungsfaktor $\cos\varphi = 0{,}72$?

k) Ein Wechselstrommotor liegt an der Spannung $U = 220$ V. Die Stromstärke beträgt $I = 7{,}5$ A. Der Leistungsfaktor ist mit $\cos\varphi = 0{,}8$ angegeben. Wie groß ist die elektrische Arbeit, wenn der Motor $t = 30$ Minuten lang läuft? Berechnen Sie die Arbeit W in Ws und kWh!

l) Ein Wechselstrommotor für $U = 220$ V, $\cos\varphi = 0{,}75$ erzeugt in $t = 90$ s, $W = 126225$ Ws elektrische Arbeit. Berechnen Sie die Stromstärke I!

7.3 Elektrische Leistung des Drehstromes

7.3.1 Der Drehstromgenerator

Drehstromgeneratoren besitzen drei um je 120 Grad versetzte Spulen. Auf der Achse des Generators befindet sich ein starker Magnet (Elektromagnet), der durch Wasser- oder Dampfturbinen angetrieben wird. Schneidet nun während der Drehung das Magnetfeld die Leiterschleifen der drei Spulen, so werden in den Spulen **drei Wechselspannungen** erzeugt, die aber untereinander um je 120 Grad — also entsprechend der Lage der Spulen — phasenverschoben sind.

Merke:

Drei gleiche Wechselströme, die um je 120 Grad phasenverschoben sind, bezeichnet man als **Drehstrom**. Er heißt deshalb **Dreh**strom, weil er in Drehstrommotoren ein sogenanntes Dreh-Magnetfeld erzeugt, durch das der Läufer des Drehstrommotors in Drehung versetzt wird.

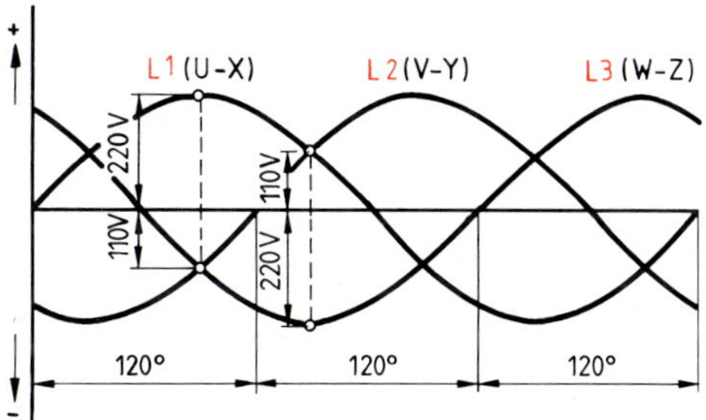

Dreiphasiger Wechselstrom

Solche Generatoren heißen **Innenpolgeneratoren**. Im Gegensatz zu dem in 7.2 dargestellten Wechselstromgenerator befindet sich hier das sich drehende Magnetfeld innen. Die drei Spulen, in denen die Spannungen induziert werden, liegen dagegen außen.

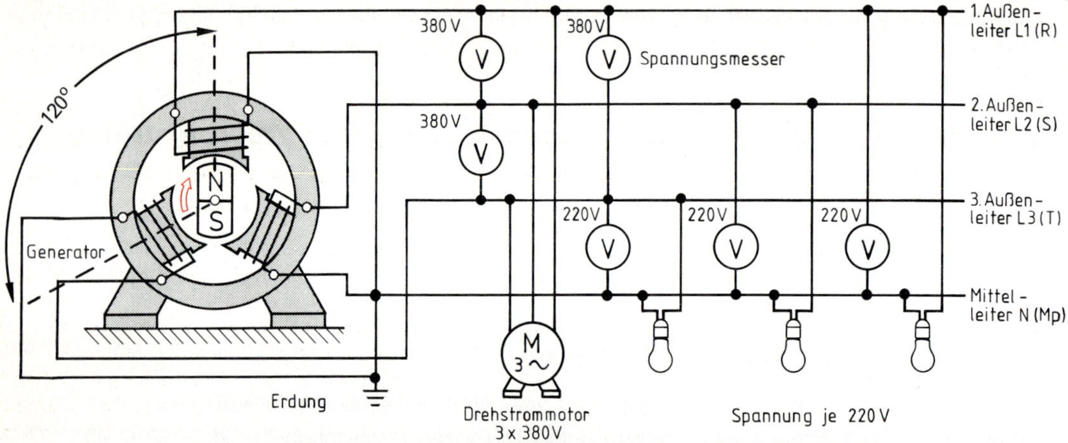

Innenpol-Generator für Dreiphasen-Wechselstrom mit Vierleiternetz

7.3.2 Schaltung der Drehstromgeneratoren

Legt man vom Anfang und Ende jeder Spule Leitungen, so erhält man drei Stromkreise mit je zwei Leitungen. Jeder Stromkreis gibt die Wechselspannung U_{eff} 220 V~ ab. Um von den insgesamt sechs Leitungen drei einzusparen, werden drei Enden der drei Spulen zu einer gemeinsamen Leitung zusammengefaßt. Die gemeinsame Leitung heißt in der Elektrotechnik **Mittelleiter** oder kurz: *N* (Mp). Ein so geschalteter Generator hat eine **Sternschaltung**. In der Schaltskizze (siehe Bild) werden nur die drei Spulen als dunkle Rechtecke um 120 Grad versetzt gezeichnet. Die Sternschaltung ermöglicht die Abnahme verschieden großer Spannungen.

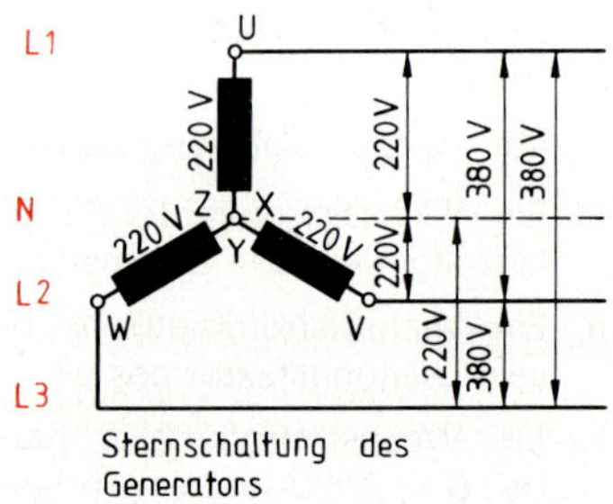

Sternschaltung des Generators

Merke: Zwischen einer Phase (Leitungen L_1, L_2, L_3 und dem *N* liegt je eine Spannung von $U_{eff} = 220$ V~. Zwischen den drei Phasen untereinander liegt aber die Spannung $U_{eff} = 380$ V~.

In Häusern, die keine Drehstromgeräte in den Haushalten haben, legt der Elektriker eine der drei Phasen L_1 oder L_2 oder L_3 und als zweite Leitung den Mittelpunktsleiter *N*, der normalerweise keine Spannung zeigt.

Zwei um 120 Grad phasenverschobene Spannungen von je 220 V ergeben zusammen **380 V**.

Werden aber Drehstromgeräte aufgestellt, z. B. Drehstrommotore in Tischlereien, so legt der Elektriker alle drei Phasen L_1, L_2, L_3 und den Mittelpunktsleiter *N* in die Werkstatt. Somit ist es möglich, Drehstrommotore und normale Wechselstromgeräte anzuschließen. Dabei stehen die Spannungen 220 V und 380 V zur Verfügung.

7.3.3 Wirkleistung von Drehstrommotoren

Drehstrommotore besitzen wie Drehstromgeneratoren drei um 120 Grad versetzte Spulen. Schließt man diese drei Spulen an die drei um 120 Grad phasenverschobenen Wechselströme an, so entstehen in den drei Spulen des Motors nacheinander – also mit zeitlicher Verzögerung – drei Magnet-Wechselfelder. Zuerst in Spule 1, dann in Spule 2, dann in Spule 3, dann wieder in Spule 1 usw.

Diese Verzögerung wirkt sich wie ein sich drehendes Magnetfeld aus. Der sogenannte **Läufer**, der auf der Achse des Drehstrommotors gelagert ist, dreht sich so mit dem Drehfeld.

Entsprechend den zur Verfügung stehenden Leitungen L_1, L_2, L_3 und dem *N* kann ein Drehstrommotor eine **Sternschaltung** oder eine **Dreieckschaltung** erhalten.

Bei der **Sternschaltung** werden drei Enden der Motorspulen mit dem *N* (Mp) verbunden (Enden X, Y, Z mit *N*) und die anderen drei Enden der Spulen *U*, *V*, *W* mit den Phasen L_1, L_2, L_3 (*U* mit L_1, *V* mit L_2, *W* mit L_3). Bei der Sternschaltung liegen alle drei Spulen an der Spannung $U = 220$ V.

Bei der **Dreieckschaltung** werden die drei Spulen des Motors in Dreieckform geschaltet. Die Enden *U* und *Z* werden mit der Phase L_1, die Enden *V* und *X* mit der Phase L_2 und die Enden *W*, *Y* mit der Phase L_3 verbunden. Der *N* wird nicht benutzt.

Bei dieser Schaltung (siehe Bild) liegt jede Spule an der Spannung $U = 380$ V.

Merke: Um eine Überlastung von Drehstrommotoren, das heißt auch ein Durchschmoren der Leiterisolierungen zu vermeiden, haben Drehstrommotoren **Stern-Dreieck-Schalter**. Schaltet man einen Drehstrommotor zuerst mit dem Schalter in Sternschaltung, so fließt beim Anlaufen des Motors ein geringerer Strom. Ist der Motor angelaufen, schaltet man weiter auf Dreieckschaltung. Weil jetzt eine höhere Spannung an den Spulen liegt, fließt ein größerer Strom, und der Motor hat so eine größere Leistung *P*.

Weil Drehstrom sich aus **drei** Wechselströmen zusammensetzt, könnte man glauben, daß die Leistung des Drehstromes 3mal so groß ist wie die Leistung eines Wechselstromes. Das stimmt aber deshalb nicht, weil die drei Ströme nicht gleichzeitig ihre Maximalwerte erreichen. Durch die Phasenverschiebung ergibt sich ein Wert, der nur 1,73mal ($\sqrt{3}$) größer ist als die Leistung eines einzelnen Wechselstromes. Da die Spannungen und Ströme phasenverschoben sind, muß auch hier der Leistungsfaktor $\cos\varphi$ berücksichtigt werden.

Drehstrom-Wirkleistung = **Spannung** · **Stromstärke** · **cos φ** · **1,73**
eines Drehstrommotors — an einer Spule — in einer Spule

$$\mathbf{P = U \cdot I \cdot \cos\varphi \cdot 1{,}73}$$

Beispiel:

Ein Drehstrommotor ist in Stern geschaltet.
$U_{eff} = 220$ V; $I_{eff} = 10$ A; $\cos\varphi = 0{,}8$
Wie groß ist die Wirkleistung?

$P_w = 220 \text{ V} \cdot 10 \text{ A} \cdot 0{,}8 \cdot 1{,}73$
$P_w = \mathbf{3044{,}8\ W = 3{,}0448\ kW}$

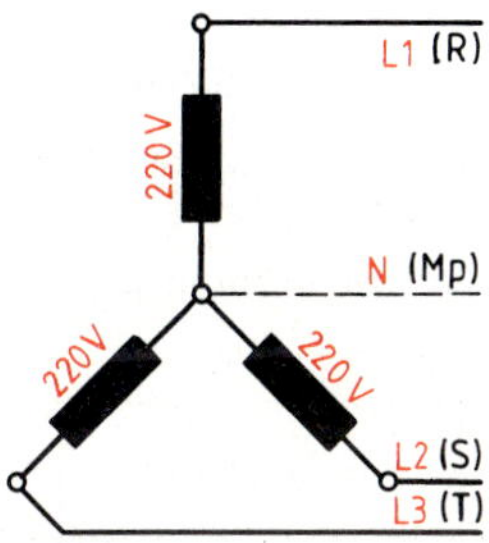

Motor-Sternschaltung

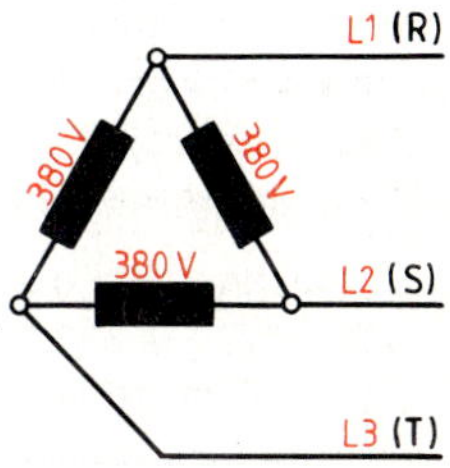

Motor-Dreieckschaltung

7.3.4 Wirkleistung und Nennleistung

Die Wirkleistung ist die aufgenommene Leistung eines Motors. Da beim Lauf im Motor Reibungsverluste und Wärmeenergieverluste (der Motor wird warm) auftreten, ist die **abgegebene Leistung**, die man **Nennleistung** bezeichnet, immer kleiner als die aufgenommene Wirkleistung.

Die abgegebene Nennleistung P_{ab} erhält man durch Multiplikation der Wirkleistung mit den **Wirkungsgrad η (Eta)**, den man durch Versuch ermitteln kann. Er ergibt sich aus dem Quotienten aus abgegebener Nennleistung und aufgenommener Wirkleistung.

$$\textbf{Wirkungsgrad Eta} = \frac{\textbf{Nennleistung}}{\textbf{Wirkleistung}} \qquad \eta = \frac{P_{ab}}{P_{zu}}$$

Beispiel: Ein Motor gibt 2,4 kW ab. Er nimmt jedoch 3 kW auf.

$$\eta = \frac{P_{ab}}{P_{zu}} = \frac{2{,}4\text{ kW}}{3\text{ kW}} = \mathbf{0{,}8}. \quad \text{Das ist ein Wirkungsgrad von } \frac{80}{100} = \mathbf{80\%}.$$

Das heißt: 20% der zugeführten Leistung sind Reibungs- und Wärmeverlust.

Ist der Wirkungsgrad η eines Motors bekannt, so ergibt sich die abgegebene Nennleistung nach der Gleichung:

Nennleistung = Wirkleistung mal Wirkungsgrad

$$P_{ab} = P_{zu} \cdot \eta$$

Beispiel: Die Wirkleistung P_{zu} beträgt 1600 W (Watt). Der Wirkungsgrad ist $\eta = 0{,}85$. Wie groß ist die Nennleistung P_{ab}?

$P_{ab} = P_{zu} \cdot \eta = 1600\ \text{W} \cdot 0{,}85 = \mathbf{1360\ W} = \mathbf{1{,}36\ kW}$

Aufgaben zu 7.3

7.3.1 Der Drehstromgenerator

a) Wie ist ein Drehstromgenerator aufgebaut?

b) Wieviel Wechselströme gibt ein Drehstromgenerator ab?

c) Um wieviel Grad sind die Ströme untereinander phasenverschoben?

7.3.2 Schaltung der Drehstromgeneratoren

a) Wieviel Leitungen benötigt man normalerweise für drei Wechselströme?

b) Wieviel Leitungen benötigt man, wenn der Drehstromgenerator eine Sternschaltung erhält?

c) Wie heißen die Leitungen?

d) Welcher Leiter hat normalerweise keine Spannung?

e) Wie groß ist die elektrische Spannung in der Steckdose zwischen der Phase und dem N (Mp)?

f) Wie groß ist dagegen die elektrische Spannung zwischen zwei Phasen im Drehstromnetz?

7.3.3 Wirkleistung von Drehstrommotoren

a) Warum haben die meisten Drehstrommotoren der Holzbearbeitungsmaschinen einen Stern-Dreieck-Schalter?

b) Wie lautet die Formel zur Berechnung der Wirkleistung P für einen Drehstrommotor?

Berechnen Sie die gesuchten Größen für Drehstrommotoren!

	Schaltung	Spannung U	Stromstärke I	Leistungsfaktor $\cos \varphi$	Wirkleistung P
c)	Sternschaltung	220 V	10 A	0,8	?
d)	Dreieckschaltung	380 V	15 A	0,75	?
e)	Sternschaltung	220 V	?	0,85	2244 W
f)	Dreieckschaltung	380 V	17,5 A	?	7478 W

7.3.4 Wirkleistung und Nennleistung

a) Warum ist die Nennleistung immer kleiner als die Wirkleistung?

b) Ein Elektromotor hat die Wirkleistung $P_{zu} = 2{,}4$ kW. Seine Nennleistung beträgt dagegen $P_{ab} = 2{,}04$ kW. Berechnen Sie den Wirkungsgrad!

c) Nennleistung $P_{ab} = 2952$ W; Wirkleistung $P_{zu} = 3{,}6$ kW. Berechnen Sie den Wirkungsgrad!

d) Die Wirkleistung P_{zu} eines Elektromotors beträgt 1,4 kW. Der Wirkungsgrad ist (Eta) $\eta = 0{,}85$. Berechnen Sie die Nennleistung!

e) Die Nennleistung eines Elektromotors beträgt $P_{ab} = 675$ W. Der Wirkungsgrad ist $\eta = 0{,}75$. Berechnen Sie die zugeführte Leistung!

f) **Wechselstrommotor:** $U = 220$ V; $I = 12$ A; $\cos \varphi = 0{,}65$; $\eta = 0{,}8$
Berechnen Sie die Nennleistung des Motors!

g) **Drehstrommotor:** $U = 380$ V; $I = 15$ A; $\cos \varphi = 0{,}7$; $\eta = 0{,}85$
Berechnen Sie die Nennleistung des Motors!

h) **Drehstrommotor:** $U = 220$ V; $I = 10$ A; $\cos \varphi = 0{,}75$; Nennleistung $P_{ab} = 2283{,}6$ W.
Berechnen Sie den Wirkungsgrad!

8 Kostenrechnen — Kalkulation

8.1 Kostenbegriff

Kosten sind der in Geld ausgedrückte Einsatz des arbeitenden Menschen, der Werkstoffe, Betriebsmittel, Anlagen usw., die zur Erstellung eines Erzeugnisses benötigt werden. So sind Lohnkosten und Gehälter, Kosten für Werkstoffe und Hilfswerkstoffe sowie die Abschreibungen und Verzinsungen der Betriebsmittel und Anlagen zu unterscheiden.

8.2 Löhne

Die Mitarbeiter werden für ihren Arbeitseinsatz entlohnt. Man unterscheidet den **Zeitlohn** und den **Leistungslohn**. Beide werden als **Bruttolohn** in der Kalkulation eingesetzt.

Bruttolohn ist der vollständige Lohn zuzüglich besonderer Zuschläge, der für den Arbeitseinsatz des Mitarbeiters aufgrund seiner Anwesenheit bzw. seiner Leistung als Kosten auszuweisen ist.

8.2.1 Zeitlohn

Beim Zeitlohn wird dem Mitarbeiter die Zeit vergütet, die er am Arbeitsplatz anwesend ist. Arbeitsleistungen der Mitarbeiter, die man nur mit großem Aufwand oder nur sehr ungenau vorher erfassen kann, werden der Einfachheit halber im Zeitlohn abgerechnet. Die Grundeinheit ist in der Regel der Stundenlohn.

Brutto-Zeitlohn = Stundenzahl · Stundenlohn

Beispiel:

Der Stundenlohn eines Montagearbeiters beträgt 12,50 DM. Wie groß ist sein Wochenlohn, wenn er 45 Stunden auf der Baustelle war?

Brutto-Zeitlohn = Stundenzahl · Stundenlohn
= 45 h · 12,50 DM/h
= **562,50 DM** (Wochenlohn)

8.2.2 Leistungslohn

In größeren Holzverarbeitungsbetrieben werden die Mitarbeiter nach der Leistung entlohnt. Akkordlohn und Prämienlohn sind die wichtigsten Formen des Leistungslohnes.

Akkordlohn

Um eine Arbeit im Akkord vergeben zu können, muß die bei normaler Leistung notwendige Arbeitszeit oder die während einer Zeit zu fertigende Menge vorher zu ermitteln sein. Man unterscheidet den Zeitakkord- und den Geldakkordlohn.

Der **Zeitakkordlohn** läßt sich dann berechnen, wenn man die *Vorgabezeit* für die Fertigung einer Produktionseinheit (Stück, 100 Stück, m, m^2 usw.) hat, der *Geldfaktor* (Minutenfaktor) nach Manteltarif festgelegt ist und die *Produktionsmenge* bekannt ist. Über die Erhöhung der Produktionsmenge während der Arbeitszeit kann ein Akkordarbeiter seinen Verdienst erhöhen.

Brutto-Zeitakkordlohn = Einzelvorgabezeit · Geldfaktor · Produktionsmenge

Der Geldfaktor, auch Minutenfaktor genannt, ist der 60. Teil des Akkordsatzes. Der Akkordsatz liegt 15% (Akkordzuschlag) über dem tariflichen Ecklohn der jeweiligen Lohngruppe.

$$\textbf{Geldfaktor (Minutenfaktor)} = \frac{\textbf{Tariflohn + 15\% Zuschlag}}{\textbf{60 Minuten}}$$

Beispiel:

Der Tariflohn eines Arbeiters beträgt in der Lohngruppe 5 zum Beispiel 12,50 DM. Wie hoch ist der Geldfaktor bzw. Minutenfaktor?

$$\text{Geldfaktor} = \frac{\text{Tariflohn + 15\% Zuschlag}}{\text{60 Minuten}} = \frac{\text{12,50 DM + 1,88 DM}}{\text{60 min}} = \mathbf{23{,}96\ \frac{Dpf}{min}} \approx \mathbf{0{,}24\ \frac{DM}{min}}$$

Beispiel:

Der obengenannte Arbeiter fertigt in 8 Stunden 880 Werkstücke. Die Vorgabezeit wurde mit 0,6 Minuten/Stück vorgegeben. Wie groß ist der Brutto-Zeitakkordlohn, wenn bei der Berechnung der errechnete Geldfaktor von 23,96 Dpf/Minute zugrunde gelegt wird?

$$\begin{aligned}\text{Brutto-Zeitakkordlohn} &= \text{Vorgabezeit} \cdot \text{Geldfaktor} \cdot \text{Produktionsmenge}\\ &= 0{,}6\ \frac{\text{min}}{\text{Stck}} \cdot 23{,}96\ \frac{\text{Dpf}}{\text{min}} \cdot 880\ \text{Stck} = \mathbf{12\,650{,}88\ Dpf} = \mathbf{126{,}51\ DM}\end{aligned}$$

Der **Zeitgrad** ist das Verhältnis aus vorgegebener Soll-Zeit und der tatsächlich gebrauchten Ist-Zeit. Er wird häufig in Prozent ausgedrückt.

$$\textbf{Zeitgrad} = \frac{\textbf{Vorgabezeit je Einheit} \cdot \textbf{100\%}}{\textbf{gebrauchte Zeit je Einheit}}$$

Beispiel:

Wie hoch ist der Zeitgrad des in den voranggangenen Beispielen genannten Arbeiters?

$$\text{Vorgabezeit} = 0{,}6\ \frac{\text{min}}{\text{Stck}}; \qquad \text{gebrauchte Zeit} = \frac{8 \cdot 60\ \text{min}}{880\ \text{Stck}} = 0{,}545\ \frac{\text{min}}{\text{Stck}}$$

$$\begin{aligned}\text{Zeitgrad} &= \frac{\text{Vorgabezeit je Einheit} \cdot 100\%}{\text{gebrauchte Zeit je Einheit}}\\ &= \frac{0{,}6\ \text{min/Stck} \cdot 100\%}{0{,}545\ \text{min/Stck}} = \mathbf{110\%}\end{aligned}$$

Der **Geldakkordlohn** ist ein zu zahlender fester Geldbetrag für eine bestimmte Mengenleistung. Für das Einsetzen einer Zimmertür zum Beispiel oder das Anbringen eines Quadratmeters Bretterverschalung bekommt ein Montagearbeiter einen bestimmten Geldbetrag, den sogenannten *Geldakkordsatz*. Der Geldakkord wird auch als Stückakkord bezeichnet.

$$\textbf{Brutto-Geldakkordlohn} = \textbf{Mengenleistung} \cdot \textbf{Geldakkordsatz}$$

$$\textbf{Geldakkordsatz} = \frac{\textbf{Tariflohn + 15\% Zuschlag}}{\textbf{Stück/Stunde}}$$

Beispiel:

Ein Montagearbeiter benötigt zum Einsetzen einer Zimmertür im Normalfall 40 Minuten. Der Tariflohn beträgt für ihn 12,— DM/Std. Wie hoch ist der Brutto-Geldakkordlohn, wenn der Arbeiter 14 Türen pro Tag einsetzt?

$$\begin{aligned}\text{Geldakkordsatz} &= \frac{\text{Tariflohn + 15\% Zuschlag}}{\text{Stck/Std}}\\ &= \frac{12{,}\text{—}\ \text{DM/h} + 1{,}80\ \text{DM/h}}{\frac{60}{40}\ \text{Stck/h}} = \frac{13{,}80\ \text{DM/h}}{1{,}50\ \text{Stck/h}}\\ &= \mathbf{9{,}20\ DM/Stck}\end{aligned}$$

Brutto-Geldakkordlohn = Mengenleistung · Geldakkordsatz
= 14 Stck · 9,20 DM/Stck
= **128,80 DM**

Prämienlohn

Dem Zeitlohn, mehr jedoch noch dem Akkordlohn, können Prämien für gute Qualität, Verschnitteinsparung, Termineinhaltung, Ausnützung der Betriebsmittel usw. zugeschlagen werden. Dadurch wird vielfach den bei der im Zeit- oder Geldakkord ausgeführten Arbeiten auftretenden Mängeln entgegengewirkt.

Bruttolohn = Zeit- oder Akkordlohn + Prämie

Beispiel:

Ein Arbeitnehmer hat aufgrund der geringen Ausschußzahlen ein Anrecht auf 80% der gewährten Qualitätsprämie. Diese beträgt 1,20 DM/Std.; sein Akkordlohn errechnete sich auf 13,50 DM/Std. Wie hoch ist sein Bruttolohn?

$$\text{Prämie} = \frac{80\% \cdot 1{,}20\ \text{DM/h}}{100\%} = \mathbf{0{,}96\ DM/h}$$

Bruttolohn = Akkordlohn + Prämie = 13,50 DM/h + 0,96 DM/h = **14,46 DM**

Arbeitswertlohn

Höhere Anforderungen wie zum Beispiel vermehrtes Können, größere Verantwortung, höhere Arbeitsbelastung und ungünstige Umgebungseinflüsse werden durch einen Arbeitswertzuschlag auf den Zeit- oder Leistungslohn besonders berücksichtigt. Die Arbeitswerte sind je nach den Anforderungen unterschiedlich gestaffelt.

Arbeitswert-Bruttolohn = Zeit- bzw. Leistungslohn + Arbeitswert-Zuschlag

Gewinnbeteiligung

Die Belegschaft oder auch der einzelne Arbeitnehmer mit besonders verantwortlicher Tätigkeit kann zusätzlich zum üblichen Lohn oder Gehalt am Gewinn des Unternehmens beteiligt werden. Dieser Gewinn wird in der Regel jährlich ermittelt und dem Arbeitnehmer anteilig ausgezahlt. Bei der Bemessung können die Stellung des Arbeitnehmers im Betrieb, die Dauer der Betriebszugehörigkeit oder der Familienstand berücksichtigt werden.

8.2.3 Lohnzuschläge und Zulagen

Lohnzuschläge werden prozentual dem Tariflohn zugeschlagen. Es sind in der Regel Zuschläge für Mehrarbeitsstunden, für Nachtstunden, für Stunden an Sonn- und Feiertagen usw.

Die Zuschläge für Mehrarbeitsstunden betragen zur Zeit:

— bis zu 2 Stunden täglich	25%
— ab der 3. Stunde täglich	60%
— ab der 11. Mehrarbeitsstunde wöchentlich	50%
— an Samstagen ab 13.00 Uhr	50%
bis 13.00 Uhr	25%

$$\mathbf{Zuschlag} = \frac{\mathbf{Stundenlohn \cdot Zuschlagsatz}}{\mathbf{100\%}}$$

Beispiel:

Die wöchentliche Arbeitszeit eines Facharbeiters beträgt 40 Stunden. Laut Wochenarbeitskarte sind ihm noch zusätzlich für 5 Stunden ein Mehrarbeits-Zuschlag von 25% zu zahlen. Wie hoch ist der Zuschlag pro Stunde? Wieviel hat er in der Woche verdient, wenn sein Stundenlohn 12,50 DM beträgt?

$$\text{Zuschlag} = \frac{\text{Stundenlohn} \cdot \text{Zuschlagsatz}}{100\%}$$

$$= \frac{12{,}50\ \text{DM/h} \cdot 25\%}{100\%}$$

$$= \mathbf{3{,}125\ DM/h}$$

Bruttolohn insgesamt = 12,50 DM/h · 45 h + 3,12 DM/h · 5 h = 562,50 DM + 15,60 DM = **578,10 DM**

Zulagen sind zum Beispiel Weihnachtsgratifikation, Jubiläumszuwendungen oder Erschwerniszulagen, die jeweils einmalig je Zeitabschnitt mit dem Lohn ausgezahlt werden.

8.2.4 Lohnabzüge

Der Arbeitnehmer bekommt den errechneten Bruttolohn nicht ausgezahlt. Hiervon sind die gesetzlichen Abzüge wie Lohn- und Kirchensteuer und die Beiträge zu den Sozialversicherungen abzuziehen.

Der durch die gesetzlichen Abzüge verminderte Bruttolohn wird als *Nettolohn* bezeichnet. Dieser Nettolohn kann gleich ausgezahlter Lohn sein, wenn keine weiteren Abzüge wie Pfändungen, Beiträge an Bausparkassen usw. einbehalten werden müssen.

Nettolohn = Bruttolohn − gesetzliche Abzüge

Die gesetzlichen Abzüge betragen zur Zeit: Lohnsteuer = (siehe Tabelle Seite 137); Kirchensteuer = 8% (9%) der Lohnsteuer; Krankenversicherung = im Durchschnitt 9,6%; Rentenversicherung = 18%; Arbeitslosenversicherung = 3%.

Von der Krankenversicherung, Renten- und Arbeitslosenversicherung zahlen Arbeitgeber und Arbeitnehmer je die Hälfte.

Beispiel:

Ein Meister erhält einen Bruttolohn von 2800,— DM.

1. Berechnen Sie den Nettolohn, wenn folgende Abzüge anfallen: Lohnsteuer der Steuerklasse I; Kirchensteuer = 8% der Lohnsteuer; Krankenversicherung = 4,8% vom Bruttolohn; Rentenversicherung = 9% vom Bruttolohn und Arbeitslosenversicherung = 1,5% vom Bruttolohn.
2. Wieviel bekommt der Meister ausgezahlt, wenn für die Bausparkasse noch 125,— DM im Monat abzuführen und für einen bereits gezahlten Vorschuß 65,— DM einzubehalten sind?

1.

Lohnsteuer gemäß Tabelle	=	557,10 DM
Kirchensteuer = 8% von 557,10 DM	=	44,56 DM
Krankenkasse = 4,8% von 2800,— DM	=	134,40 DM
Rentenversicherung = 9% von 2800,— DM	=	252,— DM
Arbeitslosenversicherung = 1,5% von 2800,— DM	=	42,— DM
Summe der gesetzlichen Abzüge	=	**1030,06 DM**

Nettolohn = Bruttolohn − gesetzliche Abzüge
= 2800,— DM − 1030,06 DM
= **1769,94 DM**

2. Ausgezahlter Lohn = Nettolohn − gerichtlich angeordnete und vereinbarte Lohnabzüge
= 1769,94 DM − (125,— DM + 65,— DM)
= 1769,94 DM − 190,— DM
= **1579,94 DM**

Auszug aus einer Lohnsteuertabelle (1980) für monatliche Lohnzahlungen														
Steuerpflichtiges Entgelt bis DM	Steuerklasse	Lohnsteuer	Steuerpflichtiges Entgelt bis DM	Steuerklasse	Lohnsteuer	Steuerpflichtiges Entgelt bis DM	Steuerklasse	Lohnsteuer	Steuerpflichtiges Entgelt bis DM	Steuerklasse	Lohnsteuer	Steuerpflichtiges Entgelt bis DM	Steuerklasse	Lohnsteuer
2284,49	I	372,40	**2394,49**	I	408,50	**2504,49**	I	446,60	**2614,49**	I	486,20	**2724,49**	I	527,30
2286,99	I	373,10	**2396,99**	I	409,50	**2506,99**	I	447,50	**2616,99**	I	487,10	**2726,99**	I	528,30
2289,49	I	374,00	**2399,49**	I	410,30	**2509,49**	I	448,40	**2619,49**	I	488,00	**2729,49**	I	529,20
2291,99	I	374,80	**2401,99**	I	411,10	**2511,99**	I	449,20	**2621,99**	I	489,00	**2731,99**	I	530,20
2294,49	I	375,50	**2404,49**	I	412,00	**2514,49**	I	450,10	**2624,49**	I	489,90	**2734,49**	I	531,10
2296,99	I	376,40	**2406,99**	I	412,80	**2516,99**	I	451,00	**2626,99**	I	490,80	**2736,99**	I	532,00
2299,49	I	377,20	**2409,49**	I	413,60	**2519,49**	I	451,90	**2629,49**	I	491,70	**2739,49**	I	533,00
2301,99	I	378,00	**2411,99**	I	414,50	**2521,99**	I	452,80	**2631,99**	I	492,60	**2741,99**	I	534,00
2304,49	I	378,80	**2414,49**	I	415,40	**2524,49**	I	453,70	**2634,49**	I	493,50	**2744,49**	I	535,00
2306,99	I	379,60	**2416,99**	I	416,20	**2526,99**	I	454,50	**2636,99**	I	494,50	**2746,99**	I	535,90
2309,49	I	380,30	**2419,49**	I	417,00	**2529,49**	I	455,50	**2639,49**	I	495,50	**2749,49**	I	536,90
2311,99	I	381,20	**2421,99**	I	418,00	**2531,99**	I	456,40	**2641,99**	I	496,40	**2751,99**	I	537,80
2314,49	I	382,00	**2424,49**	I	418,80	**2534,49**	I	457,20	**2644,49**	I	497,30	**2754,49**	I	538,80
2316,99	I	382,90	**2426,99**	I	419,60	**2536,99**	I	458,10	**2646,99**	I	498,20	**2756,99**	I	539,70
2319,49	I	383,70	**2429,49**	I	420,50	**2539,49**	I	459,00	**2649,49**	I	499,10	**2759,49**	I	540,70
2321,99	I	384,50	**2431,99**	I	421,40	**2541,99**	I	459,90	**2651,99**	I	500,00	**2761,99**	I	541,60
2324,49	I	385,30	**2434,49**	I	422,20	**2544,49**	I	460,80	**2654,49**	I	501,00	**2764,49**	I	542,60
2326,99	I	386,10	**2436,99**	I	423,00	**2546,99**	I	461,70	**2656,99**	I	502,00	**2766,99**	I	543,50
2329,49	I	387,00	**2439,49**	I	424,00	**2549,49**	I	462,60	**2659,49**	I	502,90	**2769,49**	I	544,50
2331,99	I	387,80	**2441,99**	I	424,80	**2551,99**	I	463,50	**2661,99**	I	503,80	**2771,99**	I	545,50
2334,49	I	388,60	**2444,49**	I	425,60	**2554,49**	I	464,40	**2664,49**	I	504,70	**2774,49**	I	546,50
2336,99	I	389,40	**2446,99**	I	426,50	**2556,99**	I	465,30	**2666,99**	I	505,60	**2776,99**	I	547,50
2339,49	I	390,20	**2449,49**	I	427,40	**2559,49**	I	466,20	**2669,49**	I	506,60	**2779,49**	I	548,40
2341,99	I	391,00	**2451,99**	I	428,20	**2561,99**	I	467,10	**2671,99**	I	507,50	**2781,99**	I	549,40
2344,49	I	391,90	**2454,49**	I	429,10	**2564,49**	I	468,00	**2674,49**	I	508,50	**2784,49**	I	550,30
2346,99	I	392,70	**2456,99**	I	430,00	**2566,99**	I	468,90	**2676,99**	I	509,40	**2786,99**	I	551,30
2349,49	I	393,50	**2459,49**	I	430,90	**2569,49**	I	469,80	**2679,49**	I	510,30	**2789,49**	I	552,30
2351,99	I	394,40	**2461,99**	I	431,70	**2571,99**	I	470,70	**2681,99**	I	511,30	**2791,99**	I	553,20
2354,49	I	395,20	**2464,49**	I	432,50	**2574,49**	I	471,60	**2684,49**	I	512,20	**2794,49**	I	554,20
2356,99	I	396,00	**2466,99**	I	433,50	**2576,99**	I	472,50	**2686,99**	I	513,10	**2796,99**	I	555,20
2359,49	I	396,90	**2469,49**	I	434,30	**2579,49**	I	473,50	**2689,49**	I	514,10	**2799,49**	I	556,10
2361,99	I	397,70	**2471,99**	I	435,20	**2581,99**	I	474,40	**2691,99**	I	515,00	**2801,99**	I	557,10
2364,49	I	398,50	**2474,49**	I	436,00	**2584,49**	I	475,20	**2694,49**	I	516,00	**2804,49**	I	558,10
2366,99	I	399,40	**2476,99**	I	437,00	**2586,99**	I	476,10	**2696,99**	I	516,90	**2806,99**	I	559,00
2369,49	I	400,20	**2479,49**	I	437,80	**2589,49**	I	477,00	**2699,49**	I	517,90	**2809,49**	I	560,00
2371,99	I	401,00	**2481,99**	I	438,70	**2591,99**	I	478,00	**2701,99**	I	518,80	**2811,99**	I	561,00
2374,49	I	401,90	**2484,49**	I	439,50	**2594,49**	I	478,90	**2704,49**	I	519,70	**2814,49**	I	562,00
2376,99	I	402,70	**2486,99**	I	440,50	**2596,99**	I	479,80	**2706,99**	I	520,70	**2816,99**	I	563,00
2379,49	I	403,50	**2489,49**	I	441,30	**2599,49**	I	480,70	**2709,49**	I	521,60	**2819,49**	I	564,00
2381,99	I	404,40	**2491,99**	I	442,20	**2601,99**	I	481,60	**2711,99**	I	522,50	**2821,99**	I	564,90
2384,49	I	405,20	**2494,49**	I	443,00	**2604,49**	I	482,50	**2714,49**	I	523,50	**2824,49**	I	565,90
2386,99	I	406,00	**2496,99**	I	444,00	**2606,99**	I	483,50	**2716,99**	I	524,50	**2826,99**	I	566,90
2389,49	I	406,90	**2499,49**	I	444,80	**2609,49**	I	484,40	**2719,49**	I	525,50	**2829,49**	I	567,90
2391,99	I	407,70	**2501,99**	I	445,70	**2611,99**	I	485,30	**2721,99**	I	526,40	**2831,99**	I	568,80

Aufgaben zu 8.2

8.2.1 Zeitlohn

a) Der Stundenlohn eines Tischlers beträgt 9,50 DM (10,80 DM; 11,20 DM; 12,50 DM). Wie hoch ist sein Wochenlohn, wenn er nach der Wochenarbeitskarte 41 Stunden gearbeitet hat?

b) durch Tarifvertrag hat sich der Ecklohn von 12,50 DM/h auf 13,20 DM/h erhöht. Wieviel Prozent betrug die Lohnerhöhung?

c) Der Tischlergeselle Walter Schreiner hat auf seiner Wochenarbeitskarte für den Montag 8,5 Stunden, den Dienstag 9 Stunden, den Mittwoch 8 Stunden, den Donnerstag 9 Stunden und den Freitag 7,5 Stunden eingetragen. Wie hoch war sein Wochenlohn, wenn sein Stundenlohn 12,80 DM (13,75 DM) beträgt?

d) Die nachfolgend aufgeführten Facharbeiter haben laut Wochenarbeitskarte folgende Stunden gearbeitet:

Name	Lohn	Montag	Dienstag	Mittwoch	Donnerstag	Freitag
Schnell	9,30 DM	8,5 h	8,0 h	8,5 h	8,5 h	7,5 h
Kurz	12,70 DM	8,0 h	8,5 h	9,0 h	8,0 h	7,5 h
Lang	13,10 DM	8,5 h	8,0 h	9,0 h	8,5 h	6,5 h
Klein	13,90 DM	9,0 h	9,0 h	8,5 h	8,0 h	6,0 h

Wie hoch sind die Wochenlöhne für jeden Arbeiter und wie hoch ist die gesamte Lohnsumme?

8.2.2 Leistungslohn

a) Für die nachfolgend aufgeführten Tariflöhne ist jeweils der Minutenfaktor auszurechnen: 9,80 DM/h; 10,20 DM/h; 11,30 DM/h und 12,50 DM/h!

b) In einem Industriebetrieb wird im Zeitakkord gearbeitet. Die Vorgabezeit beträgt 0,8 min/Stück. Wie groß ist der Brutto-Zeitakkordlohn, wenn der Arbeiter in der Woche 3360 Stück (3100 Stück) fertigt und der Geldfaktor 24,8 Dpf/min beträgt?

c) Berechnen Sie den Brutto-Zeitakkordlohn pro Woche für folgende Arbeitnehmer!

Arbeitnehmer	Vorgabezeit min/Stck	Geldfaktor Dpf/min	Produktionsmenge Stck/Woche
A. Holzwarth	0,8	25,2	3250
H. Schreiner	1,2	26,2	2200
L. Brettschneider	5,0	22,4	520
B. Drechsler	1,8	28,0	1560

d) Berechnen Sie den Zeitgrad eines Arbeiters, der in der Woche 1500 Teile gefertigt hat, für die eine Vorgabezeit von 1,8 min/Stück gegeben wurde! Die Arbeitszeit betrug 40 Stunden.

e) Wie hoch ist der Zeitgrad der in Aufgabe c) genannten Arbeiter, wenn deren Arbeitszeit 40 Stunden in der Woche betrug?

f) Für das Verleimen von Schubkästen in einer besonderen Vorrichtung erhält ein Arbeitnehmer 0,75 DM/Stück. Er verleimt in der Woche 940 Schubkästen. Wie hoch ist sein Brutto-Geldakkordlohn in dieser Woche?

g) Für die Montage von Beschlägen an hölzerne Klappsitze erhält ein Arbeiter einschließlich Ausfräsen und Befestigen eine Vorgabezeit von 1,2 min/Klappsitz.
Wie hoch ist der Geldakkordsatz, wenn der Tariflohn 11,20 DM beträgt und für Akkordarbeit ein Zuschlag von 15% zu zahlen ist?

h) Wie hoch ist der Brutto-Geldakkord des in Aufgabe g) genannten Arbeiters, wenn er in der Woche 2400 Stück fertigt?

8.2.3 Lohnzuschläge und Zulagen

a) Ein Tischlergeselle hat laut Wochenarbeitskarte 46 Stunden gearbeitet. Wie hoch beläuft sich sein Brutto-Wochenlohn, wenn 40 Stunden mit 11,35 DM und 4 Stunden als Mehrarbeitsstunden mit 25% Zuschlag und 2 Mehrarbeitsstunden mit 50% berechnet werden?

b) Ein Arbeitnehmer eines Holzverarbeitungsbetriebes hat in seiner Wochenarbeitskarte 52 Stunden eingetragen. Am Montag, Dienstag und Mittwoch waren es statt der tariflich festgelegten 8 Stunden pro Tag 10 Stunden, am Donnerstag 13 und am Freitag 9 Stunden.

Wie hoch ist sein Brutto-Wochenverdienst, wenn der tarifliche Stundenlohn 11,20 DM beträgt und bei der Abrechnung die Zuschläge für die Mehrarbeitsstunden berücksichtigt werden?

c) Der Monat November hatte 19 Arbeitstage mit je 8 Stunden. Ein Arbeitnehmer hatte in diesem Monat 180 Stunden gearbeitet und diese in die Wochenarbeitskarte eingetragen. An zwei Tagen hatte er 4 Mehrarbeitsstunden, sonst immer nur zwei Mehrarbeitsstunden pro Tag geleistet. Mit dem Novemberlohn wurde auch gleich die Weihnachtsgratifikation in Höhe von 1200,— DM ausgezahlt.

Wie hoch war der Bruttolohn einschließlich Zuschläge für diesen Arbeiter im Monat November, wenn der Stundenlohn 12,80 DM beträgt?

d) Berechnen Sie die Bruttolöhne der nachfolgend aufgeführten Arbeitnehmer:

Namen	Stundenlohn	gearb. Stunden	Mehrarbeitsstunden	Zulagen
Kempes	12,30 DM	42	— —	260,— DM
Leicht	14,20 DM	48	4 (25%) + 2 (50%)	150,— DM
Meißner	13,10 DM	50	4 (25%) + 4 (50%)	—
Schulte	12,80 DM	42	— —	180,— DM

8.2.4 Lohnabzüge

a) Ein lediger Arbeitnehmer hat ein Grundgehalt von 2750,— DM im Monat. Wie hoch ist das ausgezahlte Gehalt, wenn folgende Abzüge zu berücksichtigen sind? Lohnsteuer, Steuerklasse I; Kirchensteuer 8% der Lohnsteuer; Krankenversicherung 4,5%; Rentenversicherung 9%; Arbeitslosenversicherung 1,5%; Beiträge an die Bausparkasse 75,— DM; Rückzahlungsrate für einen gezahlten Vorschuß 50,— DM.

b) Ein Arbeitnehmer hat laut Wochenarbeitskarte im Monat März 180 Stunden gearbeitet. Sein Stundenlohn beträgt 12,50 DM (13,20 DM). 12 Stunden sind davon noch mit einem Mehrarbeits-Zuschlag von 25% zu berechnen. Der Arbeitgeber muß noch folgende Beträge einbehalten und abführen:
Lohnsteuer, gemäß Lohnsteuertabelle, Steuerklasse I; Kirchensteuer, 8% der Lohnsteuer; Krankenversicherung, 5% vom Bruttolohn; Rentenversicherung, 9% vom Bruttolohn und Arbeitslosenversicherung, 1,5% vom Bruttolohn.
Wie hoch ist der Nettolohn des Arbeitnehmers für den Monat März?

c)

Arbeitnehmer	gearbeitete Stunden				Stundenlohn
	März	Mai	Juni	Juli	DM
Walter	180	160	175	158	14,80
Kraft	175	165	172	158	14,60
Werner	178	182	173	168	13,80
Klein	182	184	172	180	13,28

Abzüge:

Lohnsteuer, gemäß Lohnsteuertabelle, Steuerklasse I; Kirchensteuer, 9% der Lohnsteuer; Krankenversicherung, 4,8% vom Bruttolohn; Rentenversicherung, 9% vom Bruttolohn; Arbeitslosenversicherung, 1,5% vom Bruttolohn.
Wie hoch ist der Nettolohn/Monat der hier aufgeführten Arbeitnehmer?

d) Der Bruttolohn von Kempes beträgt 2490,30 DM, von Leicht 2820,— DM, von Meißner 2630,— DM und von Schulte 2540,— DM. Berechnen Sie die Nettolöhne der Arbeitnehmer, wenn Lohnsteuer nach Steuerklasse I, Kirchensteuer mit 9%; Krankenversicherung mit 4,5%; Rentenversicherung mit 9% und Arbeitslosenversicherung mit 1,5% zu berechnen sind!

8.3 Materialkosten

Bei den Materialkosten handelt es sich um Kosten der unmittelbar für die Fertigung eines Erzeugnisses benötigten Rohstoffe wie Vollholz, Holzwerkstoffe und Furniere sowie um die Hilfswerkstoffe wie Beschläge, Verbindungsmittel, Leime und Lacke.

Die benötigten Materialien werden in der Regel in eine Materialliste eingetragen (siehe unten).

Für Vollholz, Holzwerkstoffe, Kunststoffplatten und Furniere werden die Längen- und Breitenausdehnungen der Fertigmaße in mm oder cm angegeben, die daraus errechnete Nettomenge (Flächeninhalt) in m^2.

Während bei Plattenwerkstoffen nur die Fertigdicke in die Materialliste einzutragen ist, wird für Vollholz auch die Rohdicke in mm angegeben. Die Rohdicke wird bei Vollholz benötigt, um aus dem Kubikmeterpreis den Quadratmeterpreis errechnen zu können.

Leisten und Profile können in Längen in m angegeben werden.

Auf die errechneten Nettomengen in m^2, m^3 oder m ist dann noch der Verschnitt aufzuschlagen (Seite 78). Die Menge einschließlich Verschnitt ist mit dem Preis je Einheit (m, m^2, m^3,) zu multiplizieren, um die Materialkosten zu erhalten.

Materialkosten = (Nettomenge + Verschnitt) · Preis je Einheit

Die Kosten für Leime und für Oberflächenbehandlungsmittel werden meistens über den Verbrauch in kg/m^2 mal dem Preis je Kilogramm errechnet. Die Kosten für Beschläge lassen sich aus der Stückzahl und den Stückkosten ermitteln. Für Montageleim, kleine Verbindungsmittel wie Heftklammern, Nägel und Schrauben, wird meistens eine Pauschale eingesetzt.

Materialkosten = Menge · Preis je Einheit

MATERIALLISTE für die Vorkalkulation

Lfd. Nr.	Verwendung	Material Qualität	Stück	Fertigmaße		Flächeninhalt	Rohdicke	Netto-Menge	Verschnitt	Menge mit Verschnitt	Preis je Einheit	Errechneter Preis
				Länge cm/mm	Breite cm/mm	in m^2	mm	m^2 in m^3 m	%	m^2 in m^3 m	DM	DM
1												
2												
3												
4												
5												
6												
7												

* **Bestell-Nr. D 1.1** Druck und Vertrieb: Im Auftrag des VDT, Bau + Möbelschreiner, Konradin-Verlag 7 Stuttgart, Postfach 625. Nachdruck nicht gestattet.

Beispiel: Spielzeugkiste

Von der gezeichneten Spielzeugkiste mit ausziehbarem Deckel sollen 5 Stück gefertigt werden. Die Eckverbindungen sind gezinkt herzustellen. Für das Buchenholz ist ein Preis von 520,— DM/m³ und für die 5 mm dicke Furnierplatte ein Preis von 5,80 DM/m² einzusetzen. Als Verschnitt wird für das Buchenholz 70% und für die Furnierplatte 20% berechnet.

Stellen Sie die Materialliste auf und ermitteln Sie die Materialkosten!

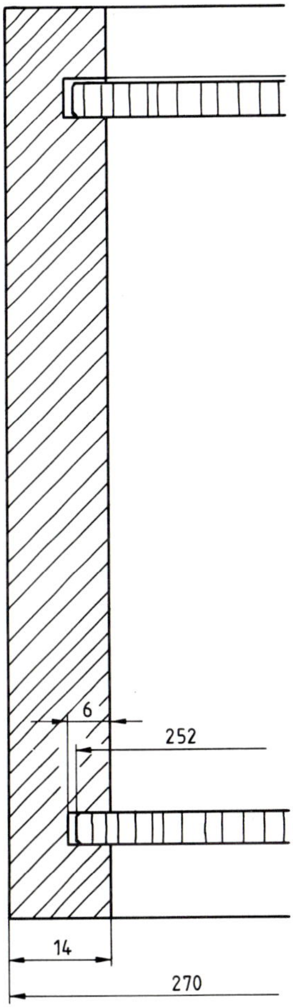

Schnitt A-A

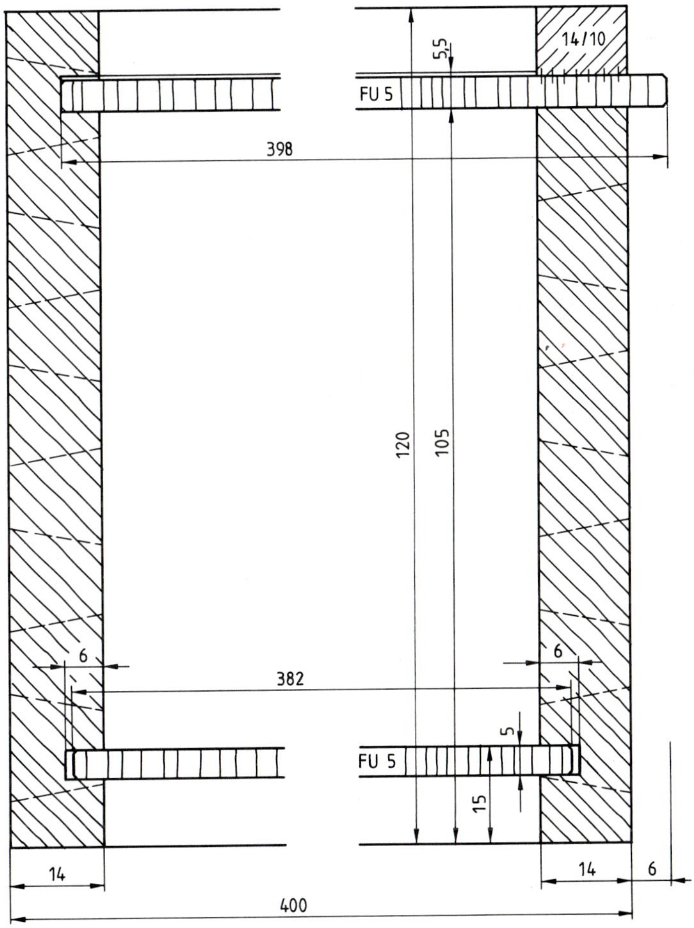

Schnitt B-B

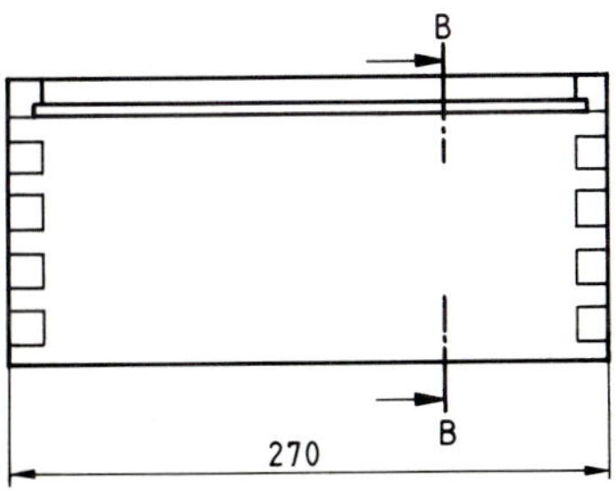

Vorderansicht

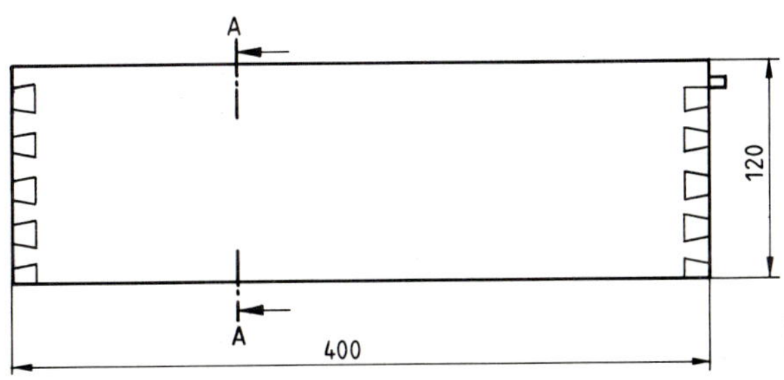

Seitenansicht

Gegenstand: SPIELZEUGKISTEN 5 STÜCK

Auftrag Nr. 030780

Holzart BUCHE

Auftraggeber: NECKAR-KINDERHEIM

Oberfläche SH-LACK

Firmenstempel

Holzliste mit Verschnitt- und Preisberechnung

1	2	3	4	5	6	7	8	9	10	11	12	13	14	
Lfd. Nr.	Verwendung	Holzart Güteklasse	Stückzahl	Fertigmaße Länge in cm/mm	Fertigmaße Breite in cm/mm	Fertigdicke in mm	Flächeninhalt in m²	Rohdicke in mm	Rauminhalt in m³	Verschnitt in v.H.	Raum (Flächen)-Inhalt +Verschnitt in m³ od. m²	Preis je m³ oder m²	Preis für die errechnete Menge DM	Pf.
1	SEITEN	BU	10	400	120	14	0,480	20						
2	SEITEN	BU	5	270	105	14	0,142	20						
3	SEITEN	BU	5	270	120	14	0,162	20						
4	GRIFFLEIST.	BU	5	240	10	14	0,012	20						
							0,796	20	0,016	70	0,027	520,-	14	04
5	BÖDEN	FU	5	382	252	5	0,481							
6	DECKEL	FU	5	398	252	5	0,501							
							0,982			20	1,178	5,80	6	83
													20	87

Form. Fo Nachdruck nur mit Genehmigung des Verbandes des Deutschen Tischlerhandwerks, Herford

Konradin-Verlag Robert Kohlhammer Stuttgart

8.3 Materialkosten

a) Es ist ein Reißbrett für DIN A2-Zeichnungen zu fertigen. Die Zeichenplatte besteht aus Pappelholz, die Gratleisten bestehen aus Buche.

Stellen Sie die Materialliste auf und ermitteln Sie die Materialkosten für das Reißbrett!

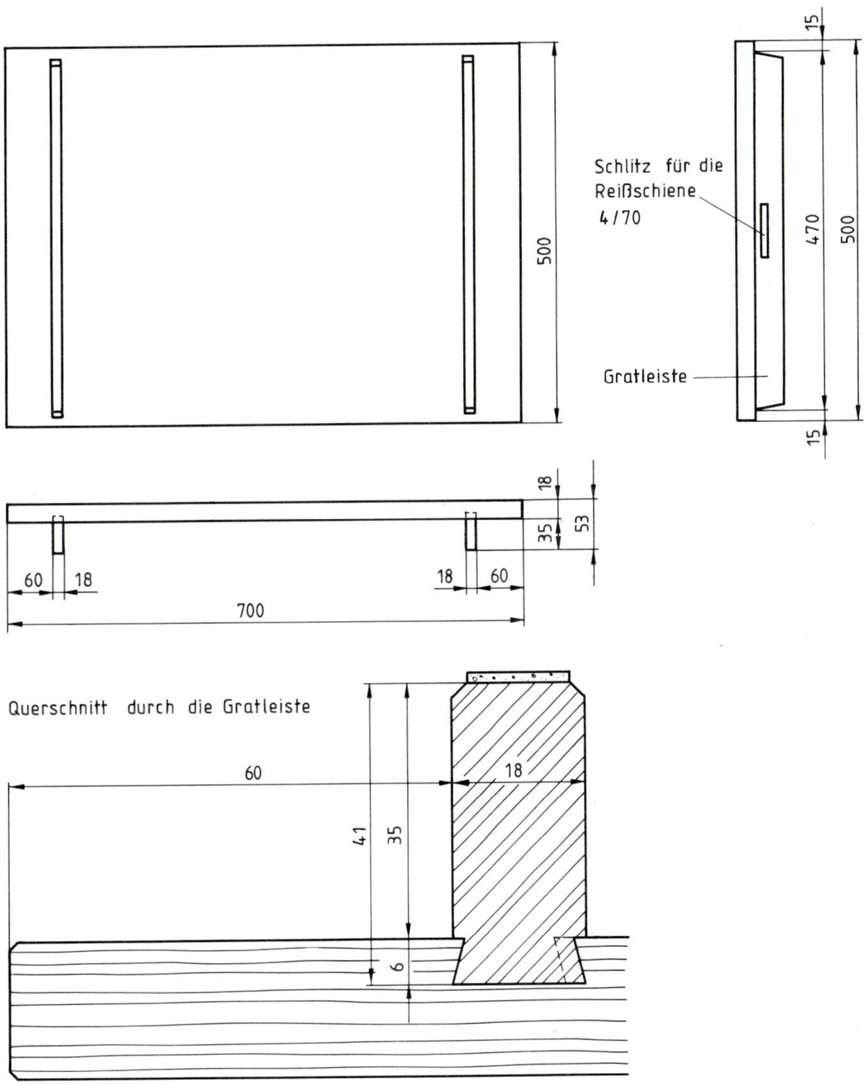

Materialpreise: Pappelholz 495,– DM/m³, Verschnitt 15%; Buchenholz 580,– DM/m³, Verschnitt 25%; Moosgummistreifen 3,20 DM/m, Verschnitt 5%.

b) Für einen Kunden sind 10 Tabletts aus Eichenholz herzustellen. Ermitteln Sie die Materialkosten bei folgenden Materialpreisen: Eichenholz 1950,— DM/m³, Verschnitt 70%; Furnier, Eiche 14,20 DM/m², Verschnitt 50%; Furnierplatte, 8 mm, 10,20 DM/m², Verschnitt 20%.

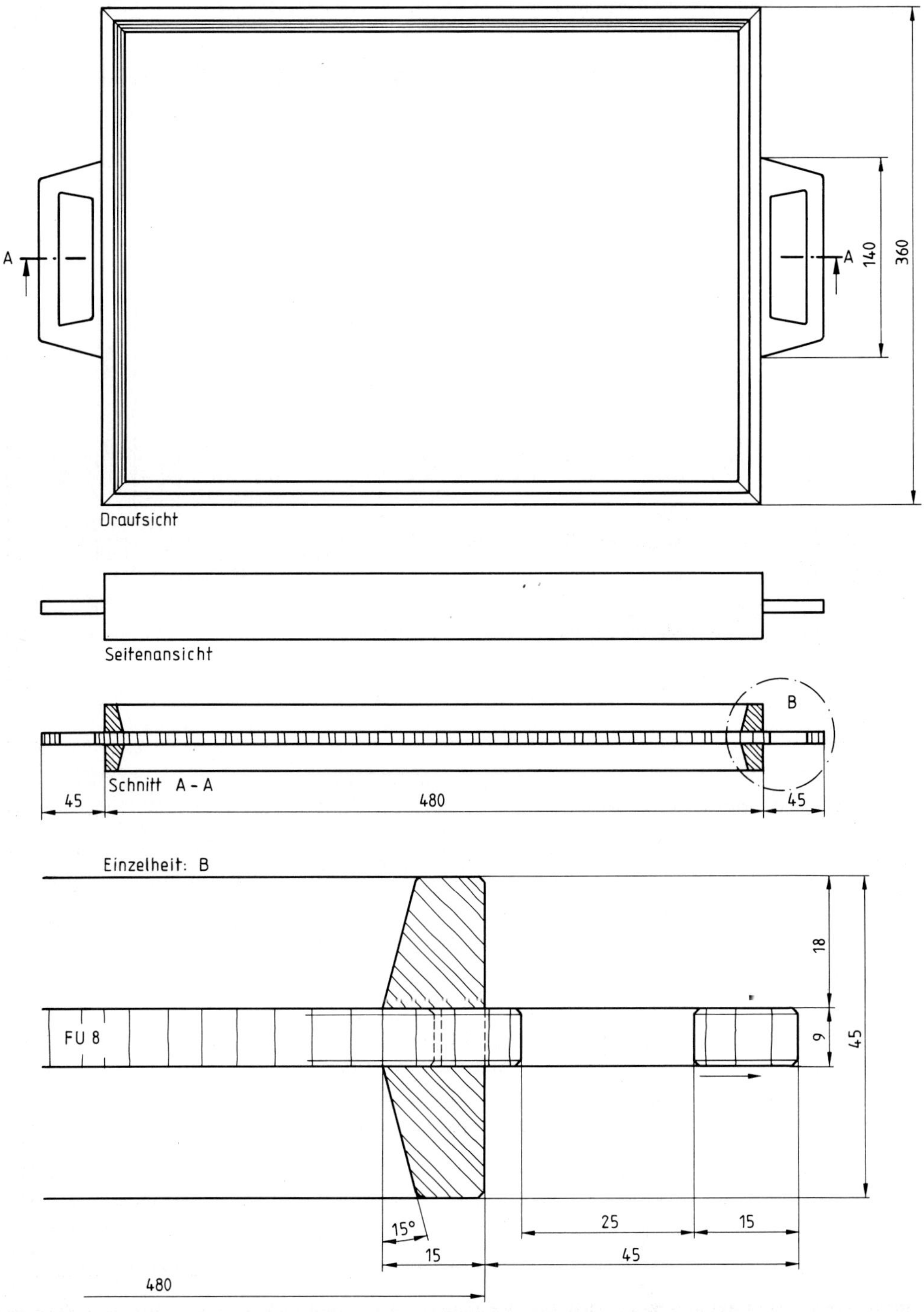

c) Stellen Sie die Materialliste zu den Satztischen aus Kirschbaumholz auf und ermitteln Sie die Materialkosten! Innerbetriebliche Kalkulationspreise: Kirschbaum 1400,— DM/m³, Verschnitt 60%; Flachpreßplatte, 10 mm 6,60 DM/m², Verschnitt 15%; Furnier, Kirschbaum, 12,30 DM/m², Verschnitt 85%; Dübel 0,05 DM/Stück.

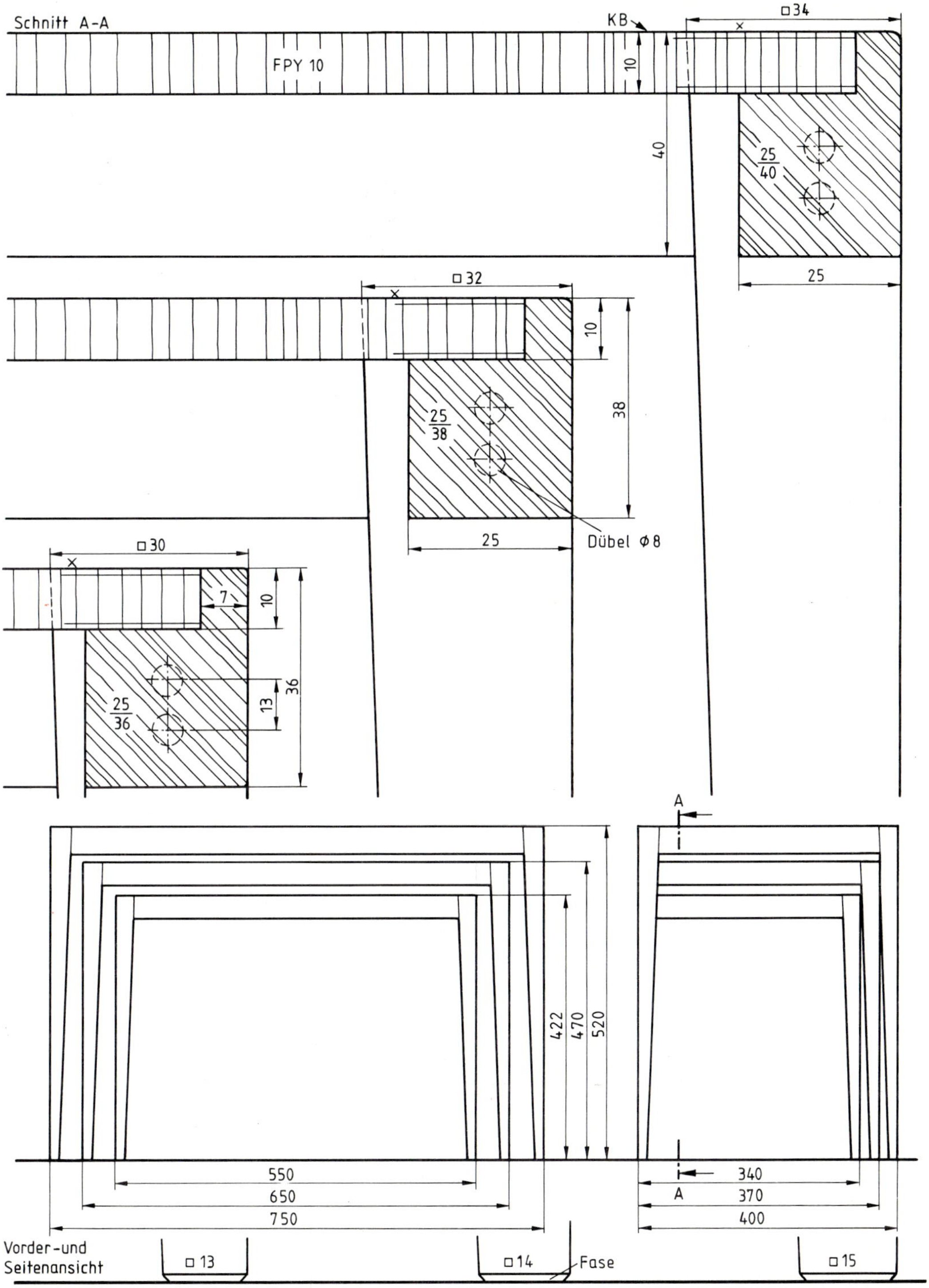

d) Zwei Hängeschränkchen mit Schiebetüren, außen in Nußbaum und innen in Ahorn, sollen kalkuliert werden.

Ermitteln Sie die Materialkosten bei folgenden innerbetrieblich üblichen Einheitspreisen:

Tischlerplatte, 19 mm, 8,20 DM/m², Verschnitt 20%; Tischlerplatte, 16 mm, 7,50 DM/m², Verschnitt 20%; Furnierplatte, 6 mm, 6,80 DM/m², Verschnitt 20%; Spanplatte, FPY 10 mm, 5,80 DM/m², Verschnitt 15%; Furnier, Nußbaum, 12,30 DM/m², Verschnitt 90%; Furnier, Ahorn, 7,60 DM/m², Verschnitt 70%; Nußbaum-Vollholz 1890,— DM/m³, Verschnitt 100%; Gehrungsdübel 0,08 DM/Stück; Rollgleiter 1,80 DM/Stück; Laufschiene 1,30 DM/m; Bodenträgerhülsen 0,03 DM/Stück; Bodenträgerstecker 0,15 DM/Stück; Muschelgriffe 2,25 DM/Stück.

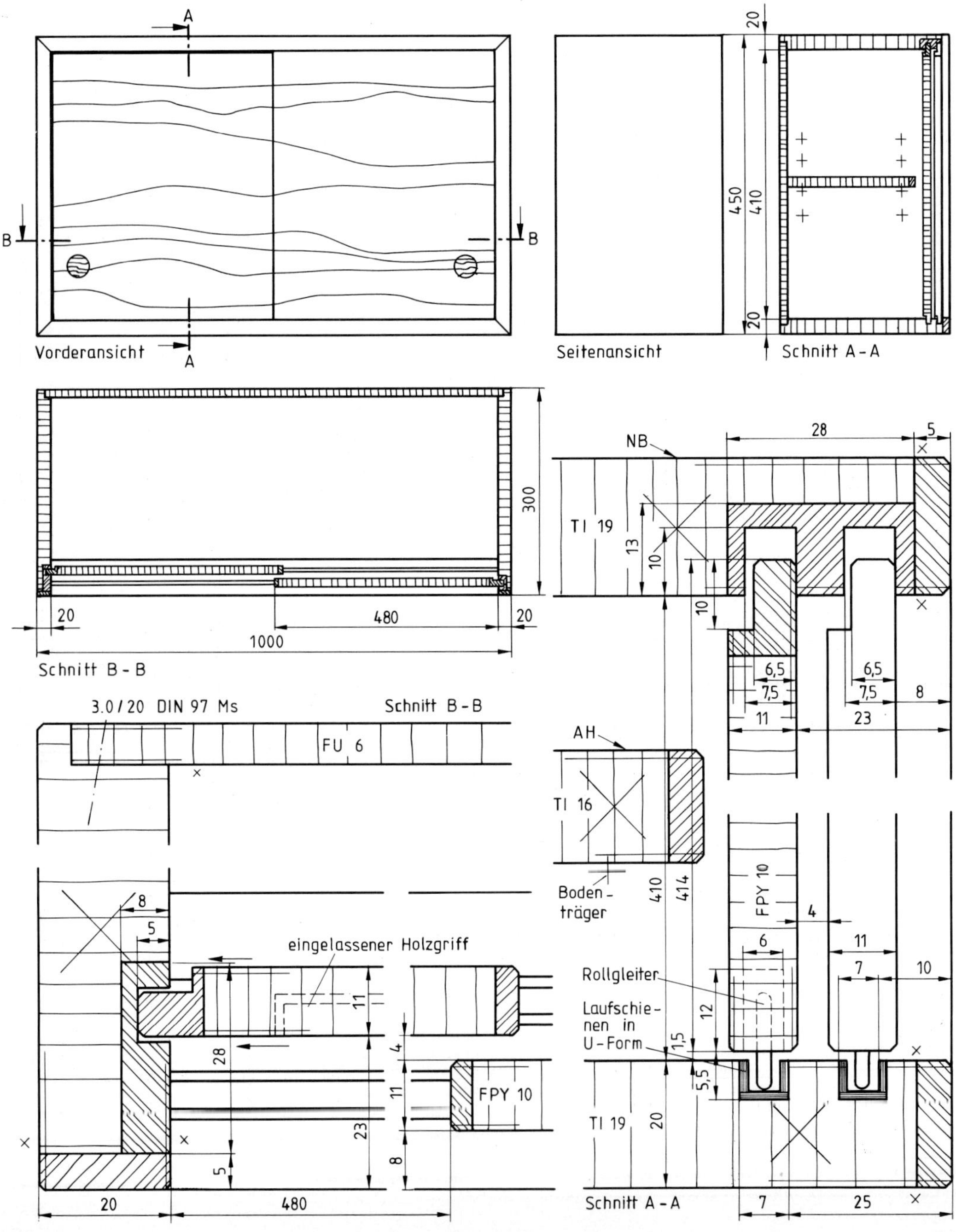

e) Kleines Nähtischchen, Korpus innen und außen in Rüster furniert, Fußgestell in Rüster-Vollholz.

Innerbetriebliche Materialpreise:

Rüster-Vollholz 1350,— DM/m³, Verschnitt 65%; Rüster-Furnier 8,70 DM/m², Verschnitt 70%; Flachpreßplatte, FPY 19, 13,20 DM/m², Verschnitt 15%; Furnierplatte 6 mm 5,80 DM/m², Verschnitt 15%; Furnierplatte 4 mm 4,70 DM/m², Verschnitt 15%; Flachpreßplatte, FPY 16, 11,75 DM/m², Verschnitt 15%; Dübel 0,10 DM/Stück; Zysa-Scharniere 2,85 DM/Stück.

Ermitteln Sie die Materialkosten für das Nähtischchen!

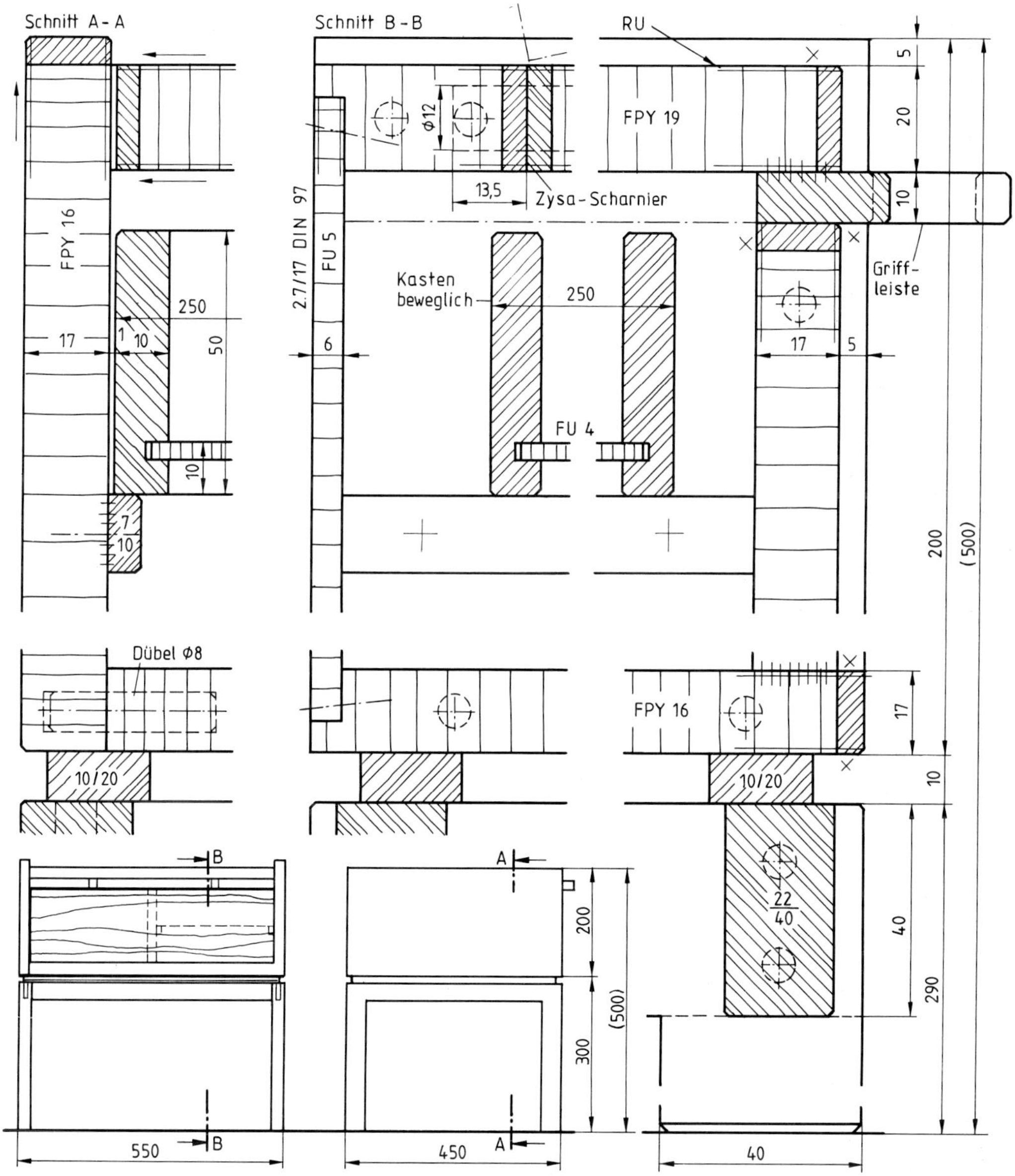

f) Für das skizzierte Regal ist die Materialliste aufzustellen und es sind die Materialkosten zu ermitteln. Die Rückwand des Regals besteht aus 6 mm Furnierplatte, Kiefer. Die Seiten und Böden sowie die Sockelblende sind 22 mm dick aus Kiefer-Vollholz.

Materialpreise: Für die Furnierplatte 12,80 DM/m²; für Kiefer-Vollholz 1070,— DM/m³.

Verschnittsätze: Für Platten 15% und für Vollholz 35%.

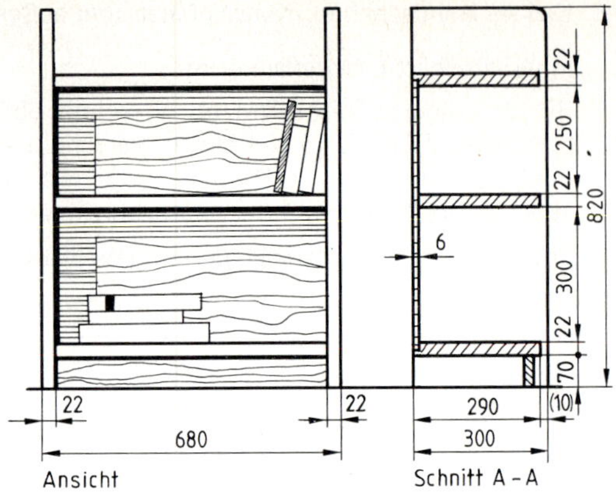

g) Wie hoch wären die Materialkosten eines Regals der gleichen Serie wie vor in Aufgabe f) angegeben, das jedoch 1600 mm hoch ist und statt der 3 Böden nun 6 Böden haben würde?

h) Das skizzierte Zimmertürblatt aus Eiche, als massive Rahmentür mit Sperrholzfüllung, wird an den Ecken gedübelt.

Stellen Sie hierfür die Materialliste auf und ermitteln Sie die Materialkosten!

Materialpreise: Eiche-Vollholz = 3250,— DM/m³; Furnierplatte 10 mm = 9,80 DM/m²; Furnier, Eiche = 16,80 DM/m²; Türbänder = 6,30 DM/Stück; Aufsteckhülsen in Messing = 2,20 DM/Paar (Band); Zimmertüreinsteckschloß = 18,75 DM; Drückergarnitur = 38,60 DM; Dübel = = 0,25 DM/Stück.

Verschnittsätze: Vollholz, Eiche = 60%; Furnier, Eiche = 50%; Furnierplatte = 15%.

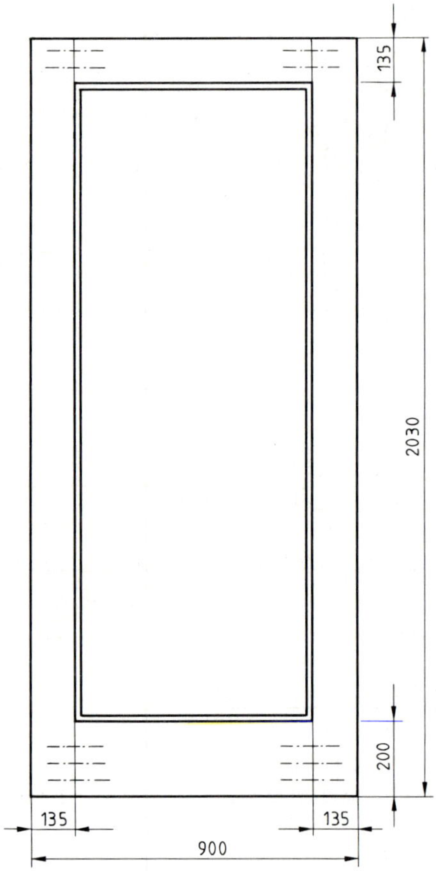

i) In gleicher Ausführung wie in Aufgabe h) beschrieben, sollen noch weitere Zimmertürblätter hergestellt werden, die jedoch nun 1000 mm und 760 mm breit sein sollen. Alle weiteren Abmessungen sind aus der nebenstehenden Skizze zu entnehmen.

Ermitteln Sie auch für diese Türen die Materialkosten!

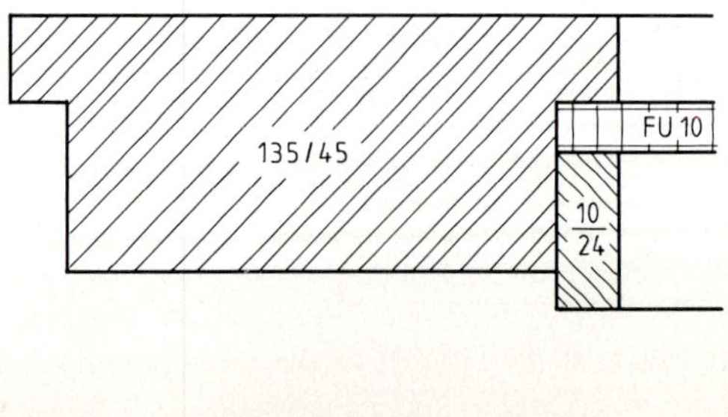

j) Das skizzierte Wohnzimmerschränkchen wird aus 19 mm dicker Spanplatte gefertigt; außen Nußbaum, innen Makore furniert. Die Ecken sind auf Gehrung gedübelt. Die Türen werden stumpf aufschlagend mit Topfscharnieren angeschlagen und erhalten ringsum 4 mm dicke Vollholzanleimer. Sie werden mit Magnetschnäppern zugehalten. Die Rückwand besteht aus 5 mm dicker Furnierplatte, die beidseitig mit Makore zu furnieren ist.

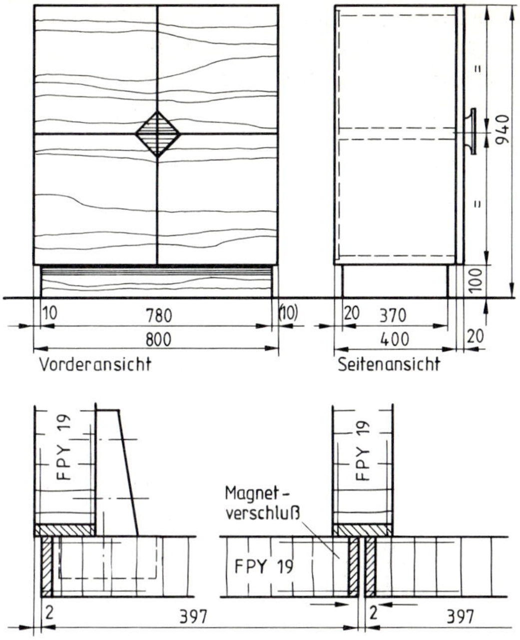

Materialpreise: Spanplatte = 16,20 DM/m²;
Furnierplatte = 8,10 DM/m²;
Nußbaumfurnier = 14,10 DM/m²;
Makorefurnier = 2,40 DM/m²;
Topfscharniere = 2,80 DM/Stück;
Knöpfe = 2,45 DM/Stück;
Dübel = 0,04 DM/Stück;
Nußbaum-Vollholz = 3800,– DM/m³.

Verschnittsätze: Furnier, Nußbaum = 80%;
Furnier, Makore = 25%;
Spanplatten = 15%;
Vollholz, Nußbaum = 100%.

Stellen Sie die Materialliste auf und ermitteln Sie die Materialkosten des Wohnzimmerschränkchens!

8.4 Gemeinkosten

8.4.1 Gemeinkosten – Gemeinkostensatz

Gemeinkosten sind sogenannte indirekte Kosten, die sich nicht oder nur sehr umständlich auf die einzelnen Leistungen verrechnen lassen.

Hierzu gehören:

Gehälter für kaufmännische und technische Angestellte, Gehalt für den Unternehmer, Hilfslöhne für Lagerarbeiten und Reinigungsarbeiten, Kosten für innerbetriebliche Reparaturen, für Kraftfahrzeuge, für gesetzliche und freiwillige Sozialleistungen, für betriebliche Steuern, Gebühren, Abgaben an Berufsorganisationen, Beiträge, Versicherungen, Ausgaben für Fachliteratur, Raumkosten, Bürokosten, Miete, Abschreibungen und Verzinsungen von Betriebsmitteln, betriebstechnische Einrichtungen und Gebäude usw.

Der Gemeinkostensatz ist der prozentuale Anteil der Jahres-Gemeinkosten an den Jahres-Fertigungslöhnen. Die Gemeinkosten des Betriebes werden am Jahresende mittels der Zahlen der Buchhaltung ermittelt.

$$\textbf{Gemeinkostensatz in \%} = \frac{\textbf{Jahresgemeinkosten in DM} \cdot \textbf{100\%}}{\textbf{Jahresfertigungslöhne in DM}}$$

Beispiel:

Die Jahresgemeinkosten eines Betriebes betrugen im vergangenen Jahr 265000,– DM, die Fertigungslöhne 156000,– DM. Wie hoch ist der Gemeinkostensatz des Betriebes?

$$\text{Gemeinkostensatz in \%} = \frac{\text{Jahresgemeinkosten in DM} \cdot 100\%}{\text{Jahresfertigungslöhne in DM}}$$

$$= \frac{265000,\text{– DM} \cdot 100\%}{156000,\text{– DM}}$$

$$= \mathbf{170\%}$$

8.4.2 Gemeinkostensätze für Bank-, Maschinen- und Montagearbeiten

In Handwerksbetrieben wird in der Regel der Gemeinkostensatz getrennt auf die Handarbeit und die Maschinenarbeit ermittelt.

$$\textbf{Gemeinkostensatz Bankraum in \%} = \frac{\textbf{Jahresgemeinkosten Bankraum in DM} \cdot \textbf{100\%}}{\textbf{Jahresfertigungslöhne im Bankraum in DM}}$$

$$\textbf{Gemeinkostensatz Maschinenraum in \%} = \frac{\textbf{Jahresgemeinkosten Maschinenraum in DM} \cdot \textbf{100\%}}{\textbf{Jahresfertigungslöhne im Maschinenraum in DM}}$$

$$\textbf{Gemeinkostensatz Montagearbeiten in \%} = \frac{\textbf{Jahresgemeinkosten Montagearbeiten in DM} \cdot \textbf{100\%}}{\textbf{Jahresmontagelöhne in DM}}$$

8.4.3 Gemeinkostensätze für Kostenstellen

Bei größeren Betrieben wird der Gemeinkostensatz der einzelnen *Kostenstellen* wie für die Furniererei, den Maschinensaal, die Oberfläche, für größere Maschinengruppen, die Montage usw. gesondert ermittelt. Außerdem sind hier noch die Gemeinkostensätze für die *Verwaltung* und den *Vertrieb* sowie für die *Materialbewirtschaftung* zu berechnen. Die Gemeinkosten je Kostenstelle werden im BAB (Betriebsabrechnungsbogen) ermittelt.

$$\textbf{Gemeinkostensatz Kostenstelle XY in \%} = \frac{\textbf{Jahresgemeinkosten der Kostenstelle XY in DM} \cdot \textbf{100\%}}{\textbf{Jahresfertigungslöhne der Kostenstelle XY in DM}}$$

$$\textbf{Gemeinkostensatz Fertigungsmaterial in \%} = \frac{\textbf{Jahresgemeinkosten der Materialstelle in DM} \cdot \textbf{100\%}}{\textbf{Fertigungsmaterial in DM}}$$

$$\textbf{Gemeinkostensatz Verwaltung in \%} = \frac{\textbf{Verwaltungsgemeinkosten in DM} \cdot \textbf{100\%}}{\textbf{Herstellkosten in DM}}$$

$$\textbf{Gemeinkostensatz Vertrieb in \%} = \frac{\textbf{Vertriebsgemeinkosten in DM} \cdot \textbf{100\%}}{\textbf{Herstellkosten in DM}}$$

Der Betriebsabrechnungsbogen (BAB)

Der BAB hat die Aufgabe die Gemeinkosten auf die einzelnen Kostenstellen zu verteilen.

Beispiel:

Angaben der Buchhaltung

Materialstelle		
Fertigungsmaterial	162000,– DM	
Gemeinkosten der Materialstelle	21000,– DM	
Materialkosten		183000,– DM
Fertigungsstelle I		
Fertigungslöhne	66200,– DM	
Fertigungsgemeinkosten	52000,– DM	
Fertigungsstelle II		
Fertigungslöhne	20500,– DM	
Fertigungsgemeinkosten	43200,– DM	
Fertigungsstelle III		
Fertigungslöhne	25200,– DM	
Fertigungsgemeinkosten	32300,– DM	
Fertigungskosten gesamt		239400,– DM
Herstellkosten		**422400,– DM**
Verwaltungsstelle		
Verwaltungsgemeinkosten		45300,– DM
Vertriebsstelle		
Vertriebsgemeinkosten		20300,– DM
Selbstkosten		**488000,– DM**

BAB (Betriebsabrechnungsbogen)

Kostenstellen / Kostenarten	Zahlen der Buchhaltung DM	Materialstelle DM	Fertigungsstellen I DM	II DM	III DM	Verwaltungsstelle DM	Vertriebsstelle DM
Gemeinkosten:							
Löhne und Gehälter	99500,–	10500,–	21000,–	11300,–	14200,–	32000,–	10500,–
Sozialabgaben	38900,–	6300,–	10000,–	6500,–	8000,–	4500,–	3600,–
Hilfs- u. Betriebsstoffe	22300,–	1300,–	11000,–	6000,	3000,–	800,–	200,–
Steuern, Versich., Beitr.	13200,–	800,–	2800,–	4000,–	1000,–	2800,–	1800,–
Büromaterial	3500,–	400,–	–	100,–	–	1500,–	1500,–
Abschreibungen, Zinsen	26500,–	1500,–	3500,–	13000,–	4200,–	2500,–	1800,–
Strom, Wasser, Heizung	10200,–	200,–	3700,–	2300,–	1900,–	1200,–	900,–
Summe der Gesamtkosten	214100,–	21000,–	52000,–	43200,–	32300,–	45300,–	20300,–
Fertigungsmaterial Gemeinkostensatz (1)	162000,–	162000,– **13%**					
Fertigungslöhne I, II, III Gemeinkostensätze (2)	111900,–		66200,– **79%**	20500,– **210%**	25200,– **128%**		
Herstellungskosten	422400,–					422400,–	422400,–
Verwaltungsgemeinkostensatz (3)						**10,7%**	
Vertriebsgemeinkostensatz (4)							**4,8%**

Berechnung der Gemeinkostensätze im BAB

1) Gemeinkostensatz Fertigungsmaterial in % $= \frac{\text{Jahresgemeinkosten der Materialstelle in DM} \cdot 100\%}{\text{Fertigungsmaterial in DM}}$

$= \frac{21\,000,- \text{ DM} \cdot 100\%}{162\,000,- \text{ DM}} = \mathbf{13\%}$

2) Gemeinkostensatz Kostenstelle in % $= \frac{\text{Jahresgemeinkosten der Kostenstelle in DM} \cdot 100\%}{\text{Jahresfertigungslöhne der Kostenstelle in DM}}$

Gemeinkostensatz Kostenstelle I $= \frac{52\,000,- \text{ DM} \cdot 100\%}{66\,200,- \text{ DM}} = \mathbf{79\%}$

3) Gemeinkostensatz Kostenstelle II $= \frac{43\,200,- \text{ DM} \cdot 100\%}{20\,500,- \text{ DM}} = \mathbf{210\%}$

4) Gemeinkostensatz Kostenstelle III $= \frac{32\,300,- \text{ DM} \cdot 100\%}{25\,200,- \text{ DM}} = \mathbf{128\%}$

5) Gemeinkostensatz Verwaltung in % $= \frac{\text{Verwaltungsgemeinkosten in DM} \cdot 100\%}{\text{Herstellkosten in DM}}$

$= \frac{45\,300,- \text{ DM} \cdot 100\%}{422\,400,- \text{ DM}} = \mathbf{10{,}7\%}$

6) Gemeinkostensatz Vertrieb in % $= \frac{\text{Vertriebsgemeinkosten in DM} \cdot 100\%}{\text{Herstellkosten in DM}}$

$= \frac{20\,300,- \text{ DM} \cdot 100\%}{422\,400,- \text{ DM}} = \mathbf{4{,}8\%}$

Aufgaben zu 8.4

8.4.1 Gemeinkosten — Gemeinkostensatz

a) Nennen Sie die in einem Betrieb anfallenden Kosten, die zu den Gemeinkosten gehören!

b) Warum wird man in der Kostenrechnung bestimmte Kosten nur als Gemeinkosten verrechnen können?

c) Was verstehen Sie unter einem Gemeinkostensatz und wie läßt sich dieser berechnen?

d) Die Aufrechnung der Jahresfertigungslöhne in einem Holzverarbeitungsbetrieb ergab insgesamt 254000,— DM, die Summe der Jahresgemeinkosten 482000,— DM. Welchen Gemeinkostensatz muß der Unternehmer bei seinen Kalkulationen berücksichtigen?

8.4.2 Gemeinkostensätze für Bank-, Maschinen- und Montagearbeiten

a) Warum wird man in den Handwerksbetrieben die Gemeinkostensätze für die Bankarbeit, Maschinenarbeit und eventuell für die Montage gesondert ermitteln?

b) Welchen Stundensatz muß ein Unternehmer in der Kalkulation für die Handarbeitsstunde und für die Maschinenstunde ansetzen, wenn der Stundenlohn der Gesellen in der Lohngruppe V 11,40 DM/h beträgt und als Gemeinkostensatz im Bankraum 120% und im Maschinenraum 280% zu verrechnen sind?

c) In einem mittleren Handwerksbetrieb der Holzbranche sind die Gemeinkostensätze für die Bankarbeit und die Maschinenarbeit zu ermitteln. Die Buchhaltung gibt uns hierzu folgende Werte an:
Jahresfertigungslöhne Bankraum = 180000,— DM; Jahresgemeinkosten Bankraum = 200000,— DM; Jahresfertigungslöhne Maschinenraum = 325000,— DM; Jahresgemeinkosten Maschinenraum = 688000,— DM. Wie hoch sind die Gemeinkostensätze für den Bankraum und den Maschinenraum?

d) Bei getrennter Ermittlung der Fertigungslöhne und Gemeinkosten ergaben sich folgende Beträge:

	Bankraum	Maschinenraum	Montage
Jahres-Fertigungslöhne	480000,— DM	220000,— DM	340000,— DM
Jahresgemeinkosten	500000,— DM	610000,— DM	420000,— DM

Wie hoch sind die Gemeinkostensätze für die Löhne im Bankraum, im Maschinenraum und für die Montage?

8.4.3 Gemeinkosten für Kostenstellen

In einem BAB (Betriebsabrechnungsbogen) werden folgende Beträge für die einzelnen Kostenstellen für das vergangene Jahr ausgewiesen:

Materialstelle

Fertigungsmaterial = 240000,— DM
Gemeinkosten für Materialstelle = 42000,— DM

Fertigungsstelle I

Fertigungslöhne = 80000,— DM
Gemeinkosten der Fertigungsstelle I = 72000,— DM

Fertigungsstelle II

Fertigungslöhne = 300000,— DM
Gemeinkosten der Fertigungsstelle II = 630000,— DM

Fertigungsstelle III

Fertigungslöhne = 120000,— DM
Gemeinkosten der Fertigungsstelle III = 380000,— DM

Ermitteln Sie die Gemeinkostensätze für

a) die Materialstelle sowie für

b) die Fertigungsstellen I, II und III!

c) Wie hoch ist der Verwaltungsgemeinkostensatz und der Vertriebsgemeinkostensatz, bezogen auf die Herstellungskosten, wenn die Verwaltungsgemeinkosten 90500,— DM und die Vertriebsgemeinkosten 30200,— DM betragen haben?

8.5 Kosten der Maschinenarbeit

Um die Kosten für eine Maschinenstunde berechnen zu können, benötigt man den Anteil der fixen Kosten (festen oder zeitabhängigen Kosten) und den Anteil der variablen Kosten (beweglichen oder mengenabhängigen Kosten).

8.5.1 Fixe Kosten

Fixe (feste) Kosten sind alle Kosten, die dem Betrieb durch die Installation der Maschine entstehen, egal ob die Maschine stark oder gar nicht genutzt wird. Zu den fixen Kosten gehören:

Die Abschreibung, die Verzinsung, die Raumkosten und die festen Gemeinkosten.

Abschreibung ist die Wertminderung der Maschinen pro Jahr, bezogen auf die Lebensdauer der Maschine. Die Abschreibung wird meistens als Abschreibungssatz in Prozent ausgedrückt (AfA-Satz).

$$\textbf{Abschreibungssatz in \%} = \frac{\textbf{100\%}}{\textbf{Lebensdauer in Jahren}}$$

$$\textbf{Abschreibung in DM/Jahr} = \frac{\textbf{Anschaffungswert in DM}}{\textbf{Lebensdauer in Jahren}}$$

oder

$$\textbf{Abschreibung in DM/Jahr} = \frac{\textbf{Anschaffungswert in DM} \cdot \textbf{Abschreibungssatz in \%}}{\textbf{100\%}}$$

Beispiel:

Die Nutzungsdauer eines Breitbandschleifautomaten wird mit 6 Jahren angenommen. Die Anschaffungskosten betrugen 26000,— DM.

a) Wie groß ist der Abschreibungssatz in %?

b) Wie hoch ist noch der Buchwert der Maschine nach 4 Nutzungsjahren?

a) Abschreibungssatz in %

$$= \frac{100\%}{\text{Lebensdauer in Jahren}} = \frac{100\%}{6 \text{ Jahre}} = 16{,}6\% = \mathbf{17\%}$$

b) Abschreibung in DM/Jahr

$$= \frac{\text{Anschaffungswert in DM} \cdot \text{Abschreibungssatz in \%}}{100\%} = \frac{26000,\text{— DM} \cdot 17\%}{100\%} = \mathbf{4420,\text{— DM}}$$

Der Buchwert der Maschine beträgt nach 4 Nutzungsjahren

= 26000,— DM — 4420,— DM · 4 Jahre

= 26000,— DM — 17680,— DM

= **8320,— DM**

Verzinsung ist der Betrag, den der Anschaffungswert der Maschine bringen würde, wenn man das Geld bei der Bank angelegt hätte. Da sich der Anschaffungswert durch die Abschreibung während der Nutzungsdauer von Jahr zu Jahr verringert, wird bei der Verzinsung vom Mittelwert der Anschaffungskosten ausgegangen, d. h. während der gesamten Nutzungsdauer der Maschine ist immer die Hälfte des Anschaffungswertes zu verzinsen.

$$\textbf{Verzinsung} = \frac{\textbf{Mittelwert der Anschaffungskosten} \cdot \textbf{Zinssatz}}{\textbf{100\%}}$$

Beispiel:

Die Anschaffungskosten der Maschine betragen 26000,— DM. Der Zinssatz kann mit 8% angenommen werden. Wie hoch ist die Verzinsung?

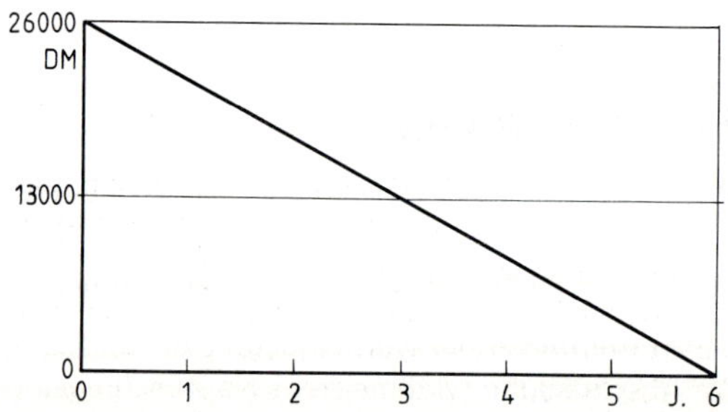

$$\text{Verzinsung} = \frac{\text{Mittelwert der Anschaffungskosten} \cdot \text{Zinssatz}}{100\%}$$

$$= \frac{13000,-\ \text{DM} \cdot 8\%}{100\%}$$

$$= \mathbf{1040,-\ DM}$$

Raumkosten sind die Kosten, die anteilig für den Raum- oder Platzbedarf der Maschine pro Jahr anzusetzen sind. Hierin sind die Miete, Instandhaltungskosten des Gebäudes, Heizung, die Gewerbesteuern, die Gebäudebrandversicherung usw. mit einzurechnen. Die Raumkosten werden in der Regel auf den Quadratmeter des Raumes umgelegt.

Feste Gemeinkosten sind Kosten für Reinigung und Pflege der Maschinen, Grundgebühren für die Installationen usw.

Die gesamten fixen Kosten ergeben sich in der Regel aus der Summe von Abschreibung und Verzinsung. Es können aber auch noch die Raumkosten und die anteiligen festen Gemeinkosten des Betriebes berücksichtigt werden.

Fixe Kosten (insgesamt)	=	**Abschreibung**	+	**Verzinsung**	+	Raumkosten	+	anteilige feste Gemeinkosten

8.5.2 Variable Kosten

Variable (bewegliche) Kosten sind alle Kosten, die von der Betriebsdauer der Maschine abhängen. Zu den variablen Kosten gehören:

Die Energiekosten für das Betreiben der Maschine, die Werkzeugkosten, die Wartungs- und Reparaturkosten sowie die Lohn- und Lohngemeinkosten.

Energiekosten sind die Kosten für den Strom-, Wasser-, Gas- oder Luftverbrauch der Maschine. Sie werden in der Regel für eine Zeiteinheit ermittelt, z. B.: DM/h oder DM/min bzw. Dpf/min.

Werkzeugkosten sind die Kosten für den Werkzeugverbrauch und die Werkzeugpflege, die Kosten für die Vorrichtungen und der besonderen Fördereinrichtungen. Diese Kosten müssen meistens anhand von Erfahrungswerten geschätzt werden.

Wartungs- und Reparaturkosten sind die Kosten für die Wartung der Maschine sowie die Kosten für erforderliche Ersatzteile. Diese Kosten müssen ebenfalls anhand von Erfahrungswerten geschätzt werden.

Als **Lohn- und Lohngemeinkosten** werden die Lohnkosten der Bedienungspersonen der Maschine und die einfachen innerbetrieblich üblichen Lohngemeinkosten berechnet.

Die gesamten variablen Kosten ergeben sich aus der Summe der genannten variablen Kosten wie Energie-, Werkzeug-, Wartungs- und Reparaturkosten sowie in der Regel auch noch der Lohn- und Lohngemeinkosten. Sie werden auf eine Zeiteinheit z. B. pro Stunde umgerechnet.

Variable Kosten	=	Energiekosten	+	Werkzeugkosten	+	Wartungs- und Reparaturkosten	+	Lohn- und Lohngemeinkosten

8.5.3 Ermittlung der Kosten der Maschinenarbeit

Die Ermittlung der Kosten der Maschinenarbeit hängt von der Benutzungsdauer der Maschine ab. Während die variablen Kosten für jede Maschinenstunde gleich hoch sind, wird der Anteil der fixen Kosten bei steigender Benutzungsdauer immer kleiner.

Die Kosten der Maschinenarbeit werden immer für einen bestimmten Zeitabschnitt wie Jahr, Vierteljahr oder Monat ermittelt. Sie sind die Summe aller fixen Kosten und aller variablen Kosten während dieses Zeitabschnittes.

Kosten der Maschinenarbeit = Fixe Kosten + Variable Kosten · Benutzungsdauer

Kosten der Maschinenarbeit $= K_f + K_v \cdot t$

Um kalkulieren zu können, benötigt man für die Kostenrechnung im Betrieb den Maschinenkostensatz. Der **Maschinenkostensatz** sind die Maschinenkosten pro Zeiteinheit, in der Regel pro Stunde.

$$\textbf{Maschinenkostensatz} = \frac{\textbf{Fixe Kosten + Variable Kosten} \cdot \textbf{Benutzungsdauer}}{\textbf{Benutzungsdauer}}$$

$$\textbf{Maschinenkostensatz} = \frac{K_f + K_v \cdot t}{t}$$

Beispiel:

Es wird eine Holzbearbeitungsmaschine im Wert von 12000,— DM angeschafft. Es entstehen folgende Kosten:

Lineare Abschreibung = 10%,
Verzinsung = 8% vom Mittelwert,
Raumkosten = 250,— DM im Jahr,
fixe Gemeinkosten = 300,— DM im Jahr,
Energiekosten = 1,80 DM/h,
Werkzeugkosten = 220,— DM, wenn die Maschine 1000 Stunden im Jahr belastet wird,
Wartungs- und Reparaturkosten = 500,— DM, wenn die Maschine mit 1000 Stunden im Jahr belastet wird,
Lohnkosten = 12,50 DM/h,
Lohngemeinkosten = 120%.

Wie hoch sind die Kosten für die Maschinenarbeit pro Stunde anzusetzen, wenn die Maschine 100, 200, 500 und 1000 Stunden im Jahr benutzt wird?

1. Ermittlung der fixen Kosten.

Abschreibung 10% von 12000,— DM	= 1200,— DM
Verzinsung 8% von 6000,— DM (Mittelwert)	= 480,— DM
Raumkosten	= 250,— DM
Anteil fixer Gemeinkosten	= 300,— DM
fixe Kosten der Maschine (K_f)	= **2230,— DM**

2. Ermittlung der variablen Kosten.

Energiekosten	= 1,80 DM/h
Werkzeugkosten $= \frac{220,-\ \text{DM}}{1000\ \text{h}}$	= 0,22 DM/h
Wartungs- und Reparaturkosten $= \frac{500,-\ \text{DM}}{1000\ \text{h}}$	= 0,50 DM/h
Lohnkosten	= 12,50 DM/h
Lohngemeinkosten $= \frac{12{,}50\ \text{DM} \cdot 120\%}{\text{h} \quad 100\%}$	= 15,— DM/h
variable Kosten der Maschine (K_v)	= **30,02 DM/h**

3. Ermittlung des Maschinenkostensatzes in Bezug auf die Benutzungsdauer.

Benutzungsdauer (t)	100	200	500	1000	Stunden/Jahr
fixe Kosten (K_f)	2230	2230	2230	2230	DM/Jahr
variable Kosten insgesamt ($k_v \cdot t$)	3002	6004	15010	30020	DM/Jahr
Maschinenkosten insgesamt ($k_f + K_v \cdot t$)	5232	8234	17240	32250	DM/Jahr
Maschinenkostensatz $\left(\frac{K_f + K_v \cdot t}{t}\right)$	**52,32**	**41,17**	**37,28**	**32,25**	**DM/h**

Aufgaben zu 8.5

8.5.1 Fixe Kosten und 8.5.2 Variable Kosten

a) Welche Kostenarten gehören zu den fixen Kosten?

b) Warum nennt man diese Kosten fixe oder feste Kosten?

c) Was verstehen Sie unter dem Begriff Abschreibung und wie läßt sie sich berechnen?

d) Wie hoch sind die Abschreibungssätze (AfA-Satz) in Prozent, bei der angenommenen Nutzungsdauer in Jahren folgender Maschinen:

Oberfräse, 5 Jahre Nutzungsdauer,
Furnierfügemaschine, 8 Jahre Nutzungsdauer,
Langlochbohrmaschine, 6 Jahre Nutzungsdauer,
elektrische Handbohrmaschine, 3 Jahre Nutzungsdauer,
Hobelmaschine, 7 Jahre Nutzungsdauer,
elektrische Handhobelmaschine, 4 Jahre Nutzungsdauer,
Drehbank, 10 Jahre Nutzungsdauer.

e) Eine Holzbearbeitungsmaschine kostete 24000,– DM. Sie hat nach der AfA-Tabelle eine Nutzungsdauer von 8 Jahren.

Wie hoch ist die zulässige Abschreibung der Maschine pro Jahr in DM?

Wie hoch ist der Zinsverlust, wenn die Verzinsung mit 8% vom Mittelwert der Anschaffungskosten berechnet wird?

f) Welche Kostenarten gehören zu den variablen Kosten?

g) Worin liegt der Unterschied zwischen den fixen Kosten und den variablen Kosten?

h) Ein Auto oder Motorrad verursacht doch laufend Kosten wie Haftpflicht, Kosten für Reifen, Steuern, Kosten für Benzin und Öl, Garagenmiete, Reparaturkosten, entgangener Zinsgewinn usw. Gliedern Sie diese Kosten nach fixen und nach variablen Kosten!

8.5.3 Ermittlung der Kosten der Maschinenarbeit

a) Wie lassen sich die Kosten der Maschinenarbeit berechnen?

b) Nennen Sie die Formel zur Berechnung des Maschinenkostensatzes!

c) Aus der Buchhaltung wurden für die Arbeiten mit der Bandschleifmaschine folgende Kosten genannt:

Anschaffungskosten 32000,— DM
Nutzungsdauer 6 Jahre
Verzinsung 8% vom Mittelwert
Raumkosten 60,— DM/Monat
Anteil fixer Verwaltungskosten 250,— DM/Jahr
Kosten für Schleifbänder 360,— DM/Jahr
Kosten für Energie 1000,— DM/Jahr
Kosten für Wartung und Pflege 100,— DM/Jahr
Reparaturkosten 380,— DM/Jahr.

1. Wie hoch sind die fixen Kosten der Maschine?
2. Wie hoch sind die variablen Kosten der Maschine im Jahr?
3. Wie hoch ist der Maschinenkostensatz ohne Lohnkosten für die Bedienungsperson, wenn die Maschine wie im vergangenen Jahr mit 1000 Stunden ausgelastet wird?

d) Für die Kosten der Maschinenarbeit an der Formatkreissäge wurden aus der Buchhaltung folgende Werte angegeben bzw. umgerechnet:

Anschaffungskosten 23000,— DM
Nutzungsdauer nach AfA-Tabelle 6 Jahre
Verzinsung vom Mittelwert 8%
Raumkosten 480,— DM/Jahr
fixe Verwaltungskosten 420,— DM/Jahr

Für die Nutzung wurden pro Stunde folgende Kosten umgerechnet:
Energiekosten 0,80 DM/h
Werkzeugkosten 1,20 DM/h
Wartungs- und Reparaturkosten 0,60 DM/h
Lohnkosten 12,50 DM/h
Lohngemeinkosten 120%

1. Ermitteln Sie die fixen Kosten der Maschine!
2. Wie hoch sind die variablen Kosten der Maschine pro Stunde?
3. Wie hoch sind die Maschinenkosten pro Stunde, wenn die Maschine 200, 500, 1000 oder 2000 Stunden im Jahr ausgelastet wird?
4. Vergleichen Sie die Maschinenkostensätze, wenn die Maschine 200 Stunden im Jahr oder 2000 Stunden im Jahr ausgelastet ist und ermitteln Sie die Einsparung in Prozent!

8.6 Kalkulation

8.6.1 Aufgabe der Kalkulation

Die Kalkulation hat die Aufgabe die Kosten für die Fertigung eines Erzeugnisses zu erfassen und den Preis des Erzeugnisses wie für ein Möbel, Fenster, Tür oder den kompletten Innenausbau zu ermitteln.

Man unterscheidet die Vor- und die Nachkalkulation.

Die Vorkalkulation ist für die Preisangabe eines zu fertigenden Erzeugnisses in einem Angebot oder in einer Anfrage eines Kunden wichtig. Der Preis muß vor dem Beginn der Arbeiten ermittelt werden.

Die Nachkalkulation wird nach der Fertigung des Erzeugnisses durchgeführt. Bei der Nachkalkulation stehen dem Kalkulator die tatsächlich benötigten Zeiten und Materialien, also die genauen Lohn- und Materialkosten, zur Verfügung. Sie hat die Aufgabe, die beim Angebot abgegebenen Preise zu kontrollieren und genauere Unterlagen für die Vorkalkulation künftiger gleichartiger Aufträge zu erhalten.

Im Handwerk wird in der Regel die Zuschlagskalkulation angewendet.

8.6.2 Zuschlagskalkulation

Bei der Zuschlagskalkulation werden den Materialkosten die Fertigungslöhne, die Gemeinkosten, die Sonderkosten der Fertigung, Wagnis und Gewinn, die Sonderkosten des Vertriebs und die Mehrwertsteuer zugeschlagen, um den Bruttopreis zu erhalten (siehe Schema).

Materialkosten	**Hauptwerkstoffe** wie Vollholz, Holzwerkstoffe, Furniere, Kunststoffe **Hilfswerkstoffe** wie Beschläge, Leim, Verbindungsmittel, Schleifmittel, Dichtungsmaterial, Oberflächenmaterial **Halbfabrikate** wie Kunststoffeinsätze, Glasschiebetüren.
+	
Fertigungslöhne	**Fertigungslöhne** bei der Montage, im Bankraum und im Maschinenraum
+	
Gemeinkosten	**Zuschläge** auf die Löhne im Bankraum, im Maschinenraum, zur Montage und wenn erforderlich auch auf die Materialkosten.
+	
Sonderkosten der Fertigung	Zuschläge für Überstunden, Geräte- oder Gerüstvorhaltung bei der Montage usw.
=	
Selbstkosten	**Die Summe ergibt die Selbstkosten oder die Herstellkosten.**
+	
Wagnis und Gewinn	Zuschlag von 10 bis 15% als Unternehmergewinn und als Rücklage zur Abdeckung des Risikos.
+	
Sonderkosten des Vertriebs	Zuschläge, falls erforderlich, für Fracht, Transportversicherung, Provision usw.
=	
Nettopreis	**Angebotspreis ohne Mehrwertsteuer.**
+	
Mehrwertsteuer	Ein besonderer Bestandteil der Preisberechnung. Die Mehrwertsteuer beträgt zur Zeit 13%.
=	
Bruttopreis	**Der Bruttopreis ist der Angebotspreis einschließlich Mehrwertsteuer; er ist gleich der Rechnungsbetrag.**

Die einzelnen Kostenarten werden also wie folgt berechnet:

Selbstkosten = Materialkosten + Fertigungslöhne + Gemeinkosten + Sonderkosten der Fertigung

Nettopreis = **Selbstkosten** + Wagnis und Gewinn + Sonderkosten des Vertriebs

Bruttopreis = **Nettopreis** + Mehrwertsteuer

Die Kalkulationen werden in der Praxis meistens auf besonderen Kalkulationsformularen durchgeführt.

Beispiel: (Seite 160 und 161).

Auftrag Nr. 060780 – 45

Auftraggeber W. TORSTENSEN

KALKULATION

Auftrag SCHREIBTISCH

Materialart EICHE   Oberfläche NATUR – MATT

Skizze, Maße, Zeichnungs-Nr.

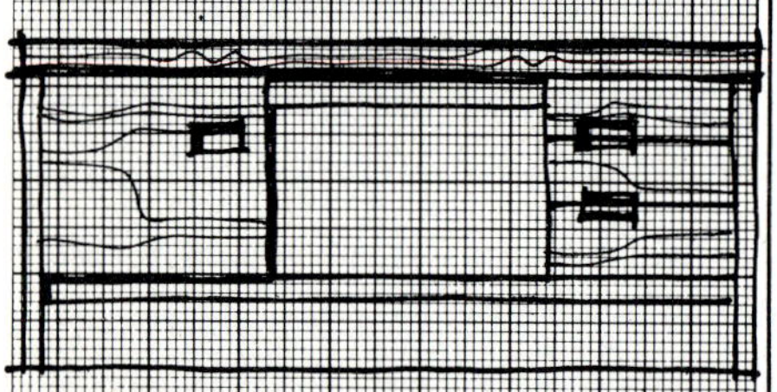

	je Einheit	Vorkalkulation DM	Nachkalkulation DM
Hauptwerkstoffe			
lt. Materialliste		412,26	
Hilfswerkstoffe			
Beschläge:	je Einheit		
lt. Beschlagliste			
TOPFSCHARN. 6	3,96	23,76	
EINB. MAGNET 3	0,68	2,04	
FACHTR. BUCHS. 24	0,05	1,20	
FACHTRÄGER-STECKER 8	0,10	0,80	
Leim (Kleber) 1,5 kg	3,50	5,25	
Schrauben Stück			
Schleifmittel, Kleinmaterial		25,–	
Dichtungsmaterial			
Oberflächenmaterial			
SCHLEIFGRUND 1,5	4,20	18,90	
MATTLACK 3,0	5,60	16,80	
Halbfabrikate Fremdleistungen			
Fertigungsmaterial		506,01	

	Vorkalkulation DM	%	Nachkalkulation DM	%
❶ Fertigungsmaterial Übertrag	506,01			
❷ Fertigungslöhne Vor-K. / Nach-K.				
Masch'raum 24,5 Std. à 12,50	306,25			
Bankraum 79,5 Std. à 12,50	993,75			
Montage — Std. à				
Std. à				
	1300,–			
❸ Gemeinkosten				
12 % auf die Materialkosten	49,47			
270 % auf Maschinenraum-Löhne	826,87			
140 % auf Bankraum-Löhne	1391,25			
% auf Montage-Löhne				
% auf				
	2267,59			
❹ Sonderkosten d. Fertigung				
Zuschläge				
auf Baustunden à				
auf Überstunden à				
auf				
% lohngeb. Gemeink. auf Zuschl.				
Gerätevorhaltung:				
Selbstkosten (Herstellkosten) (1+2+3+4)	4073,60	100		100
❺ Wagnis + Gewinn Vor- 15 % / Nach-Kalkulation % der Selbstkosten	611,04			
❻ Sonderkosten d. Vertriebs	100,–			
Ausgangsfrachten				
Provisionsverpflichtungen				
Summe	4784,64			
Netto-Preis	4800,–			
Gewinn/Verlust				

Tag: 10.7.80 Zeichen: [signature]

Umsatzsteuer bei der Angebotsabgabe, bzw. bei der Rechnungsstellung, nicht vergessen!

MATERIALLISTE für die Vorkalkulation

Lfd. Nr.	Verwendung	Material	Qualität	Stück	Fertigmaße Länge cm/mm	Fertigmaße Breite cm/mm	Flächeninhalt in m²	Rohdicke mm	Netto-Menge m² m³ m	Verschnitt %	Menge mit Verschnitt m² in m³ lfdm	Preis je Einheit DM	Errechneter Preis DM
1	GESTELL												
2	UND STEG	EICHE		9	371,5	7,2	0,54	65	0,035	70	0,060		
3	ANLEIMER	〃		4	354	1,9	0,02						
4	STREIFLEIST.	〃		1	650	2,0	0,01						
5	ANLEIMER	〃		13	1185	2,0	0,07						
6	SCHUBK.ST.	〃		12	247	8,8	0,21						
7	EINLEIMER	〃		7	20	5	0,02						
8	LAUFRAHM.	〃		2	179	4	0,07						
9							0,41	65	0,027	100	0,054		
10											0,114	1750,-	199,50
11	PLATTEN	FPY		13	339	12	5,15	19		15	5,92	7,15	42,33
12	DOPPEL +												
13	BÖDEN	FPY		5	79	11	0,32	16		15	0,37	6,45	2,39
14	TISCHPLATTE	FPY		1	147	79	1,16	13		15	1,33	5,75	7,65
15	WÄNDE	FPY		2	39	34	0,27	8		15	0,31	4,60	1,43
16	SCHUBK.B.	FU		3	36	49	0,52	5		15	0,60	5,10	3,06
17	FURNIER	EICHE		44	191	214	10,39			50	15,59	10,-	155,90
18													
19													
20													
21													
22													
													412,26

ZEITGLIEDERUNG für die Vorkalkulation

Arbeitsgänge im **Maschinenraum**	Min	Std
Arbeit vorbereiten	30	
Massivholz zuschneiden	10	1
Platten zuschneiden	30	
Abrichten	20	1
Dickenhobeln	10	1
Formatsägen	20	3
Kanten anleimen		
Kanten bündig fräsen	30	2
Furnier fügen u. verkleben	20	2
Pressen		1
Schlitzen, Stemmen		
Dübeln, Zinken	20	3
Profilieren		
Fälzen, Nuten	10	5
Obenfräsen		
Vierseitenfräsen, Kehlen		
Rahmen maschinell verleimen		
Flächen/Kanten schleifen	10	2
	210	21

Arbeitsgänge im **Bankraum**	Min	Std
Arbeit vorbereiten	30	1
Verleimen, Umleimen	20	13
Furnier zurichten	10	4
Furnieren		
Sonst. Beläge aufbringen		
Rahmen/Korpus verleimen	40	4
Zusammenbauen	20	3
Beschläge einlassen	10	3
Anschlagen	20	5
Schubkästen, Züge einbauen	40	12
Innenausstattung	10	2
Putzen schleifen	20	16
Glasleisten einsetzen		
Oberfläche innen		
Oberfläche außen		
	20	9
Fertigmachen	30	3
	270	75

Arbeitsgänge auf **Montage**	Min	Std
Arbeit vorbereiten		
Liefern und		
Aufstellen von Einzelmöbeln		
Verladen		
Transportzeit		
Abladen		
Verteilen		
Einbaustelle vorbereiten		
Montieren		
Beschläge anbringen		
Evtl. nacharbeiten		
Wegezeiten der Monteure		
Aufmaß nehmen		

8.6.3 Zuschlagskalkulation für Fenster

Die Fensterprofile weisen für die verschiedenen Fensterarten gleiche, meist genormte Querschnitte und Profilierungen auf. Deshalb kann man die Kalkulation von Fenstern einfacher durchführen.

Man legt innerbetrieblich fest, wieviel die Herstellung eines Fensterprofils, Blendrahmen mit Flügelrahmen oder Pfosten mit zwei Flügelrahmen, einer bestimmten Fensterart wie zum Beispiel eines Dreh-Kipp-Fensters oder Verbundfensters betragen. Die Kosten werden auf den (laufenden) Meter umgerechnet und beinhalten die Materialkosten und die Fertigungskosten. Da die Profile noch an den Ecken durch Schlitz und Zapfen verbunden werden müssen, kommen zusätzlich noch die für die Rahmeneckverbindungen für das Fenster, der sogenannte Eckenzuschlag, hinzu. Weitere Zuschläge sind der Einbau von Dichtungen, der Holzschutz, der Beschlageinbau, die Verglasung und die Montage. Während sich die Kosten für den Einbau von Dichtungen und für den Holzschutz über die (laufenden) Meter ermitteln lassen, wird der Beschlageinbau je nach Beschlagsart je Stück berechnet. Für die Kostenermittlung der Verglasung und der Montage sind die Scheibengrößen bzw. Außenmaße des Fensterrahmens interessant. Hierzu legen sich die Firmen in der Regel Tabellen an, aus denen sie die Verglasungs- und Montagekosten ablesen können.

Kosten d. Rahmenherstellung	**Fensterprofil** bestehend aus dem Blendrahmen und Flügelrahmen, bzw. dem Pfosten und den Flügelrahmen. Herstellkosten in DM/m. **Eckenzuschlag** für die Herstellung der Rahmeneckverbindung in DM/Stück. **Holzschutz** für das Fensterprofil in DM/m. **Dichtung,** Materialkosten und Einbaukosten der Dichtung in DM/m.
+	
Kosten des Beschlageinbaus	**Beschlag,** Kosten des Beschlags und dessen Einbaus in DM/Stück, Kosten der Wetterschutzschiene in DM/m.
+	
Kosten der Verglasung	**Glasscheibe,** Kosten der Glasscheibe in DM/Stück, **Einsetzkosten** der Glasscheibe in DM/m Randeinspannung der Scheibe, **Versiegelungskosten** der Glasscheibe in DM/m Randeinspannung.
+	
Kosten der Montage	**Montagekosten,** Ermittlung aus Tabellen auf Grund der Außenabmessungen des Fensters, **Dichtungswolle,** Materialkosten und Einbaukosten in DM/m, **Deckleisten,** Herstellkosten und Montagekosten in DM/m, **Bauverfugung,** Materialkosten und Arbeitskosten in DM/m.
=	
Selbstkosten	**Die Summe aller einzelnen Herstellkosten.**
+	
Wagnis und Gewinn	Zuschlag von 10 bis 15% als Unternehmergewinn und als Rücklage zur Abdeckung des Risikos.
+	
Sonderkosten des Vertriebs	Zuschläge, falls erforderlich, für Fracht, Transportversicherung, Bauschild usw.
=	
Nettopreis	**Angebotspreis ohne Mehrwertsteuer.**
+	
Mehrwertsteuer	Ein besonderer Bestandteil der Preisberechnung. Die Mehrwertsteuer beträgt zur Zeit 13%.
=	
Bruttopreis	**Angebotspreis einschließlich Mehrwertsteuer; er ist auch gleich dem Rechnungsbetrag.**

Die einzelnen Kostenarten werden also wie folgt berechnet:

Selbstkosten = Kosten der Rahmenherstellung + Kosten des Beschlageinbaus + Kosten der Verglasung + Kosten der Montage

Nettopreis = **Selbstkosten** + Wagnis u. Gewinn + Sonderkosten des Vertriebs

Bruttopreis = **Nettopreis** + Mehrwertsteuer

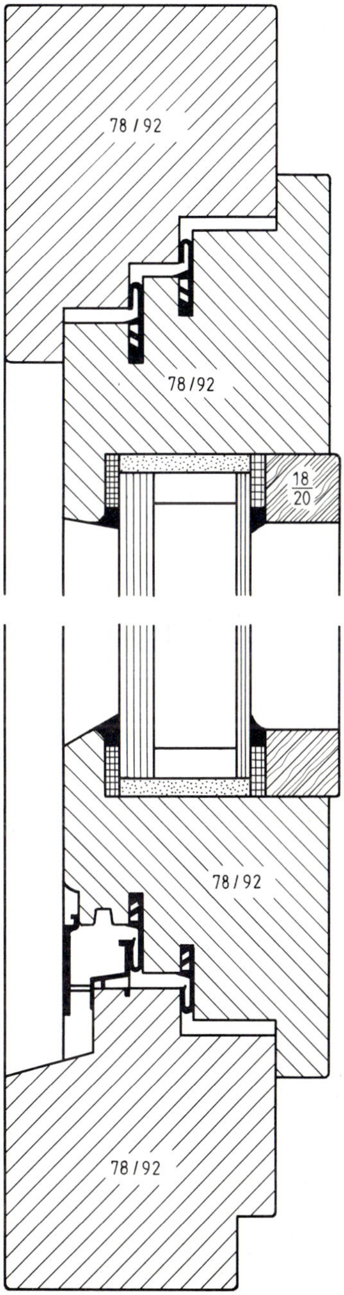

Beispiel:

Es sind 12 Dreh-Kipp-Fenster mit Isolierverglasung in Kiefer in der Größe von 1,12 m x 1,38 m herzustellen und einschließlich Verglasung zu liefern und fachgerecht einzusetzen. Die Fenster müssen mit Holzschutz versehen werden und sollen eine umlaufende doppelte Lippendichtung erhalten. Die Verglasung ist innen und außen zu versiegeln. Die Blendrahmen sind in eine gemauerte Öffnung mit Innenanschlag einzusetzen, mit Dichtungswolle im Anschlag zu dichten, außen zu verfugen und innen zu verleisten.

Laut innerbetrieblich ermittelter Werte betragen die Einzelkosten:

Für das Fensterprofil	28,25 DM/m
Herstellung der Fensterecke	10,80 DM/Stück
Holzschutz des Fensterprofils	3,35 DM/m
Für das Dichtungsprofil	2,65 DM/m
Beschlag und Beschlageinbau	73,33 DM/Stück
Wetterschutzschiene	8,20 DM/m
Isolierglasscheibe	150,50 DM/Stück
Einsetzkosten der Glasscheibe	7,15 DM/m
Zusätzliche Versiegelung	5,20 DM/m
Für Montage	10,52 DM/m
Dichtungswolle	2,15 DM/m
Bauverfugung	9,40 DM/m
Deckleisten	3,90 DM/m

a) Ermitteln Sie die Selbstkosten für ein Fenster!

b) Wie hoch ist der Angebotspreis ohne Mehrwertsteuer für alle 12 Dreh-Kipp-Fenster?

(Lösung siehe Seite 164 — Formblatt 10.1/Lago Karlsruhe)

Aufgaben zu 8.6

8.6.1 Aufgabe der Kalkulation

a) Welche Aufgabe hat die Kalkulation zu erfüllen?

b) Worin liegt der Unterschied zwischen einer Vorkalkulation und einer Nachkalkulation?

c) Warum ist es für den Unternehmer sehr wichtig, auch eine Nachkalkulation durchzuführen?

Skizze

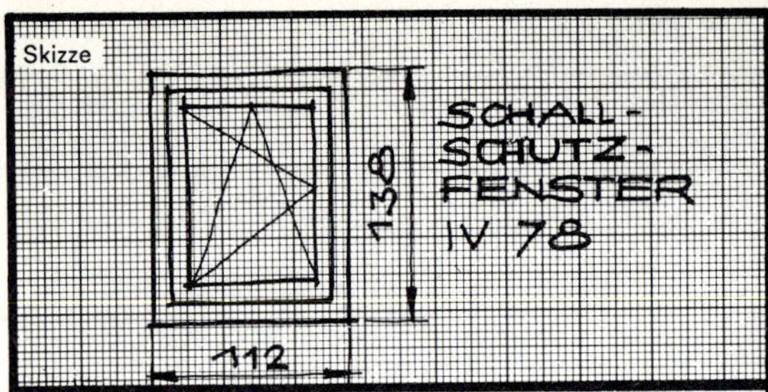

Objekt DAVID-RÖNTGEN-
~~Architekt~~ SCHULE
Ang. Nr. 1234 Datum 10.07.80
Position 5 Stück 12
BESCHLAG: DREH-KIPP
SF.-301/REG. SCHUTZSCH.
VERGLASUNG: IV 10-24-4

		MENGE	EINZEL	GES. 1	GES. 2
		STCK/m	DM	DM	DM
1	RAHMENHERSTELLUNG				
	1.1 FENSTERPROFILE m	5,00	28,25	141,25	
	(BLENDR.+FLÜGER.+GLASLEISTE)				
	1.2 ECKENZUSCHLAG (INSGES.) STCK	4	10,80	43,20	
	1.3 HOLZSCHUTZ (3x) m	5,00	3,35	16,75	
	1.4 ZUS. DICHTUNG m	8,94	2,65	23,69	224,89
2	BESCHLAGEINBAU				
	2.1 DREH-KIPP/SF-301 STCK	1		73,33	
	2.2 WETTERSCHUTZSCHIENE m	0,97	8,45	8,20	81,53
3	VERGLASUNG				
	3.1 SCHALLSCHUTZ-ISOLIER-GLAS 10-24-4 / 88 x 113 STCK			150,50	
	3.2 EINSETZKOSTEN m	4,02	7,15	28,74	
	3.3 ZUSÄTZL. VERSIEGELG (I+A) m	8,04	5,20	41,81	221,05
4	MONTAGE				
	4.1 MONTAGEKOSTEN LT. TAB. m	5,00	10,52	52,60	
	4.2 DICHTUNGSWOLLE m	5,00	2,15	10,75	
	4.3 DECKLEISTEN INNEN (25/20) m	5,00	3,90	19,50	
	4.4 BAUVERFUGUNG (10x10) m	5,00	9,40	47,00	129,85
5	SELBSTKOSTEN DM/STCK				657,32
6	WAGNIS + GEWINN 15%				98,60
7	NETTOPREIS DM/STCK				755,92
8	ANGEBOTSPREIS FÜR 12 STÜCK OHNE MWST. DM				9071,01

form 10.1 - lago karlsruhe

8.6.2 Zuschlagskalkulation

a) Warum nennt man eine Art der Kalkulation Zuschlagskalkulation?

b) Aus welchen Kostenarten werden bei der Zuschlagskalkulation die Selbstkosten ermittelt?

c) Aus welchen Kostenarten setzt sich der Nettopreis zusammen?

d) Für die Herstellung eines Erzeugnisses entstanden dem Unternehmer laut Wochenarbeitskarte und Materialliste folgende Kosten:

Materialkosten	
Holzwerkstoffe	150,– DM
Vollholz	60,– DM
Furniere	125,– DM
Oberflächenmaterial	20,– DM
Leime	10,– DM
Beschläge	22,– DM
Fertigungslöhne	
Bankraum	283,84 DM
Maschinenraum	95,36 DM

1. Ermitteln Sie durch die Nachkalkulation den Bruttopreis, wenn in dem Unternehmen mit einem Gemeinkostensatz von 120% für die Fertigungslöhne im Bankraum und 250% für die im Maschinenraum gerechnet wird sowie für Wagnis und Gewinn 15% und für die Mehrwertsteuer 13%!
2. Hat sich der Unternehmer verkalkuliert, wenn er in der Vorkalkulation einen Angebotspreis von 1 500,– DM errechnet hatte?

e) Zur Herstellung eines Bücherregals werden laut Materialliste für 187,20 DM Spanplatten, 92,60 DM Furniere, 14,20 DM Leim, 7,80 DM Hilfswerkstoffe, 18,20 DM Beschläge und für 38,40 DM Oberflächenbehandlungsmittel benötigt. An Arbeitszeit schätzt man für die Maschinenarbeit 8,5 Stunden und für die Bankarbeit 32,5 Stunden. Als Stundenlohn wird 11,40 DM gezahlt, die Gemeinkostensätze betragen 140% für den Bankraum und 280% für den Maschinenraum.

Wie hoch ist der Nettopreis, wenn hier mit einem Wagnis- und Gewinnzuschlag von 15% gerechnet wird?

f) Ein Meister hat für einen Einbauschrank ein Angebot abgegeben. Er ermittelt das Material aus der Zeichnung und schätzt die Arbeitsstunden wie folgt:

Materialkosten	
Holzwerkstoffe	420,– DM
Vollholz	85,– DM
Furniere	235,60 DM
Oberflächenmaterial	280,– DM
Hilfswerkstoffe	52,– DM
Leime	64,– DM
Beschläge	58,80 DM
Glasschiebetüren	122,50 DM
Arbeitszeit	
Bankraum	32 Stunden zu 11,20 DM
Maschinenraum	15 Stunden zu 12,30 DM
Montage	6 Stunden zu 13,10 DM
Gemeinkostenzuschläge	
Bankraum	110%
Maschinenraum	280%
Montage	120%
Wagnis und Gewinn	15%
Mehrwertsteuer	13%

Wie hoch muß der Angebotspreis für den Einbauschrank sein?

g) Für einen Schreibtisch in Eiche benötigt man laut Materialliste für 485,26 DM Holzwerkstoffe, für 32,80 DM Beschläge, für 15,– DM Leim, für 26,20 DM Schleifmittel, für 52,10 DM Oberflächenmaterial. Für die Fertigung werden im Bankraum 62,5 Stunden und im Maschinenraum 25,5 Stunden benötigt.

Wie hoch ist der Nettopreis, wenn für die Löhne 12,80 DM/h, für die Gemeinkostenzuschläge auf die Materialkosten 10%, auf die Bankraumlöhne 140% und auf die Maschinenlöhne 270% sowie für Wagnis und Gewinn 15% zu verrechnen sind?

h) Kalkulieren Sie die Angebotspreise der bei der Materialkostenberechnung skizzierten Erzeugnisse auf Seite 143 bis Seite 149. In dem Betrieb sind folgende Kosten bei Vorkalkulationen einzusetzen:

Fertigungslöhne im Bankraum	= 12,80 DM
Fertigungslöhne im Maschinenraum	= 13,10 DM
Gemeinkostenzuschlag Bankraum	= 140%
Gemeinkostenzuschlag Maschinenraum	= 280%
Wagnis und Gewinnzuschlag	= 15%
Mehrwertsteuerzuschlag	= 13%
für Furnierleim	= 0,82 DM/m²
für Oberflächenbehandlungsmaterial	= 3,80 DM/m²

a) Weisen Sie die Angebotspreise der einzelnen Erzeugnisse aus!

b) Vergleichen Sie Ihren Angebotspreis mit den Angebotspreisen Ihrer Mitschüler!

c) Stellen Sie die Preisstreuung in Prozent fest!

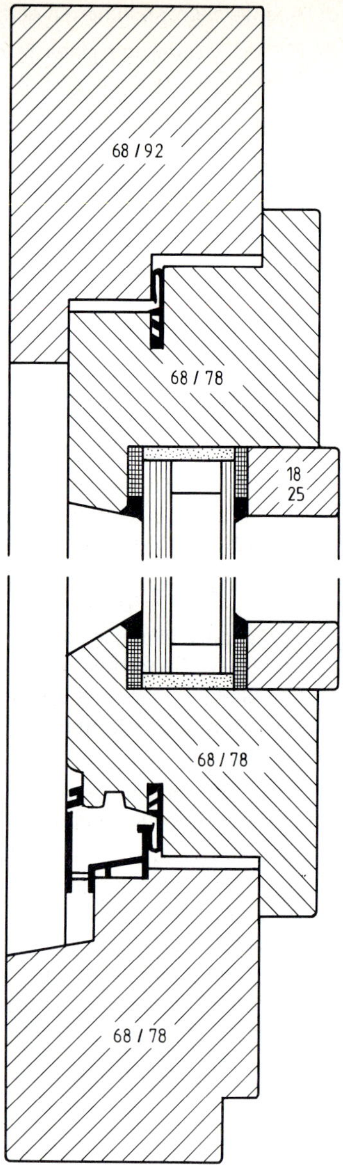

8.6.3 Zuschlagskalkulation für Fenster

a) Warum lassen sich bei der Kalkulation die Selbstkosten von Fenstern einfacher ermitteln, als die Selbstkosten von Innenausbauarbeiten oder Möbeln?

b) Aus welchen Kostenarten setzen sich die Selbstkosten bei einer Zuschlagskalkulation für Fenster zusammen?

c) Es sind 8 Dreh-Kipp-Fenster IV 68 mit Isolierverglasung in Kiefer in der Größe von 1,25 m x 1,50 m herzustellen und einschließlich Verglasung zu liefern und fachgerecht einzusetzen. Die Fenster müssen mit Holzschutz versehen werden und sollen eine umlaufende einfache Lippendichtung erhalten. Die Verglasung ist innen und außen zu versiegeln. Die Blendrahmen sind in eine gemauerte Öffnung mit Innenanschlag einzusetzen, mit Dichtungswolle im Anschlag zu dichten, außen zu verfugen und innen zu verleisten (siehe Bild).

Laut innerbetrieblich ermittelter Werte betragen die Einzelkosten:

Für das Fensterprofil	26,20 DM/m
Herstellung der Fensterecke	8,70 DM/Stück
Holzschutz des Fensterprofils	3,80 DM/m
Für das Dichtungsprofil	2,70 DM/m
Beschlag und Beschlageinbau	80,20 DM/Stück
Wetterschutzschiene	9,10 DM/m
Isolierglasscheibe	120,30 DM/Stück
Einsetzkosten der Glasscheibe	7,10 DM/m
Zusätzliche Versiegelung	5,20 DM/m
Für Montage, laut Tabelle	55,— DM/Stück
Dichtungswolle	2,25 DM/m
Bauverfugung	9,60 DM/m
Deckleisten	4,10 DM/m

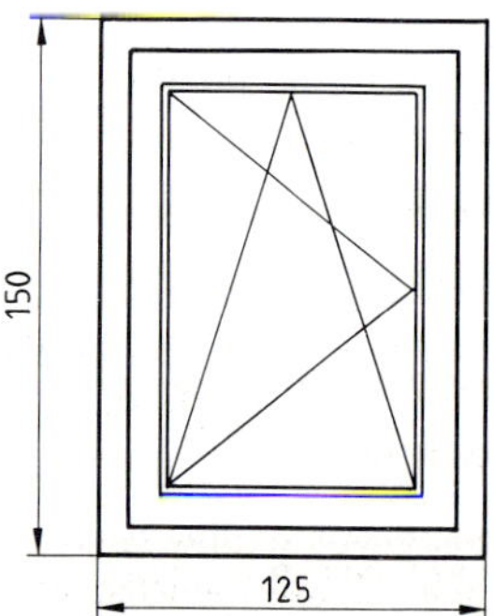

Dreh-Kipp-Fenster

1. Ermitteln Sie die Selbstkosten für ein Fenster!

2. Wie hoch ist der Angebotspreis einschließlich Mehrwertsteuer für alle 8 Dreh-Kipp-Fenster?

d) Ermitteln Sie den Angebotspreis einschließlich Mehrwertsteuer für 4 Dreh-Kipp-Fenster in gleicher Ausführung wie in Aufgabe c) angegeben, jedoch in der Größe von 1,38 m x 1,63 m!

e) Ermitteln Sie den Angebotspreis einschließlich Mehrwertsteuer für 2 Dreh-Kipp-Fenster in gleicher Ausführung wie in Aufgabe c) beschrieben, jedoch in der Größe von 0,75 m x 1,00 m; Dreh-Kipp-Beschlag mit Einbau = 65,40 DM, Isolierglasscheibe = 80,25 DM und Montagekosten 45,— DM!

f) Es sind 5 Schallschutzfenster als Drehfenster mit Verbundflügeln in Kiefer in der Größe 1,12 m x 1,38 m herzustellen, einschließlich Holzschutz und Verglasung zu liefern und fachgerecht einzusetzen. Die Außenflügel sind mit einer 4 mm dicken Spiegelglasscheibe und die Innenflügel mit einer 8 mm dicken Spiegelglasscheibe zu verglasen und die Außenscheibe ist 2 mal zu versiegeln. Die Fenster sind in einen Mauerfalz mit Innenanschlag einzusetzen, mit Dichtungswolle zu dichten, außen zu verfugen und innen zu verleisten (siehe Bild).

Gemäß der innerbetrieblich ermittelten Werte sind folgende Einzelkosten anzunehmen:

Für das Fensterprofil	38,20 DM/m
Eckenzuschlag	10,80 DM/Stück
Holzschutz des Fensterprofils	4,50 DM/m
zusätzl. Falzdichtung, doppelt	2,90 DM/m
Zentralverschluß mit Olive	50,20 DM/Stück
Einbohrbänder, schwer	10,20 DM/Stück
Wetterschutzschiene	9,25 DM/m
Verglasung 8 mm Spiegelglas	95,22 DM/m²
Verglasung 4 mm Spiegelglas	38,20 DM/m²
Einsetzkosten der Verglasung	6,80 DM/m
zusätzliche Versiegelung	4,10 DM/m
Montagekosten laut Tabelle	53,— DM/Stück
Dichtungswolle	3,10 DM/m
Bauverfugung	9,10 DM/m
Deckleisten	4,10 DM/m

1. Ermitteln Sie die Selbstkosten für ein Verbundfenster!

2. Wie hoch ist der Angebotspreis einschließlich Mehrwertsteuer von 13% für alle 5 Fenster?

g) Ermitteln Sie den Angebotspreis einschließlich Mehrwertsteuer für 7 Schallschutzfenster in gleicher Ausführung wie in Aufgabe f) beschrieben, jedoch in der Größe von 1,25 m x 1,50 m!

h) Ermitteln Sie den Angebotspreis einschließlich Mehrwertsteuer für 4 Schallschutzfenster in gleicher Ausführung wie in Aufgabe f) beschrieben, jedoch in der Größe von 1,00 m x 1,38 m!

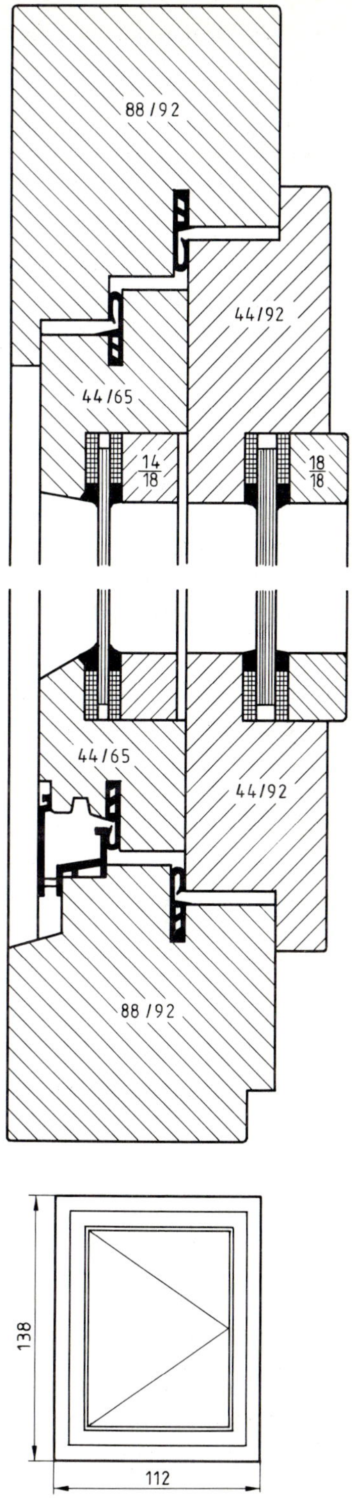

Drehfenster mit Verbundflügeln

9 Wärmeschutz

9.1 Wärmeleitzahl

Die *Wärmeleitzahl* λ (gesprochen: klein lambda) drückt die Wärmeleitfähigkeit eines Stoffes aus. Je geringer die Wärmeleitfähigkeit eines Stoffes ist, desto besser ist dessen Wärmedämmfähigkeit.

Die Einheit der Wärmeleitzahl wird in Watt je Meter und Kelvin (W/mK) ausgedrückt. Es ist also diejenige Wärmemenge in Joule je Sekunde (1 J/s ≙ 1 W), die durch eine 1 m² große Fläche eines Baustoffes von 1 m Dicke hindurchgeht, wenn der Temperaturunterschied zwischen beiden Oberflächen 1 Kelvin beträgt* (siehe Bild oben).

Die Wärmeleitzahlen verschiedener Baustoffe sind in nebenstehender Tabelle angegeben.

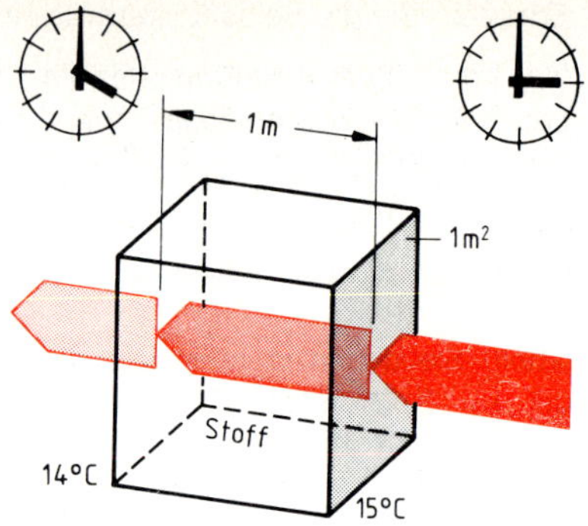

Darstellung der Wärmeleitzahl

Wärmeleitzahlen verschiedener Baustoffe	
Baustoffe	Wärmeleitzahl λ $\frac{W}{m\,K}$
Normalbeton	1,5–2,3
Leichtbeton (Bimsbeton)	0,35
Vollziegel und Lochziegel	0,52
Leichtziegel	0,38
Gasbetonsteine	0,4
Kalkputz	0,87
Kalkgipsputz, Gipsputz	0,7
Gipskartonplatten	0,21
Eiche	0,21
Buche	0,17
Fichte, Tanne, Kiefer	0,14
Sperrholz, Spanplatte	0,14
Glaswolle, Steinwolle	0,04
Polystyrol-Hartschaum	0,04
Polyurethan-Hartschaum	0,035
Holzwolle-Leichtbauplatten	
25– 35 mm	0,09
50–100 mm	0,08
Glas	0,8
Stahl	58
Aluminium	203

9.2 Wärmedurchlaßzahl

Da die Baustoffe in der Regel weniger als ein Meter dick sind, muß die *Wärmedurchlaßzahl* Λ (gesprochen: groß lambda) eines Baustoffes einer bestimmten Dicke, bezogen auf eine 1 m² große Fläche, bestimmt werden* (siehe Bild unten).

Die Wärmedurchlaßzahl berechnet sich wie folgt:

$$\textbf{Wärmedurchlaßzahl}\ \Lambda = \frac{\lambda}{d} \left[\frac{W}{m^2\,K}\right]$$

Hierin bedeuten:

Λ = Wärmedurchlaßzahl in W/m² K

λ = Wärmeleitzahl in W/mK

d = Baustoffdicke in m

9.3 Wärmedurchlaßwiderstand

In der Praxis wird meistens mit dem *Wärmedurchlaßwiderstand* eines Baustoffes gerechnet. Er ist der Kehrwert der Wärmedurchlaßzahl*.

Im Wärmedämmgebiet II muß der Wärmedurchlaßwiderstand für Außenwände z. B. mindestens 0,47 m²K/W und im Wärmedämmgebiet III mindestens 0,56 m²K/W betragen.

$$\textbf{Wärmedurchlaßwiderstand}\ \frac{1}{\Lambda} = \frac{d}{\lambda} \left[\frac{m^2\,K}{W}\right]$$

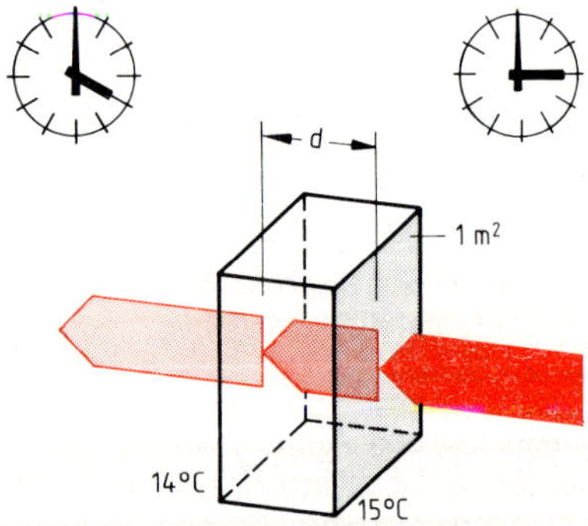

Darstellung der Wärmedurchlaßzahl

* Fachkunde für Schreiner, Wuppertal, 1980

Beispiel:

Für eine 15 cm dicke Leichtbetonwand, Rohdichte 1,0 kg/dm³, Wärmeleitzahl λ 0,35 W/mK, ist der Wärmedurchlaßwiderstand zu berechnen.

Wärmedurchlaßwiderstand $\frac{1}{\Lambda} = \frac{d}{\lambda}$

$$= \frac{0{,}15\ \text{m} \cdot \text{mK}}{0{,}35\ \text{W}} = \mathbf{0{,}43}\ \frac{\mathbf{m^2\,K}}{\mathbf{W}}$$

Die Bauteile bestehen aber meistens nicht nur aus einem Baustoff, sondern aus verschiedenen Baustoffarten unterschiedlicher Dicke. Bei der Berechnung des Wärmedurchlaßwiderstandes eines solchen mehrschichtigen Bauteiles, sind die einzelnen Wärmedurchlaßwiderstände der verschiedenen Baustoffe zu addieren.

Wärmedurchlaßwiderstand $\frac{1}{\Lambda} = \frac{d_1}{\lambda_1} + \frac{d_2}{\lambda_2} + \frac{d_3}{\lambda_3} \ldots \left[\frac{m^2\,K}{W}\right]$

Beispiel:

Eine Außenwand hat folgenden Aufbau (siehe Bild):

1. Vollziegelmauerwerk, 240 mm dick, Wärmeleitzahl 0,52 W/mK,
2. Außenputz (Kalkputz), 20 mm dick, Wärmeleitzahl 0,87 W/mK,
3. Innenputz (Kalkgipsputz) 15 mm dick, Wärmeleitzahl 0,7 W/mK,
4. Wärmedämmschicht, 25 mm dick, Wärmeleitzahl 0,04 W/mK,
5. Holzvertäfelung (FPY), 20 mm dick, Wärmeleitzahl 0,14 W/mK.

Wie groß ist der Wärmedurchlaßwiderstand dieser mehrschichtigen Wand?

Wärmedurchlaßwiderstand $\frac{1}{\Lambda}$

$$= \frac{d_1}{\lambda_1} + \frac{d_2}{\lambda_2} + \frac{d_3}{\lambda_3} + \frac{d_4}{\lambda_4} + \frac{d_5}{\lambda_5}$$

$$= \frac{0{,}24\ \text{m} \cdot \text{mK}}{0{,}52\ \text{W}} + \frac{0{,}02\ \text{m} \cdot \text{mK}}{0{,}87\ \text{W}} + \frac{0{,}015\ \text{m} \cdot \text{mK}}{0{,}7\ \text{W}} + \frac{0{,}025\ \text{m} \cdot \text{mK}}{0{,}04\ \text{W}} + \frac{0{,}02\ \text{m} \cdot \text{mK}}{0{,}14\ \text{W}}$$

$$= 0{,}461\ \frac{m^2K}{W} + 0{,}023\ \frac{m^2K}{W} + 0{,}021\ \frac{m^2K}{W} + 0{,}625\ \frac{m^2K}{W} + 0{,}143\ \frac{m^2K}{W}$$

$$= \mathbf{1{,}273}\ \frac{\mathbf{m^2\,K}}{\mathbf{W}}$$

Rechenwerte für Wärmedurchlaßwiderstände von Luftschichten

Lage der Luftschicht und Richtung des Wärmestroms	Dicke der Luftschicht mm	Wärmedurchlaßwiderstand m² K/W
Luftschicht senkrecht	10	0,14
	20	0,16
	50	0,18
	100	0,17
	150	0,16
Luftschicht waagerecht, Wärmestrom von unten nach oben	10	0,14
	20	0,15
	≧ 50	0,16

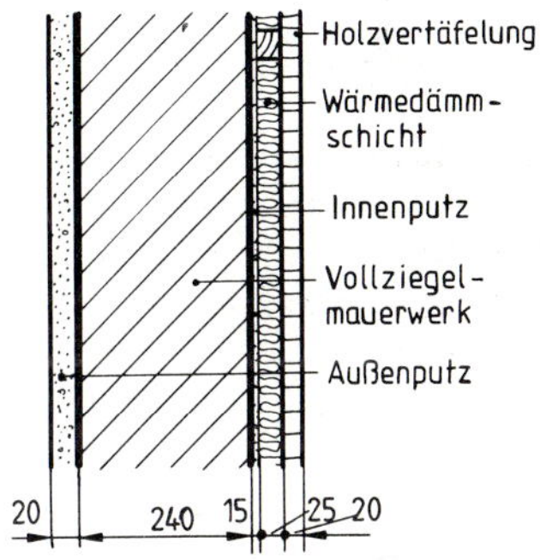

Wandaufbau

Wärmeübergangswiderstände an Bauteilen nach DIN 4108

Wärmeübergang am Bauteil	Wärmeübergangswiderstand in m² K/W
an der **Innenfläche** bei Wandinnenseiten, Fensterflächen Decken und Fußböden bei Wärmeübergang von unten nach oben	$\frac{1}{\alpha_i} = 0{,}13$
von oben nach unten	$\frac{1}{\alpha_i} = 0{,}17$
an der **Außenfläche** (bei 2 m/s Windgeschwindigkeit)	$\frac{1}{\alpha_a} = 0{,}04$

9.4 Wärmedurchgangswiderstand

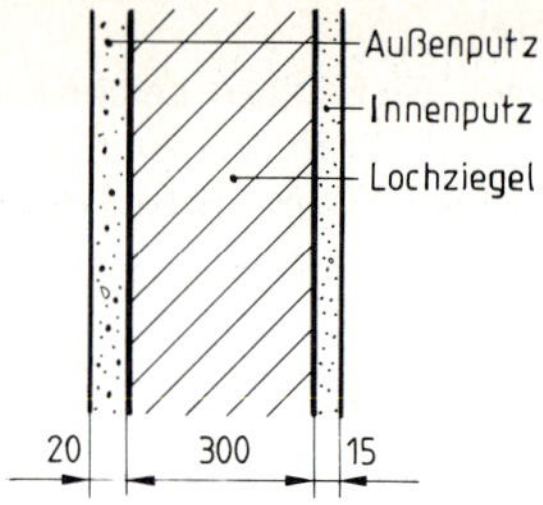

Der Wärmedurchlaßwiderstand gibt den Widerstand des Bauteils gegen die Wärmewanderung von einer Oberfläche zur anderen an. Beim Übergang der Wärme von der Raumluft zur inneren Oberfläche des Bauteils und von der äußeren Oberfläche zur Außenluft sind jedoch noch die **Wärmeübergangswiderstände** $\frac{1}{\alpha_i}$ **und** $\frac{1}{\alpha_a}$ zu überwinden (Tabelle Seite 169). Wandert Wärme von der warmen Raumluft durch ein Bauteil hindurch zur kalten Außenluft, so hat sie drei Widerstände zu überwinden: Den Wärmeübergangswiderstand $\frac{1}{\alpha_i}$, den Wärmedurchlaßwiderstand $\frac{1}{\Lambda}$ und den Wärmeübergangswiderstand $\frac{1}{\alpha_a}$. Die Summe dieser drei Widerstände nennt man den **Wärmedurchgangswiderstand** $\frac{1}{k}$.

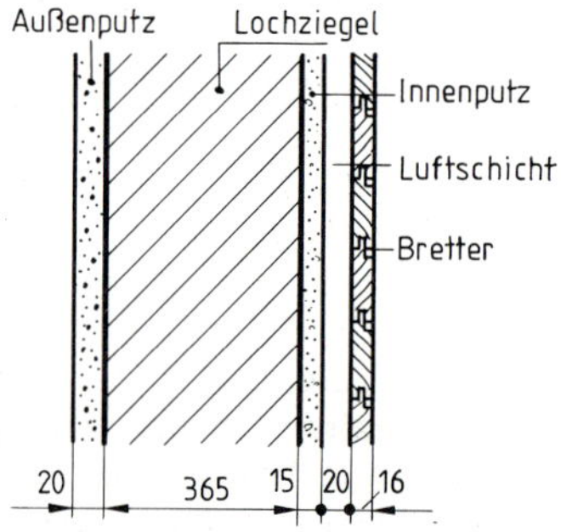

Wärmedurchgangs-widerstand $\frac{1}{k} = \frac{1}{\alpha_i} + \frac{1}{\Lambda} + \frac{1}{\alpha_a} \left[\frac{m^2\,K}{W}\right]$

Beispiel:

Wie groß ist der Wärmedurchgangswiderstand der in Abschnitt 9.3 angegebenen Außenwand (siehe Bild).

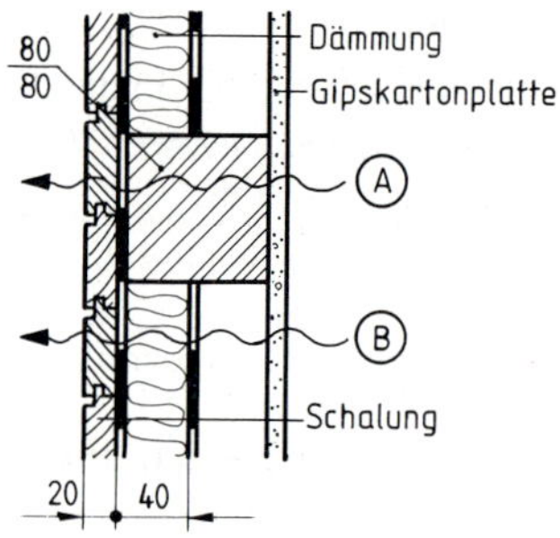

Wärmedurchgangswiderstand $\frac{1}{k} = \frac{1}{\alpha_i} + \frac{1}{\Lambda} + \frac{1}{\alpha_a}$

$= 0{,}13 + 1{,}273 + 0{,}04$

$= \mathbf{1{,}443\ \frac{m^2\,K}{W}}$

9.5 Wärmedurchgangszahl (*k*-Wert)

Die Wärmedurchgangszahl k, auch k-Wert oder Wärmedurchgangskoeffizient genannt, gibt die Wärmemenge in Joule je Sekunde (= Watt) an, die durch 1 m² eines Bauteils bei 1 Kelvin Temperaturunterschied von der warmen Raumluft zur kalten Außenluft oder im Sommer von der warmen Außenluft zur kühlen Raumluft hindurchgeht. Sie ist der Kehrwert des Wärmedurchgangswiderstandes.

Wärmedurchgangszahl $k = \frac{1}{\frac{1}{k}} \left[\frac{W}{m^2\,K}\right]$

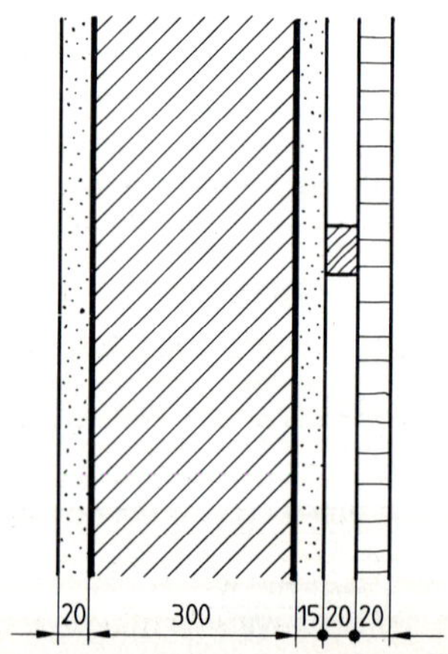

Beispiel:

Wie groß ist der k-Wert, die Wärmedurchgangszahl der in Abschnitt 9.3 angegebenen Außenwand?

Wärmedurchgangszahl $k = \frac{1}{\frac{1}{k}}$

$= \frac{1}{1{,}443} = \mathbf{0{,}693\ \frac{W}{m^2\,K}}$

Aufgaben zu 9

9.1 bis 9.5 Wärmeleitzahl, Wärmedurchlaßzahl, Wärmedurchlaßwiderstand und Wärmedurchgangszahl

a) Worin liegt der Unterschied zwischen der Wärmeleitzahl und der Wärmedurchlaßzahl?

b) Wie heißt die Berechnungsformel für den Wärmedurchlaßwiderstand mehrschichtiger Bauteile und in welchen Einheiten sind die einzelnen Größen einzusetzen?

c) Eine Außenwand hat folgenden Aufbau:

Lochziegelmauerwerk 300 mm dick, Innenputz 15 mm dick, Außenputz 20 mm dick.

Berechnen Sie den Wärmedurchlaßwiderstand und den *k*-Wert dieser Wand (siehe Bild Seite 170)!

d) Berechnen Sie den Wärmedurchlaßwiderstand und den *k*-Wert der folgenden Außenwand (Bild Seite 170):

Außenputz aus Kalkputz 20 mm dick, Lochziegelmauerwerk 365 mm dick, Innenputz aus Kalkgipsmörtel 15 mm dick, Luftschicht 20 mm, Holzvertäfelung aus Profilbrettern, Kiefer, 16 mm dick!

e) Eine Außenwand eines Fertighauses besteht aus Fichtenholzbalken 80/80 mm, einer Außenschalung aus Fichtenbrettern von 20 mm Dicke und einer Innenschale aus Gipskartonplatten 12 mm dick. Zwischen dem Ständerwerk ist eine 40 mm dicke Polystyrol-Hartschaumplatte als Wärmedämmung eingelegt.

Berechnen Sie den Wärmedurchlaßwiderstand und den *k*-Wert (die Wärmedurchgangszahl) im Bereich des Ständers (A) und im Bereich des Feldes (B)! Die Dampfsperre soll bei der Berechnung unberücksichtigt bleiben (Bild Seite 170).

f) Eine Außenwand besteht aus 300 mm dicken Hochlochziegeln, Außenputz 20 mm, Innenputz 15 mm, einer Luftschicht von 20 mm, die durch die Lattung entsteht, und einer Plattenverkleidung aus Tischlerplatten von 20 mm Dicke (Bild Seite 170).

Wie groß ist der Wärmedurchlaßwiderstand?

Vergleichen Sie den errechneten Wert mit den Mindestwerten der Wärmedurchlaßwiderstände von Bauteilen bei Außenwänden im Wärmedämmgebiet II und III.

Wie groß ist der *k*-Wert (die Wärmedurchgangszahl) dieser Außenwand?

g) Eine Außenwand hat von außen nach innen folgenden Aufbau:

4 mm dicke Aluminiumverkleidung, Luftschicht 30 mm, Wärmedämmung 50 mm, Stahlbeton 300 mm.

Berechnen Sie den Wärmedurchlaßwiderstand und den *k*-Wert dieser Wand!

h) Wie dick muß eine Außenwand aus Lochziegeln sein, um den Anforderungen für ein Wärmedämmgebiet III (Wärmedurchlaßwiderstand mindestens 0,56 m^2K/W) gerecht zu werden?

i) Eine 240 mm dicke Außenwand aus Vollziegeln soll durch eine Wärmedämmung aus Steinwolle von außen zusätzlich gedämmt werden. Wie groß ist der Wärmedurchlaßwiderstand der Wand einschließlich Dämmung, wenn 30 mm dicke Steinwollematten oder wenn 50 mm dicke Steinwollematten verwendet werden? Die äußere Plattenverkleidung aus Asbestzement und der Innenputz sollen bei der Berechnung unberücksichtigt bleiben.

j) Die in der Aufgabe f) beschriebene Außenwand soll zusätzlich auf der Innenseite noch eine 30 mm dicke Wärmedämmung aus Steinwolle erhalten. Die Luftschicht von 20 mm soll zwischen Plattenverkleidung und Dämmung erhalten bleiben.

Wie groß ist nun der Wärmedurchlaßwiderstand der Wand?

Berechnen Sie außerdem noch den *k*-Wert!

Sachwortverzeichnis